电气工程师

自学速成——进阶篇

段荣霞 李 楠◎编著

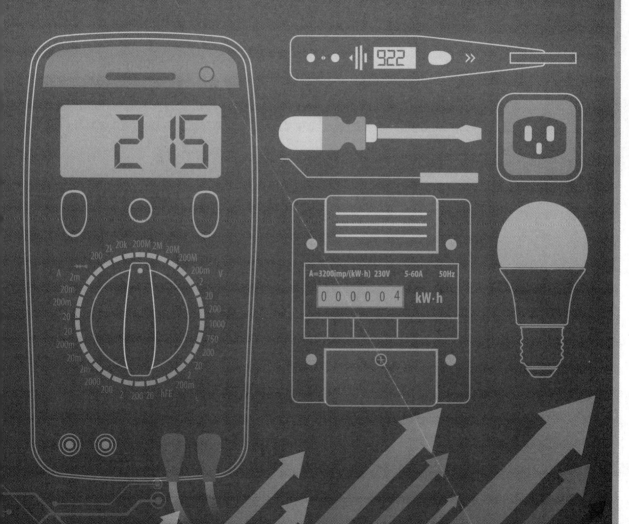

人民邮电出版社

北 京

图书在版编目（ＣＩＰ）数据

电气工程师自学速成. 进阶篇 / 段荣霞，李楠编著
. -- 北京：人民邮电出版社，2021.10
ISBN 978-7-115-55733-9

Ⅰ. ①电… Ⅱ. ①段… ②李… Ⅲ. ①电气工程－资
格考试－自学参考资料 Ⅳ. ①TM

中国版本图书馆CIP数据核字(2020)第260015号

内 容 提 要

　　本书介绍了电气工程师应该深入掌握的一些重要知识，具体内容包括：常用电动工具的使用、常用电子测量仪器的使用、电力系统、供配电线路的基本知识、电气线路的敷设、电力变压器、继电保护和二次回路、倒闸操作、电工电路的识图、电气控制设计、电气故障检测诊断与处理、可编程逻辑控制器（PLC）系统、变频器控制电路。

　　本书内容丰富，讲解通俗易懂，可供广大电气工程师及爱好电工技能的读者学习参考。

◆ 编　著　段荣霞　李　楠
　　责任编辑　黄汉兵
　　责任印制　陈　犇

◆ 人民邮电出版社出版发行　　北京市丰台区成寿寺路 11 号
　　邮编　100164　　电子邮件　315@ptpress.com.cn
　　网址　https://www.ptpress.com.cn
　　三河市祥达印刷包装有限公司印刷

◆ 开本：787×1092　1/16
　　印张：18　　　　　　　　　　2021 年 10 月第 1 版
　　字数：484 千字　　　　　　　2021 年 10 月河北第 1 次印刷

定价：79.80 元

读者服务热线：(010)81055493　印装质量热线：(010)81055316
反盗版热线：(010)81055315
广告经营许可证：京东市监广登字 20170147 号

随着社会的不断进步与发展，电气工程师在越来越多的领域发挥着重要作用。从生活用电到工业用电，从电工基本操作到电气规划设计，电气工程师逐渐成为社会发展必不可缺的关键人才。为更好地培养出更多优秀的电气工程师，缓解这一专业对人才的需求，本书从入门开始讲解，并逐步深化内容的专业性和层次性，除注重电气工程师传统的基本技术能力训练外，还突出新技术的学习和新技能的训练，力求实现理论与现代先进技术相结合，与时俱进，不断适应和满足现代社会对电气工程师的需求。

从事电气工程专业人员不仅需要具备丰富的理论知识，还要有熟练的动手能力，才能在出现问题时以最快速、最安全的方式将问题解决，并将损失降到最低。为此，本书不仅对理论知识进行了系统的讲解，更是将一些技能培养与操作要点以图文并茂的形式展现在读者面前，将知识性、实践性系统结合，对电气工程师及从事其相关技术工作的读者起到良好的指导作用。

图书市场上的电工类书籍浩如烟海，读者想要挑选一本自己中意的书反而很困难，真是"乱花渐欲迷人眼"。那么，本书为什么能够在读者"众里寻他千百度"之际，让你在"灯火阑珊"处"蓦然回首"呢？那是因为本书具有以下四大特色。

作者专业

本书作者是高校的一线教师，她们总结多年的设计经验以及教学的心得体会，历时多年精心编著，力求全面细致地讲解电工应用领域的相关基础知识和操作技能。

提升技能

本书从全面提升电气工程师实践操作能力的角度出发，结合大量的图例讲解基本的电气理论知识和复杂的电工操作，让读者懂得电气工程师应该具备哪些基本能力。

内容全面

本书内容丰富，讲解通俗易懂，具体内容包括：常用电动工具的使用、常用电子测量仪器的使用、电力系统、供配电线路的基本知识、电气线路的敷设、电力变压器、继电保护和二次回路、倒闸操作、电工电路的识图、电气控制设计、电气故障检测诊断与处理、可编程逻辑控制器（PLC）系统、变频器控制电路。

知行合一

本书结合大量的图例详细讲解了电工知识的基本要点，让读者在学习的过程中潜移默化地掌握电气基本理论和电工操作复杂技巧，提升工程应用实践能力。

本书由陆军工程大学石家庄校区的段荣霞老师与李楠老师编著，其中：第1章到第8章由段荣霞编著；第9章到第13章由李楠编著。

由于编者水平有限，书中如有疏漏之处，欢迎广大读者批评指正，提出宝贵的意见和建议。

编者
2021 年 6 月

Contents

目录

第1章　常用电动工具.........................1

1.1　电动螺丝刀...................................1
　1.1.1　电动螺丝刀的外形及其组成.........1
　1.1.2　电动螺丝刀的使用方法 2
　1.1.3　电动螺丝刀的使用注意事项 3
1.2　电动压线钳...................................3
　1.2.1　电动压线钳的外形及其组成.........4
　1.2.2　电动压线钳的使用方法 5
　1.2.3　电动压线钳的使用注意事项 6
1.3　电动棘轮电缆剪............................6
　1.3.1　电动棘轮电缆剪的外形及其组成 7
　1.3.2　电动棘轮电缆剪的使用方法 7
　1.3.3　电动棘轮电缆剪的使用注意事项 8
1.4　电钻..8
　1.4.1　电钻的外形及其组成 8
　1.4.2　电钻的使用方法 12
　1.4.3　电钻的使用注意事项 14
1.5　电锤.. 15
　1.5.1　电锤的外形及其组成 15
　1.5.2　电锤的使用方法 16
　1.5.3　电锤的使用注意事项 18
1.6　云石切割机................................. 19
　1.6.1　云石切割机的外形及其组成 19
　1.6.2　云石切割机的使用方法 20
　1.6.3　云石切割机的使用注意事项 21

第2章　常用电子测量仪器的使用.........23

2.1　电子测量仪器的基本知识............. 23
　2.1.1　电子测量仪器的分类 23

　2.1.2　电子测量仪器与被测电路的连接
　　　　原则 24
　2.1.3　使用电子测量仪器的注意事项 ... 24
2.2　信号发生器................................. 25
　2.2.1　信号发生器的分类 25
　2.2.2　正弦信号发生器的工作特性....... 26
　2.2.3　信号发生器的一般使用方法 27
　2.2.4　信号发生器的选择原则 28
　2.2.5　信号发生器的使用注意事项 29
2.3　直流稳压电源............................. 29
　2.3.1　SS2323直流稳压电源 29
　2.3.2　直流稳压电源的注意事项 32
2.4　示波器...................................... 32
　2.4.1　测量方法 35
　2.4.2　示波器的使用注意事项 36
　2.4.3　示波器选择的原则 36
2.5　交流毫伏表................................. 37
　2.5.1　交流毫伏表的技术性能 37
　2.5.2　SM1030交流毫伏表 38
　2.5.3　交流毫伏表的使用注意事项 40

第3章　电力系统..............................41

3.1　电力系统的基本知识.................... 41
　3.1.1　电力工业在国民经济中的地位........ 41
　3.1.2　电力系统的定义 41
　3.1.3　电力系统的基本参数 43
3.2　电力系统的组成.......................... 44
　3.2.1　电力系统的组成 44
　3.2.2　电力系统互联 45
　3.2.3　电力系统运行与控制 45

3.2.4 电力系统运行的特点和要求.............48
3.2.5 衡量电能质量的指标.......................50
3.3 电力网的构成...................................51
3.3.1 电力网的组成...............................51
3.3.2 电力网的分类...............................52
3.3.3 电力网的接线方式.........................54
3.4 电力系统的中性点运行方式..............55
3.4.1 中性点的接地方式.........................55
3.4.2 低压配电网的运行方式...................59

第4章 供配电线路的基本知识.............62

4.1 电线电缆的基本知识........................62
4.1.1 电线电缆的分类...........................62
4.1.2 电线电缆的命名...........................70
4.1.3 电线电缆的选择...........................72
4.2 电线电缆的敷设...............................74
4.2.1 电力电缆的敷设方法.....................74
4.2.2 配电线路的安装方法.....................78
4.3 电线电缆的连接...............................80
4.3.1 电力电缆的连接...........................80
4.3.2 电线的连接.................................82

第5章 电气线路的敷设.....................86

5.1 暗装方式敷设电气线路.....................86
5.1.1 电工用材....................................86
5.1.2 画线开槽....................................88
5.1.3 电线管的加工与敷设.....................93
5.1.4 导线穿管....................................96
5.2 明装方式敷设电气线路.....................98
5.2.1 线槽布线....................................99
5.2.2 瓷夹板（瓷瓶）布线.................105
5.2.3 护套线布线...............................106

第6章 电力变压器........................110

6.1 电力变压器的基本知识..................110

6.1.1 电力变压器的分类和原理 110
6.1.2 电力变压器的铭牌与技术参数........113
6.1.3 干式变压器的结构特点与用途........115
6.1.4 油浸式变压器的结构特点 116
6.1.5 变压器的连接组别.......................118
6.2 变压器的运行................................120
6.2.1 变压器的安全运行要求................120
6.2.2 变压器的并列、解列运行.............124
6.2.3 变压器并列运行的条件和用途........125
6.2.4 变压器并列运行的注意事项...........126
6.3 变压器的日常维护与故障处理 126
6.3.1 变压器的试验项目.......................126
6.3.2 变压器的日常维护.......................127
6.3.3 变压器的常见故障.......................128
6.3.4 变压器的故障处理方法.................132

第7章 继电保护和二次回路.............133

7.1 继电保护的基本知识.......................133
7.1.1 继电保护装置的基本任务 133
7.1.2 继电保护装置的工作原理.............133
7.2 常用继电保护装置..........................134
7.2.1 电流继电装置.............................135
7.2.2 电压继电装置.............................136
7.2.3 信号继电器.................................137
7.2.4 中间继电器.................................140
7.2.5 时间继电器.................................142
7.2.6 零序保护装置.............................145
7.2.7 瓦斯继电器.................................145
7.2.8 差动保护装置.............................146
7.2.9 固态继电器.................................146
7.3 二次回路的基本知识.......................147
7.3.1 二次回路的概念.........................147
7.3.2 二次回路图的符号.......................148
7.3.3 二次回路图的分类.......................150
7.3.4 二次回路图的识图方法.................153
7.3.5 二次回路的常见故障 153

第8章 倒闸操作 155

8.1 倒闸操作的基本知识........................ 155

8.1.1 倒闸操作的定义 155

8.1.2 操作票制............................156

8.1.3 倒闸操作的一般规定 157

8.1.4 倒闸操作的步骤.....................158

8.1.5 倒闸操作的注意事项 159

8.2 变配电系统常见的倒闸操作 160

8.2.1 高压断路器的操作..................160

8.2.2 旁路开关操作.......................162

8.2.3 隔离开关的操作 164

8.2.4 挂接地线的操作 166

8.2.5 母线的倒闸操作.....................167

8.2.6 变压器的倒闸操作..................170

8.2.7 电抗器、电容器操作 172

第9章 电工电路的识图.................173

9.1 电工电路的识图方法和识图步骤............. 173

9.1.1 电工电路的识图基本要求 173

9.1.2 电工电路的识图方法 174

9.1.3 电工电路的识图步骤 178

9.2 电工电路的识图分析........................ 183

9.2.1 高压供配电电路的识图分析.............183

9.2.2 低压供配电电路的识图分析 186

9.2.3 照明控制电路的识图分析.............187

9.2.4 电动机控制电路的识图分析...........190

第10章 电气控制设计 193

10.1 电气控制系统的基本知识..................... 193

10.1.1 电气控制系统的作用与发展概况....193

10.1.2 电气控制系统基本知识...............195

10.2 电气控制系统设计的功能与组成..........202

10.2.1 电气控制系统设计的功能 202

10.2.2 电气控制系统的组成 203

10.3 电气控制系统设计的内容和步骤..........203

10.3.1 电气控制系统设计的原则..............203

10.3.2 电气控制系统设计的内容............204

10.3.3 电气控制系统设计的方法与步骤 ...204

10.4 电气控制电路设计中的元器件选择.......207

10.4.1 电动机的选择......................207

10.4.2 常用电器的选择....................208

10.5 电气控制设计案例....................213

10.5.1 设计要求..........................213

10.5.2 设计步骤..........................213

10.5.3 电气原理图 214

第11章 电气故障检测诊断与处理.....216

11.1 高压电器的故障与处理..................216

11.1.1 高压隔离开关的故障及异常处理 ...216

11.1.2 高压断路器的故障及异常处理 219

11.1.3 电压互感器的故障及异常处理.......222

11.2 低压电器的故障与维修..................224

11.2.1 接触器的常见故障与维修 224

11.2.2 热继电器的常见故障与维修 228

11.2.3 中间继电器的常见故障与维修 230

11.2.4 时间继电器的常见故障与维修.......230

11.3 排除控制回路电气故障的常用方法 231

11.3.1 观察法 231

11.3.2 电阻测试法........................232

11.3.3 电压测试法........................232

11.3.4 电流测试法........................232

11.3.5 波形测试法 234

第12章 可编程逻辑控制器（PLC）系统 235

12.1 可编程逻辑控制器的基础知识 235

12.1.1 可编程逻辑控制器的组成.............235

12.1.2 可编程逻辑控制器的工作原理.......236

12.1.3 可编程逻辑控制器的软硬件基础 ...237

12.2 可编程逻辑控制系统设计 240

12.2.1 可编程逻辑控制器的指令和编程方法 240

12.2.2 可编程逻辑控制器设计的原则和
内容 244

12.2.3 可编程逻辑控制器设计的步骤 244

12.3 可编程逻辑控制器的应用 246

12.3.1 电动机Y-△降压启动电路 246

12.3.2 多台电动机顺序启停电路 248

12.3.3 电动机的双向限位控制电路 250

12.3.4 电动机的正转控制电路 253

12.3.5 电动机的正反转控制电路 254

第13章 变频器控制电路 257

13.1 变频器控制电路的特点 257

13.1.1 变频器的种类 257

13.1.2 变频器的应用 260

13.1.3 技术优势 263

13.1.4 通用变频器的常用功能 265

13.2 变频器控制电路的组成 268

13.2.1 变频器的调速原理 268

13.2.2 变频器控制电路的组成 269

13.3 变频器控制电路的应用 275

13.3.1 变频器控制电路在电磁制动
电动机中的应用 275

13.3.2 基于变频器的电动机点动控制........276

13.3.3 变频器控制电路在正反转电机中的
典型应用..................................278

第1章

常用电动工具

电动工具品种繁多，目前世界上的电动工具已经发展到近 500 个品种。从事电气工作常用的电动工具有电动螺丝刀、电动压线钳、电钻、冲击钻、电锤、电动曲线锯、角磨机、电剪刀、电锯、电动锯管机、电冲剪、砂轮机、云石机等几十种。本章重点介绍了电动螺丝刀、电动压线钳、电动棘轮电缆剪、电钻、电锤、云石切割机几种常用的电动工具的组成、特点、安全使用和注意事项等，供读者参考。

1.1 电动螺丝刀

电动螺丝刀是用于拧紧和旋松螺钉的电动工具，别名电批、电动起子，在电器的安装、配电柜的装配线等工作中得到了广泛的应用。该电动工具装有调节和限制扭矩的机构，主要用于装配线，是大部分生产企业必备的工具之一。

1.1.1 电动螺丝刀的外形及其组成

电动螺丝刀分为直杆式、手持式、安装式 3 类，如图 1-1 所示。

直杆式

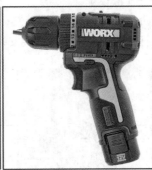
手持式

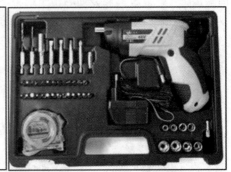
安装式

图 1-1 常见的电动螺丝刀

不同类型的电动螺丝刀（电批）的组成不尽相同，但是大同小异，整套的电动螺丝刀（电批）的组成如图 1-2 所示。

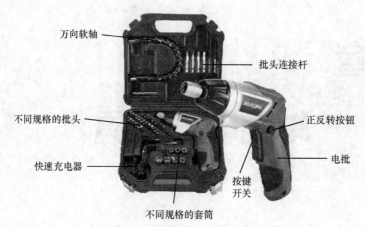

万向软轴

批头连接杆

不同规格的批头

正反转按钮

快速充电器

电批

按键
开关

不同规格的套筒

图 1-2　电动螺丝刀的组成

　　电动螺丝刀除包括手持电动部分外，还包括一套不同规格的批头、充电器、万向软轴、批头连接杆等。随着技术的发展和使用需求，现在很多电动螺丝刀配备小型钻头，和电钻功能复合在一起，可以作为电钻使用。

1.1.2　电动螺丝刀的使用方法

　　电动螺丝刀的使用步骤如下。

　　（1）选择合适的电动螺丝刀，保证足够的紧固力矩。

　　（2）根据所需装卸的螺钉选择电批头，电批头包括十字批、一字批或内六角等，如图 1-3 所示。

　　为了利于机械化作业，在实际应用中十字槽螺钉应用得比较普遍，因此这里只讲述十字批的选择方法。十字批的选择要根据十字槽的形状和深度来选择，选择原则是当十字批插入螺钉十字槽时能得到较好的吻合，在深度上基本能插到槽底，在宽度上能够插满十字槽。这样才能保证

图 1-3　常见的电动螺丝刀批头

紧固或旋松时，螺钉十字槽受载面积较大，防止大力矩损坏十字槽。

　　（3）把选择好的合适的批头通过批头连接杆连接到电批上。批头安装步骤如图 1-4 所示。

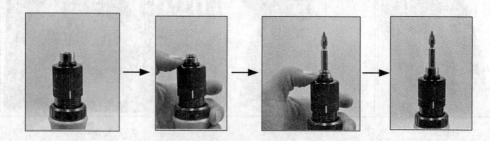

图 1-4　电动螺丝刀批头的安装步骤

　　（4）按照电源要求接通电动螺丝刀的电源，如果电源是充电电池（12V、24V、36V 等），可无须另接电源，保证电池电量充足。

　　（5）一般电批分为前进、停止和后退 3 个功能，按下"按键开关"，电机转动；松开"按键开关"即可停止。前进或后退可通过"反转"按钮开关选择不同的方向。根据紧固或旋松的作业需求来选

择，紧固螺钉选择正转，旋松螺钉选择反转，正反转参照相应产品说明书，或者接通电源，空转试用并仔细观察电批的旋转方向。

（6）按下电批的开关按钮，开始工作。螺钉到位后松开按钮，电批停止运转。

（7）使用完毕后断开电源，卸下批头，各部件归位。

1.1.3 电动螺丝刀的使用注意事项

电动螺丝刀使用时的注意事项如下。

（1）在工作前必须选择合理的输出紧固力矩。

紧固力矩大小的确定主要由以下因素制约。螺纹紧固件公称直径是影响紧固力矩最主要的因素，在其他条件相同的情况下，公称直径越大，所需紧固力矩也越大；其次，螺纹紧固件与连接件之间结合面的润滑程度和粗糙度也直接影响紧固力矩的大小，对粗糙结合面的连接，应使用较大紧固力矩，而对于光滑结合面，就可使用较小紧固力矩。

（2）使用时按照规定的额定电压使用。有些电动螺丝刀作为机械部件，正常工作离不开电批电源，电批电源为电动螺丝刀提供能量及相关的控制功能，带动电机转动。使用时，要根据型号选择合适的电源。如果带有充电电池，使用时保证电量充足。

（3）改变旋转方向时，必须使电机停止工作，再变换"正反转"按钮开关。

（4）在更换批头时，一定要将电源插头拔离电源插座，且关闭螺丝刀电源。

（5）电动螺丝刀的扭力比较大，使用时注意握紧螺丝刀，使螺丝刀和紧固螺钉在一条直线上，垂直于被紧固件，避免使用时打滑，损坏螺钉。紧固螺钉的步骤如图 1-5 所示。

图 1-5　电动螺丝刀拧紧螺钉的步骤

（6）严禁摔打或撞击，以免造成破裂或变形，引起故障。

（7）电动螺丝刀连续使用时间不建议过久，否则容易导致电机发热，此时要立即停止使用，等螺丝刀彻底冷却后方可继续使用。

（8）当作业完成后，要及时做好清洁维护工作，以延长螺丝刀的使用寿命。一般工具连续使用三个月应清洗维修一次，要注入适量的润滑脂，各部位螺钉不可松动。

1.2　电动压线钳

电动压线钳主要用于压接端子、接线、接插件等。电动压线钳通过电能驱动电动机，电源一般为可充电的锂电池。它的工作原理是利用杠杆原理对外输出压力，推动夹头开合，压力足够大时，端子与导线的两种基体金属紧密接触，此时压接区域的温度升高，并产生扩散现象，在两个压接零件接触面之间形成合金层，使两个压接零件牢固地结合成为一个整体，形成了可靠的电气连接。

1.2.1 电动压线钳的外形及其组成

电动压线钳具有轻巧易操作、智能控制、省时省力、压接速度快等优点，常见的电动压线钳的外形如图 1-6 所示。

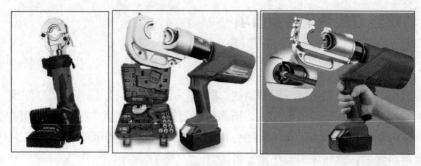

图 1-6 常见的电动压线钳的外形

一般电动压线钳主要由电动压接部分、运作开启与停止控制部分、工具壳体等部分组成，一般还配备基座或者充电线，既可以方便在室内频繁作业，也可以装上锂电池携带到室外作业。

电动压线钳主要的组成部分如图 1-7 所示。

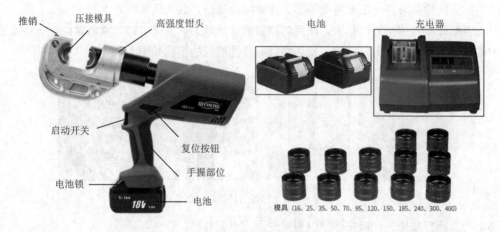

图 1-7 电动压线钳的组成

钳头部分包括高强度钳头和压接模具，钳头部分可以 360°旋转，适用于多角度的应用。压接模具可以更换，装卸方便，根据所压接的电缆头进行选择，压接范围可从 16mm² 到 400mm²，甚至更宽，常用的压接模具为六角模具，有些型号的电动压线钳还有 C 形模具和 H 形模具（400 型的压线钳）等。如图 1-8 所示。

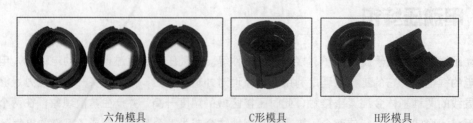

六角模具　　　　　　　　C 形模具　　　　　　　　H 形模具

图 1-8 电动压线钳的压接模具

电池一般选择锂电池，容量大；电气控制部分一般设有短路保护、过压保护、过热保护、充电保护等功能，安全可靠；压接时间短，一般只需 6～18s；操作方便，启动开关松开即停。

1.2.2 电动压线钳的使用方法

电动压线钳的使用步骤如下。

（1）按下电池锁按钮，将充好电的电池放到电池盒中，松开按钮，电池不能从工具中拉出，如图 1-9 所示。

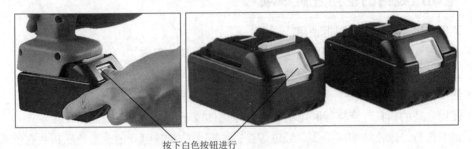

按下白色按钮进行
电池的装卸

图 1-9 电动压线钳的电池安装示意图

（2）根据压接端子的规格型号选择合适的压接模具。模具的更换如图 1-10 所示。

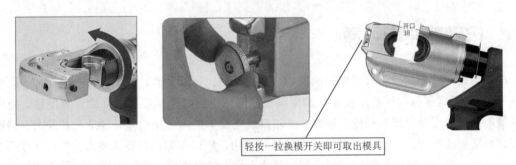

轻按一拉换模开关即可取出模具

图 1-10 电动压线钳的压接模具的更换

（3）在无压力的情况下，旋转压接头至所需位置。

（4）放入待压接的端子（端子内已插入电缆），按下启动开关，模具快速接近端子，此时松开启动开关，模具停止前进，再次按下启动开关，模具快速前进，接触到端子后，速度变慢压接，模具的两端接触后即压接到位，此时释放启动开关，压接模具自动返回至起始位置。电动压线钳的压接过程如图 1-11 所示。

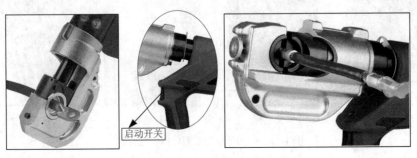

启动开关

图 1-11 电动压线钳的压接过程示意图

（5）如果只进行一次压接，则将模具对准连接器上的线。如果是多次压接，则确保线之间有足够的空间进行均匀的压接。

（6）在压接过程中，如果出现故障或者需要重新压接时（如发现模具规格错误），可松开启动开关，再按下复位按钮，直至模具退回至起始位置。

（7）压接完毕后取下电池，取下压接模具，擦干净工具，视情况在活动零件处加上少量润滑油，放入工具箱。

1.2.3　电动压线钳的使用注意事项

（1）不得在带电导体上或附近使用。

（2）电动压线钳仅用于压接铜、铝电缆用，不得作为其他用途。

（3）工作场地不得有高可燃性或爆炸性的液体及材料，以免发生事故。

（4）使用电动压线钳过程中要站稳，并穿戴合适的防护设备。

（5）使用合适的模具、连接器和电缆组合，以免造成压接无法完成或压接不当。

（6）请勿自行维修损坏的压接头。经过焊接、打磨、钻孔或者其他改变的压接头在使用中可能损坏压接端子。

（7）当电量指示灯显示电池容量不足时，必须及时对电池进行充电，充电应使用配备的专用的充电器。

1.3　电动棘轮电缆剪

电缆剪是一种专门用于剪切电缆的剪钳，两刃交错，可以开合，电缆剪属于大型剪刀，利用"杠杆原理"及"压强与面积成反比"的原理设计而成。为加强电缆剪的强度、方便性，电缆剪从传统的手动电缆剪发展到棘轮电缆剪。电动棘轮电缆剪是通过把电能转换成高扭矩力，快速对电缆进行剪切的电动工具。因为采用了机械棘轮结构，所以在剪切时更加省力。广泛用于电力、钢铁、铁路、管道、矿山等领域，用于切割普通电缆、铠装电缆、通信电缆、钢芯铝绞线等，如图 1-12 所示。

普通电缆

铠装电缆

通信电缆

钢芯铝绞线

图 1-12　电动棘轮电缆剪能剪切的材料

1.3.1　电动棘轮电缆剪的外形及其组成

电动棘轮电缆剪具有结构合理，重量轻，便于携带和操作，切割范围大，切面平整，剪切速度快等优点，常见的电动棘轮电缆剪的外形如图 1-13 所示。

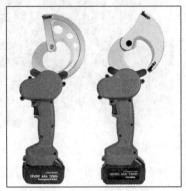

图 1-13　常见的电动棘轮电缆剪的外形

电动棘轮电缆剪包括握柄装置、剪切装置（刀片）及推进装置（电机及其控制部分）。该电缆剪的推进装置借助两个齿轮传动，以带动活动刀体上的卡齿往前推进，使活动刀体与固定刀体的刀锋部所形成的圆形部渐次缩小，以达到剪切的功效。以切线的方向推送活动刀体上的齿轮，并使齿轮以多个卡齿推送活动刀体的卡齿，使推送力分散于卡齿上，使卡齿不易损坏，以延长其使用寿命。电动棘轮电缆剪的组成如图 1-14 所示。

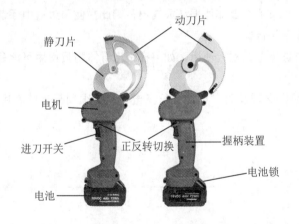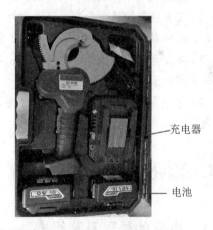

图 1-14　电动棘轮电缆剪的组成

刀片由合金钢制成，经过锻造和特殊的热处理后，可以承受长时间的剧烈工作，动刀片的卡齿加深，可达 2mm，耐磨、不易打滑，剪切平整。电池一般选择锂电池，容量大，可以反复充电使用。

1.3.2　电动棘轮电缆剪的使用方法

电动棘轮电缆剪的使用步骤如下。

（1）按下电池锁按钮，将充好电的电池放到电池盒，松开按钮，电池不能从工具中拉出。

（2）将待剪切的电缆放到静触点和动触点之间，如图 1-15 所示。

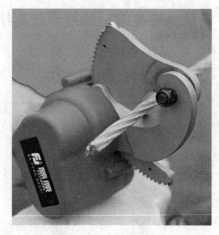

图 1-15　放置待剪切的电缆

（3）正反转开关置于"正转"状态，按下"进刀开关"，电机转动，带动动刀片靠近电缆等待剪线缆，直至剪断。

（4）释放"进刀开关"，正反转开关置于"反转"状态，再按下"进刀开关"，电机反转，打开刀口。

（5）裁剪完毕后取下电池，擦干净工具，放入工具箱。

1.3.3　电动棘轮电缆剪的使用注意事项

（1）剪切过程中，确保手指和双手及其他物品远离剪切头。

（2）工具使用过程中会产生巨大的力，并可能导致部件损坏或飞出，因此在使用过程中保证工具稳定，并穿戴合适的防护设备，包括手套、护目镜等。

（3）本工具未经绝缘处理，不得在带电导体上或附近使用，如果在带电导体附近使用可能会发生电击并导致受伤或死亡。

（4）当电量指示灯显示电池电量不足时，必须及时对电池进行充电，充电须用配备的专用的充电器。

1.4　电钻

1.4.1　电钻的外形及其组成

1. 电钻的外形

电钻是一种可以在木板、混凝土、砖头等脆性材料上钻孔的电动工具。其工作原理是电磁旋转式或电磁往复式小容量电动机的电机转子做功运转，通过传动机构驱动作业装置，带动齿轮加大钻头的动力，从而使钻头刮削物体表面，更好地洞穿物体。目前常用的电钻为多功能电钻，既可以作为普通电钻使用，也可以作为冲击钻在混凝土上使用，还可以作为电动螺丝刀松紧螺钉。

电钻的外形如图 1-16 所示。

图 1-16　电钻的外形

电钻除了适用于在混凝土地板、墙壁、砖块、石料、木板和多层材料上进行冲击打孔外，还可以在木材、金属、陶瓷和塑料上进行钻孔和攻牙。

2. 电钻的组成

电钻的钻夹头处有工作模式调节旋钮，有普通手电钻和冲击钻两种方式。但是电钻是利用内轴上的齿轮相互跳动来实现冲击效果，冲击力远远不及电锤，不适合钻钢筋混凝土。其各部分结构组成如图 1-17 所示。

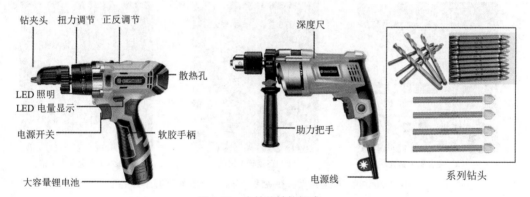

图 1-17　电钻的结构组成

电钻可以使用正/反转切换开关来控制钻头正、反向旋转，如果将钻头换成了螺丝批，则可以旋进或旋出螺钉。

电钻主要组成部分的功能如下。

（1）电源开关（钻/停开关）用于开始和停止钻头的工作，按下时钻头旋转，松开时钻头停转；如果希望松开钻/停开关后钻夹头仍旋转，可在按下开关时再按下自锁按钮，将钻/停开关锁定。

（2）钻夹头的功能是安装并夹紧钻头。

（3）助力把手的功能是在钻孔时便于把持电钻和用力。助力把手可以根据需要改变手柄的位置，以提高工作安全性与增加工作的舒适性。调整辅助手柄，首先把辅助手柄摆动到需要的位置，再拧紧调整辅助手柄的蝶翼螺钉即可。

（4）深度尺用来确定钻孔深度，可防止钻孔过深。调整钻深，首先按下调整深度尺的按键，再把深度尺装入辅助手柄中，适当调整深度尺寸。注意，从钻嘴尖端到深度尺尖端的距离必须与需要的钻深一致。

（5）正反调节旋钮的功能用于调节电机的正反转。

3. 电钻配备的钻头

（1）麻花金属钻头。

麻花金属钻头因其钻头部分形似麻花而得名，其外形如图 1-18 所示，麻花金属钻头通常用于在金属、塑料或木头上进行钻孔，其安装示意图如图 1-19 所示。

图 1-18　麻花金属钻头　　　　图 1-19　在电钻上安装麻花金属钻头

麻花金属钻头的特点是头部 135°角，钻花锋利，可适用于钻木材、金属、塑料等。利用麻花金属钻头在金属、瓷砖、木头和混凝土上钻孔的效果如图 1-20 所示。

（a）在金属上钻孔　　　　（b）在瓷砖上钻孔　　　　（c）在木头和混凝土上钻孔

图 1-20　用麻花金属钻头在金属、瓷砖、木头和混凝土上钻孔

（2）瓷砖钻头。

瓷砖钻头通常用于处理厚玻璃、陶瓷、玻化砖、大理石、花岗岩等硬脆材料，其外形如图 1-21 所示，用三角钻头钻出来的孔洞边缘整齐、光滑、无碎边，在易碎材料的边缘钻孔时不易崩边，且排屑轻松。

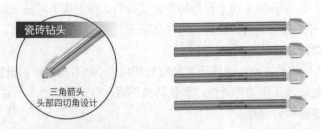

图 1-21　瓷砖钻头

特点：三角箭头，头部四切角设计。

适用范围：适合钻普通中低硬度的瓷砖等。

（3）玻璃钻头。

玻璃钻头是一种用来专业对玻璃进行打孔的钻头，按照尺寸可分为不同种类，是一种专业性比较强的钻头，其外形如图 1-22 所示。

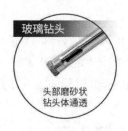

图 1-22　瓷砖钻头

特点：头部磨砂状，钻头体通透。

适用范围：使用时需要加水，适合钻普通玻璃、瓷砖、玻化砖、石材等。

（4）螺丝批头。

螺丝批头通常指安装到手电钻或者电锤上面拧螺钉的螺丝刀头。按不同的头形可以分为一字、十字、米字、星形、方头、六角头、Y 形头部等，其中一字和十字是生活中最常用的。其外形如图1-23 所示。

图 1-23　螺丝批头的外形

特点：通常头部为一字或者十字。

适用范围：拆卸和安装螺钉、自攻钉、燕尾钉等紧固件。

（5）磨头。

磨头是一种小型带柄磨削工具的总称，应用于电磨机、吊磨机、手电钻。种类很多，主要有陶瓷磨头、橡胶磨头、金刚石磨头、砂布磨头等。其外形如图 1-24 所示。

图 1-24　磨头的外形

特点：锥形或者圆形、半圆形磨具。

适用范围：金属件、模具、玉石的打磨。

1.4.2 电钻的使用方法

1. 安装钻头

安装钻头时，将钻头插入钻夹头最深处，手动拧紧钻夹头，再将钻头扳手依次插入钻夹头的 3 个孔中，并按顺时针方向拧紧，注意，要均匀地拧紧钻夹头的 3 个孔。如果要拆卸钻头，只需要逆时针方向转动钻夹头上的其中一个孔，即可手动松开夹头。钻头的安装过程如图 1-25 所示。

（a）旋松钻夹头 　　　（b）插入钻头 　　　（c）用配套的扳手旋紧钻夹头

图 1-25 钻头的安装过程

2. 开关操作

电钻电源插头插入电源插座前，检查开关扳机操作是否正常，是否在释放时返回关断位置。如果需要启动电钻，只要扣动开关扳机即可，有的电钻的速度随着扣动扳机压力增大而增加。释放开关扳机，电钻会立即停止转动。如果要连续操作，则需要扣动开关扳机，再按锁定按钮。如果要从锁定位置停止电钻，则需要将开关扳机扣到底，再释放即可。

正反转开关操作：操作电钻前，需要确认电钻的旋转方向。只有当电钻完全停止旋转后，才能够使用正反转开关，否则会损坏工具。有的正反转开关拨到 R 位置，则为顺时针方向旋转，拨到 L 位置，则为逆时针方向旋转。

3. 选择挡位并用钻头钻孔

在墙上钻孔的工作示意如图 1-26 所示，电钻在钻孔之前应选择挡位（见图 1-27）。在确定挡位并开启后，应空载运转 1min 左右，运转时声音应均匀，无异常的周期性噪声，手握工具应无明显的麻手感。钻孔时，要选择"冲击"方式，启动开关后，手顺着冲击方向略微用力即可，如果用力下压，极易损坏钻头和电钻，因此在操作电钻头时需合理控制力度。

在钻孔深度有要求的场所进行钻孔时，可使用辅助手柄上的定位杆来控制钻孔的深度。使用定位杆时，只要将螺母拧松，将定位杆调节到所需要的长度后，再拧紧螺母即可。

在脆性材料上钻较深或较大的孔时，应注意经常将钻头退出钻孔几次，以防止出屑困难造成钻头发热而磨损，使钻孔效率降低，甚至导致堵转现象，严重时有可能将钻头别断。这一点务必应注意。

图 1-26　用电钻头在墙壁上钻孔

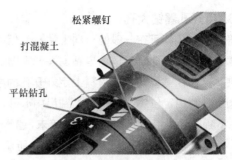

松紧螺钉
打混凝土
平钻钻孔

图 1-27　选择合适的挡位

4. 用批头安装螺钉

安装螺钉时，可先用电钻在预定位置钻孔，待达到一定深度后，再往孔内敲入膨胀螺栓或膨胀管，待膨胀螺栓或膨胀管固定完毕后，再往膨胀管内旋入螺钉。

安装过程如图 1-28 所示。在用电钻旋拧螺钉时，应注意将电钻的转速调慢，避免发生危险。如果要将螺钉旋出，可将电钻的旋转方向调为反向。

图 1-28　用带批头的电钻安装螺钉

5. 用电钻切割打磨物体

电钻通常用于给各类材质物品钻孔，但如果在电钻上安装切割打磨配件，就可以将电钻变为一台切割打磨机。其常用的切割打磨配件如图 1-29 所示，切割打磨片用于切割金属、陶瓷、石材、木材等，打磨片用于抛光。用电钻切割打磨物体示意如图 1-30 所示。

图 1-29　电钻常用的切割打磨配件

（a）切割木头　　　　　　　　（b）切割瓷砖　　　　　　　　（c）打磨金属

图 1-30　用电钻切割打磨物体

6. 用开孔器钻大孔

普通的钻头就可在一般的材料上钻孔，但钻出的孔径只有钻头大小，如果希望在铝合金、薄钢板、木制品上开大孔，可以给电钻安装开孔器。使用开孔器时，需将开孔器夹紧在手持电钻或台钻的钻夹头上，在需要开的材料上定好开孔的中心作为定位钻的圆心，将开孔器的定位钻对准设置好的圆心，利用定位钻头在材料上钻出中心孔，待开孔器锯齿与开孔材料接触后，需要稳定匀速施压，并不断抬起以带出空槽中的切削碎末，直到开孔器穿透开孔材料，即完成开孔。开孔器如图1-31所示，用开孔器在木材上开大孔如图1-32所示。

图1-31　开孔器

图1-32　用开孔器在木材上开大孔

1.4.3　电钻的使用注意事项

1. 电钻使用前的注意事项

电钻使用前需要进行一系列的检查工作，主要检查内容如下。

（1）检查电钻使用的电源电压是否与供电电压一致，严禁220V电钻使用380V电压。

（2）检查电钻空转是否正常。在通电状态下，电钻应先空转一段时间，观察转动时是否有异常的情况（如转动不顺畅、声音不正常等）。

（3）检查电钻导线是否完好。

2. 电钻使用时的注意事项

（1）安装或拆卸钻头前，需要先关闭电钻的电源开关，并且拔下电源插头。

（2）电钻必须按材料要求装入直径在允许范围的合金钢钻头或打孔通用钻头。严禁使用超越规定范围的钻头。

（3）电源插座必须配备漏电开关装置，并检查电源线有无破损现象，使用当中发现电钻漏电、震动异常、高热或者有异声时，应立即停止工作，及时检查修理。

（4）更换钻头时，应用专用扳手及钻头锁紧钥匙，杜绝使用非专用工具敲打电钻。

（5）使用电钻时切记不可用力过猛或出现歪斜操作，事前务必装好钻头并调节好电钻深度尺，垂直、平衡操作时要徐徐均匀用力，不可强行使用超大钻头。

（6）熟练掌握和操作顺逆转转向控制机构、松紧螺丝及打孔攻牙等功能。

（7）使用电钻要佩戴护目镜来保护操作者的眼睛，防止灰尘碎末等杂物进入眼睛。

（8）防止沙土、铁屑等杂物进入电钻内部，电钻不能在易燃易爆场所使用。

（9）电钻钻大孔或深孔时，要经常将钻头拔出，及时排屑，这样能延长电钻钻头和工具的使用寿命。

（10）在瓷砖等易破裂的材料上钻孔时，可先用无冲击功能挡进行操作，待钻到一定深度时，再转换到冲击功能挡继续钻孔。

（11）在进行开孔操作时，工作前注意用夹具稳定开孔器的加工部件；用支持柄将开孔器和手电钻安装牢固，通电后慢速测试，安装牢固后再进行开孔；使用后需要及时断电，并将开孔器卸下来放在干燥的地方。

3. 电钻的维护保养

（1）由专业电工定期更换电钻的换碳刷并检查弹簧压力。

（2）电钻的冲击装置要及时加高温润滑脂，避免缺油加快磨损并影响冲击力。

（3）由专业人员定期检查手电钻各部件是否损坏，对损伤严重而不能用的应及时更换。

（4）及时增补因作业时丢失的机体螺钉紧固件。

（5）定期检查传动部分的轴承、齿轮及冷却风叶是否灵活完好，适时对转动部位加注润滑油，以延长手电钻的使用寿命。

1.5　电锤

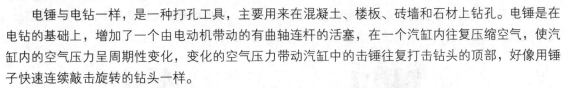

电锤与电钻一样，是一种打孔工具，主要用来在混凝土、楼板、砖墙和石材上钻孔。电锤是在电钻的基础上，增加了一个由电动机带动的有曲轴连杆的活塞，在一个汽缸内往复压缩空气，使汽缸内的空气压力呈周期性变化，变化的空气压力带动汽缸中的击锤往复打击钻头的顶部，好像用锤子快速连续敲击旋转的钻头一样。

由于电锤的钻头在转动的同时还产生了沿着电钻杆方向的快速往复运动（频繁冲击），所以它可以在脆性大的水泥混凝土及石材等材料上快速打孔。高档电锤可以利用转换开关，使电锤的钻头处于不同的工作状态，只转动不冲击、只冲击不转动或既冲击又转动。

1.5.1　电锤的外形及其组成

电锤的外形如图 1-33 所示。

图 1-33　电锤的外形

电锤各部分的名称如图 1-34 所示。

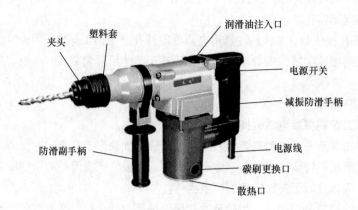

图 1-34　电锤各部分的名称

1.5.2　电锤的使用方法

1. 根据使用情况合理选择钻头

电锤钻头规格有 6mm、8mm、10mm、12mm、16mm、20mm 等，如图 1-35 所示，硬质合金电锤钻主体采用优质合金钢材，刀头采用硬质合金焊接而成，与各种电锤机配套使用，适于在混凝土、砖等硬质建材上钻孔，应根据使用场合和钻孔的大小合理选择钻头。

图 1-35　电锤钻头

2. 安装钻头

选择好钻头后要进行钻头的安装。首先用力往下按压塑料套，如图 1-36（a）所示，然后插入钻头，如图 1-36（b）所示，最后松开塑料套，如图 1-36（c）所示，就完成了钻头的安装。注意安装时，钻头柄部完全插入，看不见凸出部分，如图 1-37（a）所示。图 1-37（b）所示为钻头柄部没有完全插入，凸出约 8mm，所以安装错误。

（a）按压塑料套　　　　　　（b）插入钻头　　　　　　（c）松开塑料套

图 1-36　电锤钻头的安装

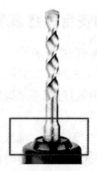

（a）正确的安装　　　　　　　　（b）错误的安装

图 1-37　电锤钻头的安装方式

3. 电锤实际操作

现在常用的电锤具备电锤、电钻、电镐 3 种功能，可以通过不同挡位开关，实现不同效果，以达到使用效率最大化，如图 1-38 所示。

图 1-38　电锤的功能选择

（1）电锤。

将电锤的功能开关旋至 ⚒ 挡，再将电锤钻头安装在钻夹头上，打开开关，然后就可以在墙壁、石材或混凝土上钻孔了。

（2）电钻。

将电锤的功能开关旋至 ⚒ 挡，再安装转换夹，并在转换夹内安装普通的钻头，打开开关，就可以在塑料、瓷砖、木材和金属等材料上钻孔了。

（3）电镐。

在使用"电镐"功能时，首先应将电镐使用的钢凿（见图 1-39）安装在钻夹头上，并将电锤的功能开关旋至 ⚒ 挡。"电镐"挡下的电锤相当于一个自动锤击的钢凿，可以利用它在砖墙上凿出沟槽，如图 1-40 所示，开槽完毕后即可在槽内铺设各类线管。电锤配合切割机还可以在混凝土上开槽。

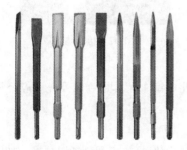

图 1-39　电镐用的各种钢凿　　　　　　　图 1-40　墙壁开凿

4. 使用后整理

使用完毕后，断开电源，卸下钻头，清理机身，检查归位。

1.5.3 电锤的使用注意事项

1. 电锤使用前的注意事项

电锤使用前需要进行一系列的检查工作，主要检查内容如下。

（1）确认现场所接电源与电锤铭牌是否相符，是否接有漏电保护器。钻头与夹持器应适配，并妥善安装。

（2）钻凿墙壁、天花板、地板时，应先确认有无埋设电缆或管道等；在高处作业时，要特别注意下面的物体和行人安全，必要时设警戒标志。

（3）确认电锤上开关是否切断，若电源开关接通，则插头插入电源插座时电动工具将出其不意地立刻转动，从而可能导致人员受到伤害和危险。若作业场所在远离电源的地点，需延伸线缆时，应使用容量足够、安装合格的延伸线缆。延伸线缆如通过人行过道，应高架或做好防止线缆被碾压损坏的措施。

（4）使用迟钝或弯曲的钻头，将使电动机过负荷面工况失常，并降低作业效率，因此，若发现这类情况，应立刻处理。

（5）电锤器身紧固螺钉检查。

由于电锤作业产生冲击，易使电锤机身安装螺钉松动，应经常检查其紧固情况，若发现螺钉松了，应立即重新扭紧，否则会导致电锤故障。

（6）检查碳刷。

碳刷也叫电刷，如图 1-41 所示，作为一种滑动接触件，在许多电气设备中得到广泛的应用。碳刷产品的应用材质主要有石墨、浸脂石墨、金属（含铜、银）石墨。

碳刷是电动机或发电机或其他旋转机械的固定部分和转动部分之间传递能量或信号的装置，它一般由纯碳加凝固剂制成，外形一般是方块，卡在金属支架上，里面有弹簧把它紧压在转轴上，电机转动的时候，将电能通过换向器输送给线圈。

电动机上的碳刷是一种消耗品，其磨耗度一旦超出极限，电动机将发生故障，因此，磨耗了的碳刷应立即更换，此外碳刷必须常保持干净状态。

图 1-41　电锤碳刷

图 1-42　检查防尘罩

（7）保护接地线检查。

保护接地线是保护人身安全的重要措施，因此电锤（尤其是金属外壳）应经常检查接地是否良好。

（8）检查防尘罩。

防尘罩旨在防护尘污浸入内部机构，若防尘罩内部磨坏，应即刻加以更换，如图 1-42 所示。

2. 电锤使用时的注意事项

（1）钻孔时，应注意避开混凝土中的钢筋。

（2）电钻和电锤为 40% 断续工作制，不得长时间连续使用。

（3）作业孔径在 25mm 以上时，应有稳固的作业平台，周围应设护栏。

（4）严禁超载使用。作业中应注意音响及温升，发现异常应立即停机检查。在作业时间过长，机具温升超过 60℃ 时，应停机，自然冷却后再行作业。

（5）机具转动时，不得撒手不管。

（6）作业中，不得用手触摸刃具、模具和砂轮，发现其有磨钝、破损情况时，应立即停机修整或更换，然后再继续进行作业。

（7）使用电锤时的个人防护注意事项。

1）操作者要戴好防护眼镜，以保护眼睛，当面部朝上作业时，要戴上防护面罩，如图 1-43 所示。

2）长期作业时要塞好耳塞，以减轻噪声的影响。

3）长期作业后钻头处在灼热状态，在更换时应注意不要灼伤肌肤。

4）作业时应使用侧柄，双手操作，以免堵转时反作用力扭伤胳膊。

5）站在梯子上作业或高处作业应做好高处坠落措施，梯子应有地面人员扶持。

图 1-43　电锤现场作业防护措施

（8）更换碳刷注意事项。

1）碳刷的引出线套有绝缘管的，应装在绝缘碳刷架内；引出线是裸铜线的，应装在搭铁碳刷架内。

2）碳刷装入碳刷架上时，应注意曲面方向，装反会使接触面过小，通电能力弱或不通电。

3）碳刷弹簧应压在碳刷正中，防止受力不均发生偏磨。

4）碳刷与整流子的接触面积应不小于全部接触面的 3/4，碳刷上不得有油污。

1.6　云石切割机

1.6.1　云石切割机的外形及其组成

云石切割机又称云石机，可以用来切割石料、瓷砖、木材等，不同的材料应选择相适应的切片。云石切割机的外形如图 1-44 所示。

图 1-44　云石切割机的外形

云石切割机各部分的名称如图 1-45 所示。

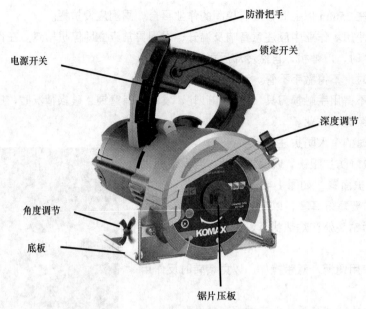

图 1-45　云石切割机各部分的名称

云石切割机具有以下特点。

（1）操作简单、环保、清洁、便捷、专业、精准、高质、高效。

（2）可直线切割各类瓷砖、墙砖、地砖、立体砖、陶瓷板、玻化砖以及平板玻璃等。

（3）石材切割机设备不但能顺利切割，并且提高功效 5 倍以上，刀轮寿命延长 2～4 倍，切刀口整齐、成本低、无噪声、轻巧，使用与携带都方便，因而深受广大施工者的欢迎。

1.6.2　云石切割机的使用方法

1. 选择锯片

根据要切割的材料合理选择锯片。云石机在切割石材时，必须使用金刚石锯片（见图 1-46）；切割木材时，使用木材切割片（见图 1-47）。

图 1-46　石材切割片（金刚石锯片）

图 1-47　木材切割片

2. 锯片的安装

锯片安装时，先准备好所需工具，开口扳手、环形扳手、防泥挡板及螺钉。顺时针扭松锯片压板螺钉，如图 1-48（a）所示，然后取下压板，如图 1-48（b）所示，放上锯片，装上上压板，逆时针扭紧压板螺钉，如图 1-48（c）所示，就完成了安装。注意，要根据技术数据选择圆齿锯片，电动工具工作时是顺时针转动，按照正确方向安装圆齿锯片，如果安装方向相反，锯片温度升高易烧毁机芯。

（a）扭松锯片压板螺钉

（b）取下压板

（c）扭紧压板螺钉

图 1-48　锯片的安装

3. 切割石材

云石机可对石料进行不同深度的切割加工，能变废为宝，大大节约石料资源，也有利于保护环境。云石切割机切割石材如图 1-49 所示。

4. 切割木材

由于石材与木材所具备的性质不同，在使用云石切割机切割木材时，需要将石材切割片（金刚石锯片）换下，安装上专用的木材切割片。云石切割机切割木材如图 1-50 所示。

图 1-49　用云石切割机切割石材

图 1-50　用云石切割机切割木材

1.6.3　云石切割机的使用注意事项

1. 切割机使用前的注意事项

（1）操作前，先检查电源电压和切割机额定电压是否相符，开关是否灵敏有效，切割片是否完好，确认无误后方可开机。

（2）调节切割深度。旋松深度尺上的蝶形螺母并上下移动平台板，在预定的深度拧紧蝶形螺母以固定平台板。

（3）调准平台板，应将切割机平台板前部边缘与加工件上的切割线对齐。

2. 切割机使用时的注意事项

（1）切割机工作时务必要全神贯注，不但要保持头脑清醒，更要理性地操作电动工具。严禁疲惫、酒后或服用兴奋剂、药物之后操作切割机。

（2）电源线路必须安全可靠，严禁私自乱拉，小心电源线摆放，不要被切断。使用前必须认真检查设备的性能，确保各部件完好。

（3）穿好合适的工作服，不可穿过于宽松的工作服，更不要戴首饰或留长发，严禁戴手套及袖口不扣而操作。

（4）加工的工件必须夹持牢靠，严禁工件装夹不紧就开始切割。

（5）严禁在砂轮平面上修磨工件的毛刺，防止砂轮片碎裂。

（6）切割时，操作者必须偏离砂轮片正面，并戴好防护眼镜。

（7）严禁使用已有残缺的砂轮片，切割时应防止火星四溅，并远离易燃易爆物品。

（8）装夹工件时，应装夹平稳牢固，防护罩必须安装正确，装夹后应开机空运转检查，不得有抖动和异常噪声。

（9）中途更换新切割片或砂轮片时，锁紧螺母时不要过于用力，防止切割片或砂轮片崩裂发生意外。

（10）必须稳握切割机手把且均匀用力垂直下切，而且固定端要牢固可靠。

（11）不得试图切（锯）未夹紧的小工件或带棱边严重的型材。

（12）为了提高工作效率。对单支或多支一起锯切之前，一定要做好辅助性装夹定位工作。

（13）不得进行强力切（锯）操作，在切割前要待电机转速达到全速。

（14）不允许任何人站在锯后面，停电、休息或离开工作地时应切断电源。

（15）锯片未停止转动时不得从锯或工件上松开任何一只手或抬起手臂。

（16）护罩未到位时不得操作，不得将手放在距锯片 15cm 以内。不得探身越过或绕过切割机，操作时身体斜侧 45°为宜。

（17）出现不正常声音，应立刻停机检查；维修或更换配件前必须先切断电源，并等锯片完全停止。

（18）如在潮湿地方使用切割机，必须站在绝缘垫或干燥的木板上进行。登高或在防爆等危险区域内使用必须做好安全防护措施。

（19）设备出现抖动及其他故障，应立即停机修理，严禁戴手套操作。如在操作过程中会引起灰尘，要戴上口罩或面罩。

（20）加工完毕应关闭电源，并做好设备及周围场地的清洁。

第2章

常用电子测量仪器的使用

测量仪器是为了取得目标物某些属性值而进行衡量所需要的第三方标准，测量仪器一般具有刻度、容积等标识。利用电子技术构成的测量仪器，称为电子测量仪器。其中，常用的有信号发生器、交流毫伏表、示波器和稳压电源等。电子测量仪器对电子科学技术理论和应用的发展有着重大意义，其应用范围几乎覆盖所有的科学技术领域和国民经济部门，成为生产、教学、科研、通信、医疗和国防等方面不可缺少的测量工具。

2.1 电子测量仪器的基本知识

2.1.1 电子测量仪器的分类

电子测量仪器的品种繁多，目前已达几千种。为了便于管理、研制、生产、学习和选用，必须对它们进行适当分类。

电子测量仪器可分为专用仪器和通用仪器两大类。专用仪器是为特定目的而设计的。它只适用于特定的测试对象和测试条件。通用仪器则适用范围宽，应用范围广。在此只介绍通用仪器的最基本、最常用的分类方法——按功能分类。

（1）电平测量仪器：主要品种有电流表、电压表、多用表、毫伏计、微伏计、有效值电压表、数字电压表、功率计等。

（2）元件参数测量仪器：主要品种有 RLC 电桥、绝缘电阻测试仪、阻抗图示仪、电子管参数测试仪、晶体管综合参数测试仪、集成电路参数测试仪等。

（3）频率时间测量仪器：主要品种有波长仪、电子计数器、相位计、各种时间和频率标准仪等。

（4）信号波形测量仪器：主要品种有各种示波器、调制度测试仪、频偏仪等。

（5）信号发生器：主要品种有低频、高频、微波、函数、合成、扫频、脉冲和噪声信号发生器等。

（6）模拟电路特性测试仪器：主要品种有频率特性测试仪、过渡特性测试仪、相位特性测试仪、噪声系数测试仪等。

（7）数字电路特性测试仪器：主要品种有逻辑状态分析仪、逻辑时间关系分析仪、图像分析仪、逻辑脉冲发生器、数字集成电路测试仪等。

（8）信号频谱分析仪器：主要品种有谐波分析仪、失真度测量仪、频谱分析仪、傅里叶分析仪、相关器等。

此外，还有电信测试仪器、场强测量仪器、相位测试仪器、材料电磁特性测试仪器、测试系统、附属仪器等。

除按功能分类外，还有按频段分类、按精度分类、按仪器工作原理分类、按使用条件分类、按结构方式和操作方式分类等。

从总的发展趋势看，常规的由晶体管和集成电路为主体的电子测量仪器，正在向数字化方向转变，带微处理器的电子测量仪器层出不穷。目前，以虚拟仪器和智能（程控）仪器为核心的自动测试技术在各个领域得到了广泛的应用，促使现代电子测量技术向着自动化、智能化、网络化和标准化方向发展。

2.1.2 电子测量仪器与被测电路的连接原则

实验和测量中电子测量仪器、仪表与被测电路的连接一般如图 2-1 所示。它通常包括被测电路、激励信号源（有些电路，如振荡器的测试则不需加接信号源）、低频电子电压表、示波器和直流稳压电源等几部分组成。它们的连接应遵循下列原则。

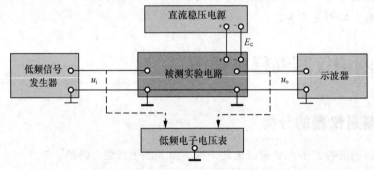

图 2-1 电子测量仪器、仪表与被测电路连接示意图

（1）"共地"连接："共地"是将所用仪器、仪表的接地端（即与仪器机壳连接的一端）与被测电路的接地端（电路的公共参考点，通常以"⊥"标示）相连接。"共地"的目的一是为了防止干扰，保证测量精度；二是为了防止仪器或电路短路，从而造成损坏。

（2）按信号流程方向顺序放置：这样做是为了避免接线间的相互交叉而引起输入/输出信号的交链和反馈，从而造成新的干扰和自激。同时，按信号流程方向放置也方便测试和检查。

（3）直流稳压电源按电路对极性的要求正确接入：电子电路通常都是由直流供电的。由于电路所用器件的不同，对电源极性的要求也不同。使用时，要判明被测电路对直流电源极性、电压大小的要求后正确接入。一般情况下，直流稳压电源都是"浮地"接入被测电路的，即直流稳压电源的接地端（标以"⊥"符号，它与机壳相连）通常不与被测电路的地端相连。但在高频测量时，为了防止通过电源馈线引入干扰，要求将直流稳压电源的接地端与被测电路的接地端相连接。

2.1.3 使用电子测量仪器的注意事项

电子测量仪器如果使用不当，容易发生人为损坏事故。这里讲的注意事项是在电子测量仪器的使用中共同遵循的，一些特殊的注意事项将在各类仪器中介绍。

1. 开机前的注意事项

① 开机通电前，应检查仪器设备的工作电压与供电交流电压是否相符。特别是国外进口的仪器更应注意。

② 检查开关、旋钮、度盘、插孔、接线柱等部件是否有松动、滑脱等现象，以防造成开路或短路情况以及读数差错。

③ 仪器面板上的"增益""输出""辉度"等旋钮，应左旋到底，即旋到最小挡位。"衰减""量程"选择开关应旋至最大挡级，以防止可能出现的信号冲击和仪器的过载。

2. 开机时的注意事项

① 开机预热。有"低压""高压"开关的应先开"低压"，待预热 5～10min 后，再开"高压"。只有单一电源开关的仪器，也应按仪器说明书要求预热，待仪器工作稳定后使用。

② 开机通电时，应特别注意观察。眼看指示灯的亮、暗，指示电表的指示等是否正常；耳听是否有异常声响，风扇转动是否正常；鼻闻是否有异常臭味等。一旦有异常立刻断电。

3. 使用时的注意事项

① 仪器的放置，特别是指针式仪器、仪表的放置应符合要求，以免引入误差。

② 调整旋钮、开关、度盘等用力要适当，缓慢调整，不可用力过猛。尽量避免不必要的旋动，以免影响仪器的使用寿命。

③ 消耗功率较大的仪器，应避免使用过程中切断电源。如必须切断时，需待仪器冷却后再接通电源。

④ 对信号源、电源应严禁输出端短路。

⑤ 信号源的输出端不可直接连接到有直流电压的电路部位上。必须连接时，应选用适当的电容器进行隔离。

⑥ 使用电子测量仪器进行测量时，应先连接"低电位"端（地线），后连接"高电位"端（如示波器探头）；测试完毕则应先拆除"高电位"端，后拆除"低电位"端。

2.2 信号发生器

测量用信号发生器是为进行电子测量而提供符合一定要求的电信号的设备。它是电子测量仪器中最基本、使用最广泛的电子测量仪器之一。

在电子测量领域中，几乎所有的电参量都需要或可以借助于信号发生器进行测量。例如，晶体管参数的测量，电容 C、电感 L、品质因数 Q 的测量，网络传输特性的测量，接收机的测量等。

2.2.1 信号发生器的分类

信号发生器的应用广泛，种类繁多，分类方法也不同，主要有如下几种方法。

1. 按频段分

① 超低频信号发生器：频率在 0.0001～1000Hz。

② 低频信号发生器：频率在 1Hz～20kHz 或 1MHz，用得最多的是音频范围为 20Hz～20kHz。

③ 视频信号发生器：频率在 20Hz～10MHz，大致相当于长、中、短波段的范围。

④ 高频信号发生器：频率在 100kHz～30MHz，大致相当于中、短波段的范围。

⑤ 甚高频信号发生器：频率在 30～300MHz，相当于米波波段。

⑥ 超高频信号发生器：一般频率在 300MHz 以上，相当于分米波波段、厘米波波段。工作在厘米波波段或更短波长的信号发生器称为微波信号发生器。

应该指出，上述频段的划分并非十分严格，划分方法也不尽相同，同时各生产厂家也并非完全按频段进行生产。了解频段划分的目的只是为了根据被测电路的要求正确选用合适频段的信号发生器。

2. 按调制类型分

按调制类型可将信号发生器分为调幅信号发生器、调频信号发生器、调相信号发生器、脉冲调制信号发生器及组合调制信号发生器等。超低频和低频信号发生器一般是无调制的，高频信号发生器一般是调幅的；甚高频信号发生器应有调幅和调频；超高频信号发生器应有脉冲调制。

3. 按产生频率的方法分

按产生频率的方法可以将信号发生器分为谐振法和合成法。一般的正弦信号发生器采用谐振法，即用具有频率选择性的回路来产生正弦振荡。也可以通过频率的加、减、乘、除，从一个或几个基准频率得到一系列所需的频率，这种产生频率的方法称为合成法。例如，低频信号发生器采用 RC 选频电路，高频信号发生器采用 LC 选频电路等。函数信号发生器采用 DDS（直接数字信号合成）技术。

4. 按输出波形分

按输出波形可将信号发生器分为正弦波信号发生器、脉冲信号发生器和函数信号发生器等。如函数信号发生器可输出正弦波、矩形波、三角波、锯齿波、阶跃波和阶梯波等。

2.2.2 正弦信号发生器的工作特性

正弦信号发生器的工作特性通常用三大指标来衡量，即频率特性、输出特性和调制特性。

1. 频率特性

（1）有效频率范围：各项指标都能得到保证的输出频率范围称为信号发生器的有效频率范围。使用说明书中给出的频率范围应都在有效范围之内。频率范围很宽时，可分为若干波段。

（2）频率准确度：调节频率各挡的设定值与其输出频率实际值的接近程度。在使用说明书中均给出其误差范围。

（3）频率稳定度：它表征环境温度的变化、电源波动、使用时间的长短等因素对信号发生器输出频率的影响程度。有些仪器的使用说明书以频率漂移指标给出。

（4）输出信号的频谱纯度：使用说明书中输出信号的频谱纯度大部分以非线性失真或波形失真系数给出，即只考虑了高次谐波对波形的影响，不考虑非谐波和噪声的影响。

2. 输出特性

（1）输出电平：信号发生器的输出电平一般不是很大，但调节范围都很宽，步进调节常以衰减形式给出，连续调节应覆盖步进调节的范围。

（2）输出电平的稳定度和平坦度：稳定度是指输出电平随时间的变化。平坦度是指在有效频率范围内调节频率时，输出电平的变化。使用说明书中的频率特性指的是输出电平的平坦度。

（3）输出电平的准确度：即输出电平的设定值与实际输出值的接近程度。

（4）输出阻抗：信号发生器的输出阻抗因其类型的不同而不同。低频信号发生器的电压输出挡为提高负载特性常为低阻输出。功率输出挡为使输出功率最大，常设置有匹配输出变压器，有 50Ω、75Ω、600Ω、5000Ω 等几种不同的输出阻抗。

3. 调制特性

不是所有信号发生器都有此项指标，能输出调制信号的才有此项指标，而且不同类型的调制（调幅、调频、调相等）指标给出的形式也不一样，通常有以下几种。

（1）调制频率：很多信号发生器既有内调制振荡器，也可以自外部输入调制信号。内调制振荡器的频率可以是固定的，也可以是连续可调的。外调制频率范围一般能覆盖整个音频频段。调幅时，调制频率一般在 10Hz～110kHz。

（2）调制系数的有效范围：是指在此范围内调节调制系数时，信号发生器的各项指标均能得到满足。

（3）寄生调制：它指信号发生器工作在载波状态时的残余调幅和残余调频。调幅状态时的寄生调频和调频状态时的寄生调幅，统称为信号发生器的寄生调制。一般要求寄生调制应低于 40dB。

除以上三条外，还有调制系数的准确度、调制线性度等。

2.2.3　信号发生器的一般使用方法

信号发生器的型号很多，输出方式、功能各异，但使用方法大同小异。下面介绍一种泰克公司的 AFG1022 信号器发生器的使用方法。AFG1022 信号器的技术指标如表 2-1 所示，面板结构如图 2-2 所示。

表 2-1　AFG1022 信号器的技术指标

输出端口	输出频率	输出波形	R_o（Ω）	最大输出
Out1	1μHz～25MHz	正弦	50	$20V_{P\text{-}P}$
Out2	1μHz～12.5MHz	脉冲、任意波形		

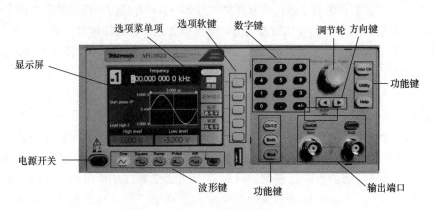

图 2-2　AFG1022 信号器的面板结构

（1）功能键。

【Ch1/2】：屏幕上通道切换按钮。

【Both】：屏幕上同时显示 2 通道参数。

【Mod】运行模式按钮：默认为连续，具有连续、调制、扫频、突发脉冲串 4 种模式，在 AFG1022 信号发生器中，调制、扫频、突发脉冲串模式只适用于通道 1。

【Inter Ch】通道复制功能：将一个通道的参数复制到另一个通道。

【Utility】：辅助功能。

【Help】：帮助功能。

（2）方向键。

箭头按钮：更改幅度、相位、频率或其他此类数值时，可以在显示屏上选择特定的数字。

（3）选项菜单项。

最顶上为功能菜单，显示当前信号类型或当前模式。主显示区部分显示活跃的参数。

AFG1022 信号器的使用方法如下。

（1）仪器启动。

按下面板上的【电源开关】键，电源接通。通过【Utility】设置启动状态为关机前状态和默认状态。默认状态是通道 1 输出频率值为 1kHz，幅度为 1Vp-p 的正弦波形信号。

（2）波形选择。

有的信号发生器只能输出正弦波信号（如 XD1 型、XD2 型等）；有的信号发生器除了输出正弦波信号外，还能输出矩形波脉冲信号；还有的信号发生器能输出调制信号。所以使用不同类型的信号发生器时，要注意输出信号类型选择开关的转换，否则会导致测试工作的失败。

（3）AFG1022 信号发生器的波形设定。

① 通道选择：AFG1022 信号发生器有两个输出通道 Out1 和 Out2，根据表 2-1 技术指标选择需要波形的通道，按【Ch1/2】键切换通道。

② 波形选择：按波形键选择需要的波形。

（4）数据输入。

完成波形设定后还需要对波形的参数进行设置，最重要的就是频率和幅度的设置，有如下两种方法。

① 数字键输入（数字键＋选项软键）。

【0】、【1】、【2】、【3】、【4】、【5】、【6】、【7】、【8】、【9】为 10 个数字键，使用数字键只是把数字写入显示区，这时数据并没有生效，所以如果写入有错，可以按方向键中的退格键【<】后重新写入，对仪器工作没有影响。等到确认输入数据完全正确之后，按选项软键中的单位键，这时数据开始生效，仪器将显示区数据根据功能选择送入相应的存储区和执行部分，使仪器按照新的参数输出信号。

② 调节轮输入（方向键＋调节轮）。

在实际应用中，有时需要对信号进行连续调整，这时可以使用调节轮输入方法。按方向键【<】和【>】可以使数据显示区中的某一位数字闪动，并可使闪动的数字位左移或右移，面板上的旋钮为数字调节轮，向右转动调节轮，可使闪动的数字位连续加一，并能向高位进位。向左转动调节轮，可以使闪动的数字位连续减一，并能向低位减位。使用调节轮输入数据时，数字改变后即刻生效，不用再按单位键。闪动数字位向左移动，可以对数据进行粗调，向右移动则可以进行细调。

对于已知的数据，使用数字键输入最为方便，而且不管数据变化多大都能一次到位，没有中间过渡性数据产生，这在一些应用中是非常必要的。对于已经输入的数据进行局部修改，或者需要对输入连续变化的数据进行搜索观测时，使用调节旋钮最为方便。对于一系列等间隔数据的输入则使用调节轮输入最为方便。操作者可以根据不同的应用要求灵活地选用最合适的输入方式。

2.2.4 信号发生器的选择原则

信号发生器的选择主要根据被测电路对信号的要求，按照信号发生器的工作特性和指标进行选择。其基本原则如下。

（1）频率范围：应大于被测电路的通频带。

（2）输出幅度调节范围：应大于被测电路对输入信号电压幅值的要求。

（3）平衡、不平衡输出（或称之为对称、不对称输出）：根据被测电路对输入信号共地要求来选择。

（4）功率输出：被测电路要求输入一定功率时，信号发生器应具有功率输出和使负载获得最大功率的匹配阻抗选择。

2.2.5 信号发生器的使用注意事项

信号发生器使用时应注意如下几点。

（1）由于信号发生器的输出阻抗不为零（即不是恒压输出），当被测电路的阻抗发生变化时，信号发生器的输出幅值也将发生变化，而信号发生器本身的监测电压表是不能反映这个变化的。所以，要用外接的电子电压表监测信号发生器的输出，使之输出值恒定或达到一定的要求。

（2）信号源严禁输出端短路。

（3）输出线应尽量采用仪器配备的专用电缆，特别是高频输出时，输出电缆特性阻抗的改变，将对输出信号有较大的影响。

2.3 直流稳压电源

电子电路通常都需要在稳定的直流电源下工作，以保证电路正常运行和具有良好的性能。干电池或蓄电池虽然也能提供稳定的直流电源，但又受成本、功率、体积、重量等条件的限制，且其电压也会随时间的增加而下降，所以大多数需要直流电的场合和设备都采用直流稳压电源供电。所谓直流稳压电源就是由交流电网供电，经过整流和滤波后将交流电压变换为直流电压，且在电网电压波动和输出电流变化的情况下，仍能保持电源输出的直流电压不变的电子设备。

2.3.1 SS2323 直流稳压电源

直流稳压电源的型号很多，但是使用方法都是相似的。下面介绍一种 SS2323 型直流稳压电源的使用。

1. 技术指标

（1）SS2323 有两路直流电源输出。当两路直流电源独立使用时，各路最大输出电压为32V，最大输出电流为2A。当两路直流电源串联使用时，最大输出电压为64V，最大输出电流为3A。当两路直流电源并联使用时，最大输出电压为32V，最大输出电流为4A。

（2）电源电压：AC220V（1%±10%）。

（3）频率：50Hz（1%±5%）。

（4）环境温度：0～40℃。

（5）相对湿度：20%～90%（40℃时）。

（6）工作时间：连续工作。

2. 面板结构

SS2323 型直流稳压电源面板结构如图 2-3 所示。

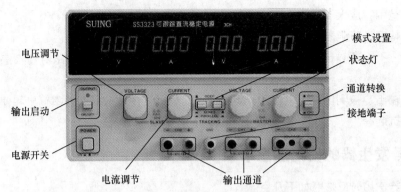

图 2-3　SS2323 型直流稳压电源的面板结构

（1）电源开关。按下电源开关可接通电源，弹出开关按钮则关闭电源。

（2）输出启动 OUTPUT 开关：打开或关闭输出。

（3）状态灯 C.V./C.C.：当输出在稳压状态时，C.V.（绿灯）亮；在并联跟踪方式或输出在恒流状态时，C.C.（红灯）亮。

（4）CH1/CH3 通道转换开关：用于选择 CH1 或 CH3 两路直流电源的输出电压和电流。

（5）模式设置：两个键可选择 INDEP（独立）、SERIES（串联）或 PARALLEL（并联）的跟踪模式。

（6）接地端子：大地和电源接地端子（绿色）。

3. 使用方法

直流稳压电源在使用时按极性正确接入，SS2323 型直流稳压电源有 3 种工作模式。

（1）独立输出操作模式。

CH1 和 CH2 电源供应器在额定电流时，分别可供给额定值的电压输出。当设定在独立模式时，CH1 和 CH2 为完全独立的两组电源，可单独或两组同时使用。

① 打开电源，确认 OUTPUT 开关置于关断状态。

② 当两个模式设置选择按键均未按下时，电源工作在 INDEP（独立）模式。

③ 调整电压和电流旋钮至所需的电压和电流值。

④ 将红色测试导线插入输出端的正极。

⑤ 将黑色测试导线插入输出端的负极。

⑥ 连接负载后，打开 OUTPUT 开关。

⑦ 连接如图 2-4 所示。

（2）串联跟踪输出模式。

当选择串联跟踪模式时，CH2 输出端正极将自动与 CH1 输出端子的负极相连接。而其最大输出电压（串联电压）即由两组（CH1 和 CH2）输出电压串联成一组连续可调的直流电压。调整 CH1 电压控制旋钮即可实现 CH2 输出电压与 CH1 输出电压同时变化。其操作程序如下。

① 打开电源，确认 OUTPUT 开关置于关断状态。

② 按下"模式设置"左边的选择按键，松开右边按键，电源工作在 SERIES（串联）跟踪输出模式。CH1 输出端子的负极端与 CH2 的输出端子的正极端自动连接，此时 CH1 和 CH2 的输出电压和输出电流完全由主路调节旋钮控制，电源输出电压为 CH1 和 CH2 两路输出电压之和。显示电压即为 CH1 和

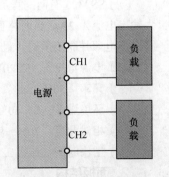

图 2-4　独立输出模式

CH2 两路的输出电压读数之和。

③ 将 CH2 电流控制旋钮顺时针旋转到最大，CH2 的最大电流的输出随 CH1 电流设定值而改变。根据所需工作电流调整 CH1 电流旋钮，合理设定 CH1 的限流点（过载保护）。（实际输出电流值则为 CH1 或 CH2 电流表头读数。）

④ 使用 CH1 电压控制旋钮调整所需的输出电压（实际的输出电压值为 CH1 表头与 CH2 表头显示的电压之和）。

⑤ 假如只需单电源供应，则将测试导线一条接到 CH2 的负极端，另一条接 CH1 的正极端，而此两端可提供 2 倍主控输出电压显示值，如图 2-5 所示。

⑥ 假如想得到一组共地的正负对称直流电源，接法如图 2-6 所示，将 CH2 输出负极端（黑色端子）当作共地点，则 CH1 输出端正极对共地点，可得到正电压（CH1 表头显示值）及正电流（CH1 表头显示值）；而 CH2 输出端负极对共地点，则可得到与 CH1 输出电压值相同的负电压，即所谓追踪式串联电压。

⑦ 连接负载后，打开 OUTPUT 开关，即可正常工作。

（3）并联跟踪输出模式。

在并联跟踪输出模式时，CH1 输出端正极和负极会自动与 CH2 输出端正极和负极两两相互连接在一起。

① 打开电源，确认 OUTPUT 开关置于关断状态。

② 将模式设置选择的两个键同时按下时，电源工作在 PARALLEL（并联）跟踪输出模式。CH1 输出端子与 CH2 输出端子自动并接，输出电压与输出电流完全由主路 CH1 控制，电源输出电流为 CH1 与 CH2 两路电流之和。显示电流即为 CH1 和 CH2 两路的输出电流读数之和。

③ 在并联模式时，CH2 的输出电压完全由 CH1 的电压和电流旋钮控制，并且跟踪于 CH1 输出电压，因此从 CH1 电压表或 CH2 电压表可读出输出电压值。

④ 在并联模式时，CH2 的输出电流完全由 CH1 的电流旋钮控制，并且跟踪 CH1 输出电流。用 CH1 电流旋钮来设定并联输出的限流点（过载保护）。电源的实际输出电流为 CH1 和 CH2 两个电流表头指示值之和。

⑤ 使用 CH1 电压控制旋钮调整所需的输出电压。

⑥ 将装置的正极连接到电源的 CH1 输出端子的正极（红色端子）。

⑦ 将装置的负极连接到电源的 CH1 输出端子的负极（黑色端子），请参照图 2-7。

⑧ 连接负载后，打开 OUTPUT 开关。

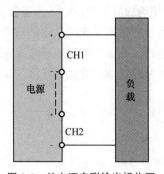

图 2-5　单电源串联输出操作图

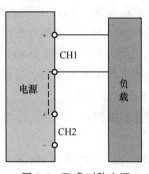

图 2-6　正/负对称电源

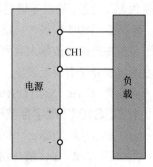

图 2-7　并联跟踪输出

2.3.2　直流稳压电源的注意事项

直流稳压电源使用不当会造成仪器损坏，在使用时应注意以下几方面。

（1）稳压电源的输入电压一般为交流 220V，使用时要注意供电电网的电压应符合要求。

（2）要严防输出端短路或过载而损坏稳压电源。

（3）直流稳压电源在预置状态时，OUTPUT 开关要置于关断状态。

（4）稳压输出状态必须有一定的电流输出。

（5）用电负载一般接在面板上的"+""−"接线柱之间。如需公共接地点，可用接地簧片（或短路线）将稳压电源的机壳与"+"或"−"端相短接。所接负载不应超过电源输出电流的额定值范围。

（6）过载保护：直流稳压电源内通常都设有过载截流保护。当负载电流超过稳压电源输出电流的额定值，或者外电路有短路故障时，输出电压会迅速降低至接近 0V，即稳压电源开始保护，这时应将负载断开。在去掉负载后，有的稳压电源即可恢复正常输出，有的则应按"启动"按钮，电源才有输出。应该指出，只有在排除了负载电路的过载故障后，才能将负载重新接上进行供电。

（7）将同型号的几台稳压电源串联相连，可以提高输出电压。但在串联相连时，每一台稳压电源的输出电压最大值有一个限制，串联的台数也有规定，具体使用时要注意。此外，负载电流也不应超过额定输出电流值。在串联时，应注意电源的正负极性，且与负载共用一个接地点，这时每台单机不要单独使用接地簧片接地。

（8）将同型号的稳压电源并联相接，可以提高输出功率。此时，应使各台稳压电源的输出电压相等。具体做法是，先将一台稳压电源调到所需的电压值，然后用另一个电源去平衡它（平衡时可用外接滑线电阻来调节）。

（9）不是所有的直流稳压电源都可以串、并联使用的，具体应用时应注意所用仪器的使用说明。

2.4　示波器

示波器是以短暂扫迹的形式显示一个量的瞬时值的仪器，是一种综合性的电信号测试仪器。它不仅可以用来观察电压、电流的波形，测定电压、电流、功率，而且还可以用来定量测量信号的频率、幅度、相位、宽度、调制度，估测非线性失真等。在测试脉冲信号时，示波器具有不可替代的地位。此外，通过变换器还可以将各种非电量，如温度、压力、应力、速度、振动、声、光、磁等变换为电压信号，通过示波器进行显示和测量。所以，示波器是一种用途极其广泛的电子测量仪器。

示波器的种类很多，功能也日益扩大，特别是微型计算机的应用给它带来了无限广阔的前景。我国目前生产的示波器大致可分为两大类，即通用示波器和专用示波器。晶体管特性图示仪和频率特性测试仪属于专用示波器。而通用示波器中最为常用的是模拟示波器和数字存储示波器。下面介绍一种泰克公司生产的 TDS1012 数字存储示波器。

1. TDS1012 数字存储示波器技术指标

（1）垂直系统指标。

① 频带宽度：DC 耦合 0Hz～100MHz；AC 耦合 10Hz～100MHz；

② 垂直灵敏度（V/div）：2mV/div～5V/div，直流增益误差为±3%；

③ 输入阻抗：电阻 1MΩ，电容 2pF；

④ 上升时间：小于 5.8ns。

（2）水平系统指标。

① 取样速率（次/秒，即 Sample/Second，S/s）：50S/s～1GS/s；

② 记录长度：每个通道获取 2500 个取样点；

③ 扫描时间：5ns/div～5s/div。

（3）标准信号输出指标。

f=1kHz，V_{P-P}=5V 的方波。

2．面板介绍

TDS1012 数字存储示波器的面板如图 2-8 所示。

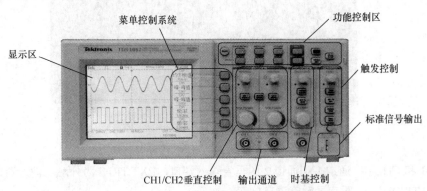

图 2-8　TDS1012 数字存储示波器的面板

（1）显示面板。

TDS1012 数字存储示波器的显示面板如图 2-9 所示。图中的 a："⊓⌐"表示获取状态；b：指针表示水平触发位置；c："T"表示是否具有触发信源或获取是否停止；d："Pos"表示方格中心与触发位置之间的（时间）偏差；e：指针表示触发电平；f：读数表示触发电平的数值；g：表示边沿触发斜率；h：CH1 表示用来进行触发的信源；i："M"读数表示主时基设定值；j：读数表示各通道的垂直灵敏度"V/div"；k：指针表示波形的接地基准点。

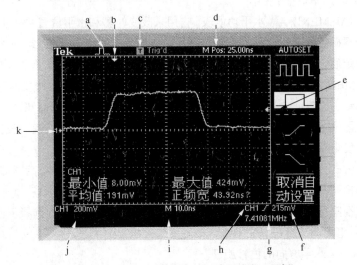

图 2-9　TDS1012 数字存储示波器的显示面板

（2）控制面板。

TDS1012 数字存储示波器的控制面板如图 2-10 所示。

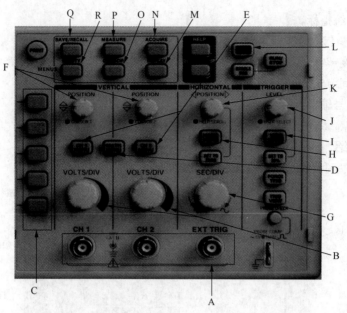

图 2-10　TDS1012 数字存储示波器的控制面板

A：CH1 和 CH2——通道 1 和通道 2 的垂直输入端口，EXT TRIG 为外触发输入端口。

B：VOLTS/DIV——垂直灵敏度调节旋钮。

C：功能选择按键——位于显示屏旁边的一排按键，它与屏幕内出现的一组功能表相对应，用来选择功能表项目。

D：MATH MENU——数学值功能表。它用来选择波形的数学值操作，并控制波形显示的通断。

E：CH1（或 CH2）MENU——CH1 或 CH2 功能表。用来显示两通道波形的输入耦合方式、带宽及衰减系数等，并控制波形的接通与关闭。

F：POSITION——CH1 或 CH2 通道的上下位移旋钮。

G：SEC/DIV——时基调节旋钮。

H：HORIZONTAL MENU——水平功能表。它用来改变时基和水平位置并在水平方向放大波形。视窗区域由两个光标确定，通过水平控制旋钮调节。视窗用来放大一段波形，但视窗时基不能慢于主时基。当波形稳定后，可用"SEC/DIV"旋钮来扩展或压缩波形，使波形显示清晰。

I：TRIGGER MENU——触发功能表。触发方式分为边沿触发和视频触发两种。

触发状态分自动、正常、单次三种。当"SEC/DIV"旋钮置于"100ms/div"或更慢，并且触发方式为自动时，仪器进入扫描获取状态，这时波形自左向右显示最新平均值。在扫描状态下，没有波形水平位置和触发电平控制。

触发信号耦合方式分交流、直流、噪声抑制、高频抑制和低频抑制五种。高频抑制时，衰减 80kHz 以上的信号；低频抑制时，阻挡直流并衰减 30kHz 以下的信号。

视频触发是在视频行或场同步脉冲的负沿触发，若出现正向脉冲，则选择反向奇偶位。

J：LEVEL——电平调节旋钮。它用来调节触发信号电平的大小。

K：POSITION——水平方向的位移旋钮。

L：AUTO SET——自动设定键。它用于自动调节各种控制值，以显示可使用的输入信号。

M：DISPLAY——显示键。它用来选择波形的显示方式和改变显示屏的对比度。YT 格式显示垂直电压和时间的关系，XY 格式在水平轴上显示 CH1，在垂直轴上显示 CH2。

N：ACQUIRE——获取方式键。其分为取样、峰值检测、平均值检测 3 种。"取样"为预设状态，它提供最快获取方式。"峰值检测"能捕捉快速变化的毛刺信号，并将其显示在屏幕上。"平均值检测"用来减少显示信号中的杂音，提高测量分辨率和准确度。平均值的次数可根据需要在 4、16、64 和 128 之间选择。

O：CURSOR——光标键。它用来显示光标和光标功能表，光标位置由垂直位移旋钮调节，增量为两光标之间的距离。光标位置的电压以接地点为基准，时间以触发位置为基准。

P：MEASURE——测量键。它具有 5 项自动测量功能。选择"信源"以后再确定要测量的通道，选择"类型"可测量一个完整波形的周期均方根值、算术平均值、峰-峰值、周期和频率。但在 XY 状态或扫描状态时，不能进行自动测量。

Q：SAVE/RECALL——储存/调出键。它用来储存或调出仪器当前控制钮的设定值或波形，设置区有 1～5 个内存位置。储存的两个基准波形分别用 Ref A 和 Ref B 表示。调出的波形不能调整。

R：UTILITY——功能键。它用来显示辅助功能表。通过功能选择键可选择各系统所处的状态，如水平、波形、触发等状态；还可进行自动校正和选择操作语言。

2.4.1 测量方法

测量波形参数是在观察波形的基础上进行的。用示波器可以测量的参数很多，这里主要介绍电压、频率的测量，测量方法主要分为直接测量和光标测量。

1. 直接测量

调整水平功能键和垂直功能键将波形在屏幕上至少显示一个周期，然后按下【MEASURE】测量键，显示屏上会显示该波形的参数值，如图 2-11 所示。

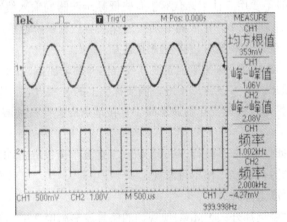

图 2-11　显示屏上显示波形的参数值

2. 光标测量

按下【CURSOR】光标测量键，显示屏上选择测量类型，测量类型有两种，一个是电压，另一个是时间。如果测电压的峰-峰值，测量类型就选择电压，这时会出现两条平行的虚线，如图 2-12（a）所示，调整光标旋钮将两条光标放到波形的最顶端和最底端，增量就是该波形电压的峰-峰值。如果测周期或频率，测量类型就选择时间，这时会出现两条垂直的虚线，如图 2-12（b）所示，调整光标旋钮将两条光标放到波形的一个周期，增量就是该波形周期，对应的频率值显示在周期值下面。测量周期时也可以将两条光标放到波形的 N 个周期，增量就对应地除以 N，就是一个周期值。

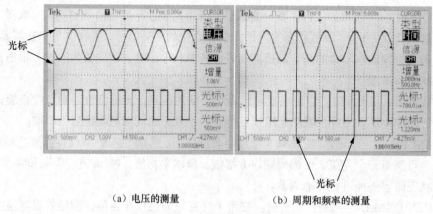

（a）电压的测量 　　　　　　　　　（b）周期和频率的测量

图 2-12　CURSOR 测量显示

2.4.2　示波器的使用注意事项

示波器使用时应注意以下事项。

（1）信源的选择。

在测量时要注意信源的选择要正确，否则测量将出现错误。

（2）有时为了精确测量经常使用探头。

示波器的探头是对输入信号进行测量或分析时，避免示波器对输入信号的负载效应而设置的。使用探头可以使被测信号与示波器隔离。因为探头本身是一个高输入阻抗的部件，使用探头时要注意以下几点。

① 探头要专用。一般不要用其他线来代替。有些低频示波器的输入线可使用屏蔽电缆线，但当被测信号频率较高时（$f > 50\text{kHz}$），示波器必须经过探头与被测系统连接，否则会导致被测信号高频失真。对脉冲信号进行观察和测量时，必须使用探头。

② 探头要进行校正。使用前将探头接至示波器校准信号的输出端，在屏幕上应显示标准的方波，且探头衰减倍数应符合要求。若方波波形不好，调节探头上的补偿电容，进行校正。

③ 当探头使用于测量电压快速变化的波形时，其接地点应选择在被测点附近。

（3）示波器的校准。

示波器用于观察波形时，可以不进行 V/div、t/div、直流平衡校准。如果用于测量或分析波形，尤其是测量脉冲波形参数时，校准工作不可忽视。

（4）要善于使用灵敏度选择开关。

要适时调节垂直灵敏度选择开关 V/div，使观测的信号波形高度适中，并通过位移旋钮使其位于屏幕中心区域便于进行观测，以减小测量误差。

2.4.3　示波器选择的原则

1. 根据被观测信号的特点来选择

要对被测信号的幅度或时间进行定量测量，且信号为脉冲波或频率较高的正弦波时，应选用宽频带示波器。

2. 按示波器性能、适用范围来选择

选择示波器时，应主要考虑三项指标。

① 频带宽度。它决定示波器可以观察周期性连续信号的最高频率或脉冲信号的最小宽度。示波

器的频带宽度要等于被测信号中最高频率的 3 倍以上，才能使高频端的幅度基本上不衰减地显示。

② 垂直灵敏度。它反映在 Y 轴方向上对被测信号展开的能力。对于一般电子电路中信号的观测，其最高灵敏度应在每厘米（或每格）几至几十毫伏的数量级。

③ 扫描速度。它反映在 X 轴方向上对被测信号展开的能力。对一台示波器来说，扫描速度越高，能够展开高频信号或窄脉冲信号波形的能力越强；而观测缓慢变化信号时，又要求它有较低的扫描速度。所以示波器的扫速范围宽一些好。

2.5 交流毫伏表

在交流信号的测量中，模拟式万用表的不足之处在于测量灵敏度低，只能测量零点几伏的交流电压；测量频带很窄，通常只能测量 1kHz 以下的信号；此外，为了使表针偏转，还必须吸收被测电路的一部分能量，因此，它的输入阻抗也比较低。由于这些缺点的存在，就限制了它在测量中的应用。

交流毫伏表克服了万用表的缺点，它具有如下特点。

（1）输入阻抗高，输入电容小。

（2）工作频带宽，被测电压的频率范围可从低频到超高频。

（3）灵敏度高，电压测量范围大，低至毫伏、微伏级，高至上千伏均可测量。

（4）刻度指示线性化。

以上特点是一般电工仪表远远达不到的，因此，交流毫伏表在现代电子测量中得到了广泛应用。

交流毫伏表主要分为模拟式交流毫伏表和数字式交流毫伏表两大类。模拟式交流毫伏表具有电路简单、成本低、测量和使用方便等特点。但测量精度较差、输入阻抗不高，尤其是测量高内阻时精度明显下降，因此，它的应用和发展受到了一定的限制。数字式交流毫伏表具有很高的灵敏度和准确度，还有显示清晰直观、功能齐全、性能稳定、可靠性好、输入阻抗高、过载能力强、耗电少、小巧轻便等优点。

2.5.1 交流毫伏表的技术性能

交流毫伏表的技术性能是选择测量仪表的主要依据。它主要包括以下内容。

1. 测量电压范围

选择测量仪表时，要看最低挡位和最高挡位是否满足要求。最低至最高挡位的范围越宽，则测量范围越宽；各挡位之间分挡越细，相应的测量精度越高。例如，DA16 晶体管毫伏表的测量电压范围为 0.1mV～300V，YB2174 超高频型毫伏表的测量电压范围为 1mV～10V；SM1030 数字交流毫伏表测量电压范围为 70μV～300V。

2. 被测电压的频率范围

被测信号的频率只有在其范围内，才能保证仪表的测量精度。例如，DA-16 晶体管毫伏表的频率范围为 20Hz～1MHz；YB2174 超高频型毫伏表的频率范围为 10kHz～1000MHz；SM1030 数字交流毫伏表频率范围为 5Hz～2MHz。

3. 输入阻抗和输入电容

这两项性能主要反映对被测电路的并联效应和对高频信号的旁路作用。因此，在选择电压测量仪表时应选择输入阻抗尽可能大，而输入电容尽可能小的仪表。

输入阻抗与量程有关，使用说明书中给出了不同量程的阻抗，使用时应予以注意。

输入电容除了与量程有关外，它主要取决于仪表输入电路的电容和馈线的分布电容，所以在测量时应使用仪表专配的测量电缆，才能满足仪表分布电容的指标。

4. 其他性能

其他性能如供电电源，连续工作时间，仪器的重量、尺寸等，选择时均应考虑。

2.5.2 SM1030 交流毫伏表

下面介绍一种 SM1030 双输入数字交流毫伏表，面板结构如图 2-13 所示。

1. 面板结构

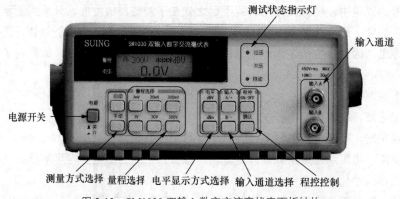

图 2-13 SM1030 双输入数字交流毫伏表面板结构

（1）电源开关。

开机时显示厂标和型号后，进入初始状态；输入 A，手动改变量程，量程为 300V，显示电压和 dBV 值。

（2）测量方式选择。

【手动键】无论当前状态如何，按下【手动键】都切换到手动选择量程，并恢复到初始状态。在手动位置，应根据"过压"和"欠压"指示灯的提示改变量程：过压灯亮，增大量程；欠压灯亮，减小量程。

【自动键】切换到自动选择量程。在自动位置，输入信号小于当前量程的 1/10，自动减小量程；输入信号大于当前量程的 4/3 倍，自动加大量程。

（3）量程选择。

3mV～300V 量程切换键，用于手动选择量程。

（4）电平显示方式选择。

【dBV】键切换到显示电压电平值。

【dBm】键切换到显示功率电平值。

（5）输入通道选择。

【A/+】键切换到输入 A，显示屏和指示灯都显示输入 A 的信息。量程选择键和电平选择键对输入 A 起作用。设定程控地址时，起地址加作用。

【B/-】键切换到输入 B，显示屏和指示灯都显示输入 B 的信息。量程选择键和电平选择键对输入 B 起作用。设定程控地址时，起地址减作用。

（6）程控控制。

【ON/OFF】键进入程控/退出程控；【确认】键确认地址。

（7）输入通道。

【输入 A】键：A 输入端；【输入 B】键：B 输入端。

（8）测试状态指示灯。

【自动】指示灯：用【自动键】切换到自动选择量程时，该指示灯亮。

【过压】指示灯：输入电压超过当前量程的 4/3 倍，过压指示灯亮。

【欠压】指示灯：输入电压小于当前量程的 1/10，欠压指示灯亮。

2. 使用方法

按下面板上的【电源】键，电源接通。仪器进入初始状态。

（1）预热。

（2）接入输入信号。

SM1030 有两个输入端，由输入端 A 或输入端 B 输入被测信号，也可由输入端 A 和输入端 B 同时输入两个被测信号，如图 2-14 所示。两个输入端的量程选择方法、量程大小和电平单位，都可以分别设置，互不影响；但两个输入端的工作状态和测量结果不能同时显示。可用输入选择键切换到需要设置和显示的输入端。

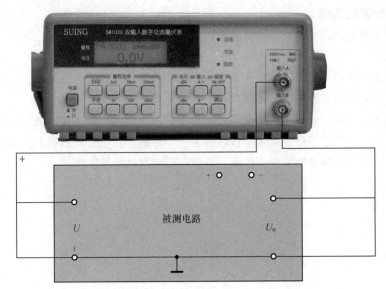

图 2-14 SM1030 双输入数字交流毫伏表接入信号

（3）手动测量的使用。

可从初始状态（手动，量程 300V）输入被测信号，然后根据"过压"和"欠压"指示灯的提示手动改变量程。过压灯亮，说明信号电压太大，应加大量程；欠压指示灯亮，说明输入电压太小，应减小量程。

（4）自动量程的使用。

选择自动时，仪器可根据信号的大小自动选择合适的量程。若过压指示灯亮，显示屏显示****V，说明信号已达 400V，超出了本仪器的测量范围。若欠压指示灯亮，显示屏显示 0，说明信号太小，也超出了本仪器的测量范围。

（5）电平单位的选择。

根据需要选择显示 dBV 或 dBm。dBV 和 dBm 不能同时显示。

2.5.3 交流毫伏表的使用注意事项

除了电子仪器使用注意事项外，电子交流毫伏表的使用还应注意以下几点。

1. 对于模拟交流毫伏表认真进行校准

① 调零校准：测试前先将测试输入端短路，调节"零位（或调零）"电位器，使指针归零。

② 满度校准：有满度校准要求的仪表，必须输入标准信号进行调整。超高频毫伏表通常都有满度校准，只要将检波探头插入插座，将"校准"开关接通，标准信号即与测量仪表接通，调整"满度"校准电位器，使指针指在满度值即可。

2. 超高频毫伏表注意远离磁性物体和存在强磁场的地方

超高频毫伏表对电磁场较为敏感，不可在具有强烈磁场作用的地方操作毫伏表，不可将磁性物体靠近毫伏表，应避免阳光或紫外线对仪器的直接照射。

3. 使用专用测试电缆

测试线应采用仪器所配专用电缆，特别是高频测量时，电缆的特性阻抗对测量准确度的影响很大，更应注意。

4. 交流毫伏表的选择

主要根据技术性能选择交流毫伏表，除前述灵敏度、频率范围、输入阻抗等外，还应考虑以下内容。

（1）波形：除一些特殊仪表外，电压测量仪表通常是测量正弦波的有效值。如要测量其他非正弦波形的幅度，还要进行复杂的换算，使用时应特别注意。

（2）精度等级：选择测量仪表的精度等级，是根据被测电路的精度要求进行的。工程测量中既要考虑到精度要求，又要照顾经济成本。仪表相差一个等级，其价格差别很大。所以，在达到精度要求的前提下，应尽量选择价格低廉的仪表，不应盲目选用高精度仪表。

第3章

电力系统

二十世纪以来，电力系统的发展使资源得到更充分的开发，工业布局也更为合理，电能的应用不仅深刻地影响着社会物质生产的各个方面，也越来越广地渗透到人类日常生活的各个层面，电力系统的发展程度和技术水准已成为各国经济发展水平的标志之一。由于电力系统涉及种类复杂繁多，本章主要对电力系统的基本知识、电力网的基本知识及电力系统中性点运行方式进行介绍，以供读者对电力系统有一个宏观的认识。

3.1 电力系统的基本知识

3.1.1 电力工业在国民经济中的地位

电能是一种十分重要的二次能源，它通常是由蕴藏于自然界中的煤、石油、水力、天然气、核燃料、风能、太阳能等一次能源转换而来的。同时，电能也可以方便地转换为机械能、光能、热能、化学能等其他形式的能量供人们使用。电能的生产和使用具有其他能源不可比拟的优点，它转换效率高、输送距离长、控制灵活、生产成本低、环境污染小。因此，电能已成为工业、农业、交通运输、国防科技及人民生活等各方面不可缺少的能源。

电力工业的发展水平是一个国家经济发达程度的重要标志。电力工业在我国国民经济中占有十分重要的地位，是国民经济重要的基础工业，也是国民经济发展战略中的重点和先行产业。电力工业的发展必须优先于其他工业部门，其建设和发展的速度必须高于国民经济生产总值的增长速度，只有这样，国民经济各部门才能够快速而稳定地发展，这是社会的进步、综合国力的增强和人民物质文化生活现代化的需要。"社会要发展，电力要先行"，可以看出电能在国民经济和人民日常生活中的作用。

3.1.2 电力系统的定义

电力系统是由发电厂、送变电线路、供配电所和用电等环节组成的电能生产与消费系统。它的功能是将自然界的一次能源通过发电动力装置转化成电能，再经输电、变电和配电将电能供应到各用户。为实现这一功能，电力系统在各个环节和不同层次还具有相应的信息与控制系统，对电能的生产过程进行测量、调节、控制、保护、通信和调度，以保证用户获得安全、优质的电能。一个完整的电力系统由分布各地的各种类型的发电设备、升压和降压变电设备、输电线路及用电设备（电力用户）组成，它们分别完成电能的生产、电压的变换、电能的输配及使用，如图 3-1 所示。

| 发电设备 | 变电设备 | 输电线路 | 用电设备 |

图 3-1 电力系统的组成

发电设备（电厂）是指将某种形式的原始能转化为电能，以供固定设施或运输用电的动力厂，例如火力、水力、蒸气、柴油或核能发电厂等。通常把发电企业的动力设施、设备和发电、输电、变电、配电、用电设备及相应的辅助系统组成的电能生产、输送、分配、使用的统一整体称为动力系统。发电站如图 3-2 和图 3-3 所示。

图 3-2 火力发电站（左）和水力发电站（右）

图 3-3 风力发电站（左）和核能发电站（右）

电力网是电力系统的一部分，由变电所和各种电压等级的线路组成。它的作用是用来输送、控制和分配电能。

由发电、输电、变电、配电、用电设备及相应的辅助系统组成的电能生产、输送、分配、使用的统一整体称为电力系统；由输电、变电、配电设备及相应的辅助系统组成的联系发电与用电的统一整体称为电力网，如图 3-4 所示。

图 3-4 电力网及其搭设

用电设备是消耗电能的设备，可分为居民生活用电设备（电压等级不满 1kV、10kV）、工业用电设备（电压等级为 10kV、35kV、110kV），如图 3-5 所示。

图 3-5　居民生活用电设备（左）和工业用电设备（右）

3.1.3　电力系统的基本参数

电力系统主要由发电厂、输电线路、配电系统及负荷组成，通常覆盖广阔的地域。发电厂将原始能源转换为电能，经过输电线路送至配电系统，再由配电线路把电能分配给负荷（用户），由上述四个部分组成的统一整体叫作电力系统。发电机将机械能转换为电能，输电线连接发电厂与配电系统以及与其他系统实现互联。配电系统连接由输电线供电的局域内的所有单个负荷。电力负荷包括电灯、电热器、电动机（异步电动机、同步电动机等）、整流器、变频器、电池或其他装置，在这些设备中，电能又将转换为光能、热能、机械能、化学能等。

由此可见，广义的电力系统应该是由锅炉、反应堆、汽轮机、水轮机等动力源，发电机等生产电能的设备，变压器、电力线路等变换、输送、分配电能的设备，电动机、电热炉、电灯等各种消耗电能的设备，以及测量、保护、控制装置乃至能源管理系统所组成的统一整体，是一个庞大而复杂的整体。电力系统中，由变压器、电力线路等变换、输送、分配电能设备所组成的部分常称为电力网络。

电力系统可以用一些基本参量进行描述，简述如下。

（1）总装机容量。电力系统的总装机容量指该系统中实际安装的发电机组额定有功功率的总和，标准单位有千瓦（kW）、兆瓦（MW）、吉瓦（GW）等，但通常也可以采用万千瓦、亿千瓦等。

（2）年发电量。电力系统的年发电量指系统中所有机组全年发电量的总和，标准单位有千瓦时（kW·h）、兆瓦时（MW·h）、吉瓦时（GW·h）、太瓦时（TW·h），日常生活中常以度计，1 度=1kW·h。

（3）最大负荷。最大负荷指规定时间（一天、一月或一年）内电力系统总有功功率负荷的最大值，单位有千瓦（kW）、兆瓦（MW）、吉瓦（GW），也可以采用万千瓦、亿千瓦等。

（4）年用电量。年用电量指接在系统上所有用户全年所用电能的总和。

（5）额定频率。按国家标准规定，我国所有交流电力系统的额定频率均为 50Hz。国外电力系统额定频率有 50Hz 或 60Hz 两种。美国、加拿大、墨西哥、巴西和韩国等采用 60Hz，日本则同时采用 50Hz 和 60Hz。曾出现频率为 25Hz 以水电为主的电力系统，现在已经被淘汰。

（6）电压等级。电压等级包括交流电力系统发展过程中制定的一系列额定电压，包括输电网额定电压和配电网额定电压。最高电压等级是反映电力系统建设和运行水平的重要参数。所谓最高电压等级是指电力系统中最高电压等级电力线路的额定电压，以千伏（kV）计。民用电压等级也是电力系统的一个重要基本参量。我国和大部分国家或地区的民用电压采用 220V；有的国家和地区采用 110V；有的国家或地区是两种兼有，采用 110V 和 220V、127V 和 220V、127V 和 240V。

3.2 电力系统的组成

3.2.1 电力系统的组成

1. 电力系统的组成

电力系统是由发电厂、输电网、配电网和电力用户组成的整体，是将一次能源转换成电能并输送和分配到用户的一个统一系统。输电网和配电网统称为电网，是电力系统的重要组成部分。发电厂将一次能源转换成电能，经过电网将电能输送和分配到电力用户的用电设备，从而完成电能从生产到使用的整个过程。电力系统还包括保证其安全可靠运行的继电保护装置、安全自动装置、调度自动化系统和电力通信等相应的辅助系统（一般称为二次系统）。

输电网是电力系统中最高电压等级的电网，是电力系统中的主要网络（简称主网），起到电力系统骨架的作用，所以又可称为网架。在一个现代电力系统中既有超高压交流输电，又有超高压直流输电。这种输电系统通常称为交、直流混合输电系统。

配电网是将电能从枢纽变电站直接分配到用户区或用户的电网，它的作用是将电力分配到配电变电站后再向用户供电，也有一部分电力不经配电变电站，直接分配到大用户，由大用户的配电装置进行配电。

在电力系统中，电网按电压等级的高低分层，按负荷密度的地域分区。不同容量的发电厂和用户应分别接入不同电压等级的电网。大容量主力电厂应接入主网，较大容量的电厂应接入较高压的电网，容量较小的可接入较低电压的电网。

配电网应按地区划分，一个配电网担任分配一个地区的电力及向该地区供电的任务。因此，它不应当与邻近的地区配电网直接进行横向联系，若要联系应通过高一级电网发生横向联系。配电网之间通过输电网发生联系。不同电压等级电网的纵向联系通过输电网逐级降压形成。不同电压等级的电网要避免电磁环网。

电力系统之间通过输电线连接，形成互连电力系统。连接两个电力系统的输电线称为联络线。

2. 电力系统的负荷

电力系统中所有用电设备消耗的功率称为电力系统的负荷。其中，把电能转换为其他能量形式（如机械能、光能、热能等），并在用电设备中真实消耗掉的功率称为有功负荷。电动机带动风机、水泵、机床和轧钢设备等机械，完成电能转换为机械能，还要消耗无功功率。例如，异步电动机要带动机械，需要在其定子中产生磁场，通过电磁感应在其转子中感应出电流，使转子转动，从而带动机械运转。这种为产生磁场所消耗的功率称为无功功率。变压器要变换电压，也需要在其一次绕组中产生磁场，才能在二次绕组中感应出电压，同样要消耗无功功率。因此，没有无功功率，电动机就不会转动，变压器也不能转换电压。无功功率和有功功率同样重要，因为无功完成的是电磁能量的相互转换，不直接做功，才称为"无功"的。电力系统负荷包括有功功率和无功功率，其全部功率称为视在功率，等于电压和电流的乘积（单位为 kV·A）。有功功率与视在功率的比值称为功率因数。电动机在额定负荷下的功率因数为 0.8 左右，负荷越小，功率因数越低，普通白炽灯和电热炉，不消耗无功，功率因数等于 1。

电力系统负荷随时间而不断变化，具有随机性，其变化情况用负荷曲线来表示。通常有日负荷曲线、负荷曲线（国外多用周负荷曲线）、年负荷曲线。年负荷曲线表示的是每月的最高负荷值。日负荷曲线是将电力系统每日 24h 的负荷绘制成的曲线。日负荷曲线中负荷曲线的最高点为日最大负荷（又称为高峰负荷），负荷曲线的最低点为最小负荷（又称为低谷负荷），它们是一天内负荷变化的两个极限值，高峰负荷与低谷负荷之差称为峰谷差。峰谷差越大，电力调峰的难度也就越大。根据负荷曲线可求出日平均负荷。日平均负荷与最高负荷的百分比值，称为负荷率。负荷率高，则设备利用率高。最小负荷水平线以下部分称为基荷；平均负荷水平线以上的部分为峰荷；最小负荷与平均负荷之间的部分称为腰荷。为了满足系统负荷的需要，应进行负荷预测工作，绘制不同用途的负荷曲线。

3.2.2 电力系统互联

电力系统互联可以获得显著的经济效益。它的主要作用和优越性有以下几个方面。

（1）更经济合理地开发一次能源，实现水电、火电资源优势互补。

各地区的能源、资源分布不尽相同，能源、资源和负荷分布也不尽平衡。电力系统互联可以在煤炭丰富的矿口建设大型火电厂向能源缺乏的地区送电，可以建设具有调节能力的大型水电厂，以充分利用水力资源。这样既可解决能源和负荷分布的不平衡性，又可充分发挥水电和火电在电力系统运行的特点。

（2）降低系统总的负荷峰值，减少总的装机容量。由于各电力系统的用电构成和负荷特性、电力消费习惯性的不同，以及地区间存在着时间差和季节差，因此，各个系统的年和日负荷曲线不同，出现高峰负荷不同时发生。而整个互联系统的日最高负荷和季节最高负荷不是各个系统高峰负荷的线性相加，结果使整个系统的最高负荷比各系统的最高负荷之和要低，峰谷差也要减少。电力系统互联有显著的错峰效益，可减少各系统的总装机容量。

（3）减少备用容量。各发电厂的机组可以按地区轮流检修，错开检修时间。通过电力系统互联，各个电网相互支援，可减少检修备用。各电力系统发生故障或事故时，电力系统之间可以通过联络线互相紧急支援，避免大的停电事故，提高了各系统的安全可靠性，又可减少事故备用。总之，可减少整个系统的备用容量和各系统装机容量。

（4）提高供电可靠性。由于系统容量加大，个别环节故障对系统的影响较小，而多个环节同时发生故障的概率相对较小，因此能提高供电可靠性。但是，个别环节发生故障，如果不及时消除，就有可能扩大，波及相邻的系统，严重情况下会导致大面积停电。因此，互联电力系统要形成合理的网架结构，提高电力系统自动化水平，以保证电力系统互联高可靠性的实现。

（5）提高电能质量。电力系统负荷波动会引起频率变化。由于电力系统容量增大，供电范围扩大，总的负荷波动比各地区的负荷波动之和要小，因此，引起系统频率的变化也相对要小。同样，冲击负荷引起的频率变化也要小。

（6）提高运行经济性。各个电力系统的供电成本不相同，在资源丰富地区建设发电厂，其发电成本较低。实现互联电力系统的经济调度，可获得补充的经济效益。

电力系统互联的增强也带来了新问题。如故障会波及相邻系统，如果处理不当，严重情况下会导致大面积停电；系统短路容量可能增加，导致要增加断路器等设备容量；需要进行联络线功率控制等。这些都要求研究和采取相应的技术措施，提高自动化水平，才能充分发挥互联电力系统的作用和优越性。

3.2.3 电力系统运行与控制

1. 电力系统的运行状态

电力系统是由发电机、变压器、输配电线路和用电设备按一定方式连接组成的整体。其运行特点是发电、输电、配电和用电同时完成。因此，为了向用户连续提供质量合格的电能，电力系统各发电机发出的有功和无功功率应随时随刻与随机变化的电力系统负荷消耗的有功功率和无功功率（包括系统损耗）相等，同时，发电机发出的有功功率和无功功率、线路上的功率潮流（视在功率）和系统各级电压应在安全运行的允许范围之内。要保证电力系统这种正常运行状态，必须满足以下两点基本要求。

（1）电力系统中所有电气设备处于正常状态，能满足各种工况的需要。

（2）电力系统中所有发电机以同一频率保持同步运行。

现代电力系统的特点是大机组、高电压、大电网、交直流远距离输电、电网互联，因而其结构复杂，覆盖不同环境和地域。这样，在实际运行中，自然灾害的作用、设备缺陷和人为因素都会造成设备故障和运行条件发生变化，因而电力系统还会出现其他非正常运行的状态。

电力系统的运行状态可分为三种：正常状态、紧急状态（事故状态）和恢复状态（事故后状态）。

（1）正常状态。

在正常运行状态下，电力系统中总的有功和无功功率能和负荷总的有功和无功功率的需求达到平衡；电力系统的各母线电压和频率均在正常运行的允许偏差范围内；各电源设备和输配电设备均在规定的限额内运行；电力系统有足够的旋转备用和紧急备用以及必要的调节手段，使系统能承受正常的干扰（如无故障开断一台发电机或一条线路），而不会产生系统中各设备的过载，或电压和频率偏差超出允许范围。

在正常运行状态下，电力系统对较小的负荷变化通过调节手段，可从一个正常运行状态连续变化到另一个正常运行状态，实现电力系统的经济运行。

（2）紧急状态。

电力系统遭受严重的故障（或事故），其正常运行状态将被破坏，进入紧急状况（事故状态）。

电力系统的严重故障如下。

① 线路、母线、变压器和发电机短路。短路有单相接地、两相和三相短路。短路又分瞬间短路和永久性短路。在实际运行中，单相短路出现的可能性比三相短路大，而三相短路对电力系统影响最严重。三相永久性短路是极其少见的。在雷击等情况下，有可能在电力系统中若干点同时发生短路，形成多重故障。

② 突然跳开大容量发电机或大的负荷引起电力系统的有功功率和无功功率严重不平衡。

③ 发电机失步，即不能保持同步运行。

电力系统出现紧急状态将危及其安全运行，主要事故有以下几个方面。

① 频率下降。在紧急状态下，发电机和负荷间的功率严重不平衡，会引起电力系统频率突然大幅度下降，如不采取措施将频率迅速恢复，会使整个电厂解列，其恶性循环产生频率混乱，导致全电力系统瓦解。

② 电压下降。在紧急状态下，无功电源可能被突然切除，引起电压大幅度下降，甚至发生电压崩溃现象。这时，电力系统中大量电动机停止转动，大量发电机甩掉负荷，导致电力系统解列，甚至使电力系统的一部分或全部瓦解。

③ 线路和变压器过负荷。在紧急状态下，线路过负荷，如不采取相应技术措施，会发生连锁反应，出现新的故障，导致电力系统运行进一步恶化。

④ 出现稳定问题。在紧急状态下，如不及时采取相应的控制措施或措施不够有效，则电力系统将失去稳定。所谓电力系统稳定就是要求保持电力系统中所有同步发电机并列同步运行。电力系统失去稳定就是各发电机不再以同一频率，保持固定功率运行，电压和功率大幅度来回摇动。电力系统稳定被破坏会对电力系统安全运行产生严重后果，将可能导致全系统崩溃，造成大面积停电事故。

电力系统进入紧急状态后，应及时依靠继电保护和安全自动装置有选择地快速切除故障，采取提高安全稳定性措施，避免发生连锁性的故障，导致事故扩大和系统的瓦解。

（3）恢复状态。

在紧急状态后，借助继电保护和自动装置或人工干预，隔离故障，使事故不扩大，电力系统大体可以稳定下来。这时，部分发电机或线路（变压器）仍处于断开状态，部分用户仍然停电，严重情况下电力系统可能被分解成几个独立部分，进入恢复状态。这时，要采取一系列操作和措施，尽快恢复对用户的供电，使系统恢复到正常状态。

2. 电力系统稳定性和提高稳定的基本措施

（1）电力系统稳定性。

电力系统稳定性可分为静态稳定、暂态稳定和动态稳定。

① 电力系统静态稳定是指电力系统受到小干扰后，不发生非周期性的失步，自动恢复到起始运行状态的能力。

② 电力系统暂态稳定指的是电力系统受到大干扰后，各发电机保持同步运行并过渡到新的或恢复到原来稳定运行状态的能力，通常指第一或第二摆不失步。

③ 电力系统动态稳定是指系统受到干扰后，不发生振幅不断增大的振荡而失步。

远距离输电线路的输电能力受这三种稳定能力的限制，有一个极限：它既不能等于或超过静态稳定极限，也不能超过暂态稳定极限和动态稳定极限。在我国，由于网架结构薄弱，暂态稳定问题较突出。

（2）提高系统稳定的基本措施。

提高系统稳定的基本措施可以分为两大类：一类是加强网架结构；另一类是提高系统稳定的控制和采用保护装置。

① 加强电网网架，提高系统稳定。线路输送功率能力与线路两端电压之积成正比，而与线路阻抗成反比。减少线路电抗和维持电压，可提高系统稳定性。增加输电线回路数、采用紧凑型线路都可减少线路阻抗，前者造价较高。在线路上装设串联电容是一种有效的减少线路阻抗的方法，比增加线路回路数要经济。串联电容的容抗占线路电抗的百分数称为补偿度，一般在50%左右，过高将容易引起次同步振荡。在长线路中间装设静止无功补偿装置（SVC），能有效保持线路中间电压水平（相当于长线路变成两段短线路），并快速调整系统无功功率，是提高系统稳定性的重要手段。

② 电力系统稳定控制和保护装置。提高电力系统稳定性的控制可包括两个方面：一方面是失去稳定前，采取措施提高系统的稳定性；另一方面是失去稳定后，采取措施重新恢复新的稳定运行。

下面介绍几种主要的稳定控制措施。

发电机励磁系统及控制。发电机励磁系统是电力系统正常运行必不可少的重要设备，在故障状态能快速调节发电机机端电压，促进电压、电磁功率摆动的快速平息。因此，充分发挥其改善系统稳定的潜力是提高系统稳定性最经济的措施，国外得到普遍重视。常规励磁系统采用 PID 调节并附加电力系统稳定器（PSS），既可提高静态稳定又可阻尼低频振荡，提高动态稳定性。国外较多的是采用快速高顶值可控硅励磁系统，配以高放大倍数调节器和 PSS 装置，这样可同时提高静态、暂态和动态三种稳定性。

电气制动及其控制装置。在系统发生故障瞬间，送端发电机输出电磁功率下降，而原动机功率不变，产生过剩功率，使发电机与系统间的功角加大，如不采取措施，发电机将失步。在短路瞬间投入与发电机并联的制动电阻，吸收剩余功率（即电气制动），是一种有效的提高暂态稳定的措施。

快关气门及其控制。在系统发生故障时，另一项减少功率不平衡的措施是快关气门，以减少发电机输入功率。用控制汽轮机的中间阀门实现快关气门可有效提高暂态稳定性。但是，它的实现要解决比较复杂的技术问题，是否采用快关措施需要进行研究和比较。

此外，在送端切机，同时在受端切负荷来提高整个系统的稳定性，以保证绝大多数用户的连续供电。

继电保护及重合闸装置。它是提高电力系统暂态稳定的重要的有效措施之一。对继电保护的要求是：无故障时保护装置不误动，发生故障时可靠动作。它的正确选择、快速切除故障可使电力系统尽快恢复正常运行状态。高压线路上发生的大多数故障是瞬时性短路故障。继电保护装置动作，跳断路器，断开线路，使线路处于无电压状态，电弧就能自动熄灭。在绝缘恢复后，重新将断开的线路投入，恢复供电。这种自动重合断路器的措施称为自动重合闸。它分为单相和三相重合闸，也是一项显著提高暂态稳定性的措施。

3. 电力系统安全控制

电力系统安全控制的目的是采取各种措施使系统尽可能运行在正常运行状态。

在正常运行状态下，通过制订运行计划和运用计算机监控系统（SCADA 或 EMS），实时进行电力系统运行信息的收集和处理，在线安全监视和安全分析等，使系统处于最优的正常运行状态。同时，在正常运行时，确定各项预防性控制，以对可能出现的紧急状态提高处理能力。预防性控制内容包括：调整发电机出力、切换网络和负荷、调整潮流、改变保护整定值、切换变压器分接头等。

当电力系统一旦出现故障进入紧急状态后，则靠紧急控制来处理。这些控制措施包括继电保护装置正确快速动作和各种稳定控制装置。通过紧急控制将系统恢复到正常状态或事故后状态。当系统处于事故后状态时，还需要用恢复控制手段，使其重新进入正常运行状态。各类安全控制可按其功能分为以下三类。

（1）提高系统稳定的措施，包括快速励磁、电力系统稳定器（PSS）、电气制动、快关汽机和切机、串联补偿、静止无功补偿（SVC）、超导电磁蓄能和直流调制等。

（2）维持系统频率的措施，包括低频减负荷、低频降电压、低频自启动、抽水蓄能机组低频抽水改发电、低频发电机解列、高频切机、高频减出力等。

（3）预防线路过负荷的措施，包括过负荷切电源、过负荷切负荷等。

电力系统安全控制的发展趋势将是计算机分层控制、控制装置微处理器化和智能化、发展电力系统综合自恢复控制。

3.2.4　电力系统运行的特点和要求

1. 电力系统运行的特点

（1）电能不能大量储存。一般电能的生产、输送、分配和使用同时完成。

电能的生产、输送、分配、消费等实际上是同时进行的，即发电厂任何时刻生产的电能必须等于该时刻用电设备消费与输送、分配过程中消费电能之和。

（2）电能生产、输送、消费工况的改变十分迅速，电能的暂态过程非常迅速。电能以电磁波的形式传播，传播速度为 300km/ms。发电机、变压器、电力线路、电动机等元件的投入和退出都在一瞬间完成。电能从一处输送到另一处，仅需要千分之几至百万分之几秒。电力系统从一种运行方式过渡到另一种运行方式的过程非常短。

（3）电能与国民经济各部门联系密切。

由于电能与其他能量之间的转换方便，宜用于大量生产、集中管理、远距输送、自动控制等，使用电能较其他能量有许多显著的优点，所以各部门、各行业都广泛使用电能。电能供应的中断和减少，将直接影响到国民经济各部门、各行业和人民的生活。

（4）生产、输送、消费电能各环节所组成的统一整体不可分割，如图 3-6 所示。

（5）对电能质量的要求颇为严格。

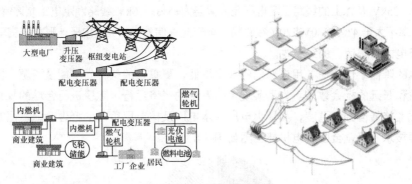

图 3-6　电能的输送与消耗

2. 电力系统运行的基本要求

（1）保证供电可靠性。

现代社会，无论生产和生活都离不开电，供电的中断将使生产停顿、生活混乱，甚至危及人身和设备安全，形成十分严重的后果。停电给国民经济造成的损失远远超过电力系统本身的损失，因此，电力系统运行首先要满足可靠、持续供电的要求。虽然保证可靠供电是对电力系统运行的首要要求，但并非所有负荷都绝对不能停电。一般可根据经验，按照对供电可靠性的要求将负荷分为三级。

① 一级负荷：指由于中断供电会造成人身事故、设备损坏或在经济上给国家造成重大损失的用户。一类用户要求有很高的供电可靠性。对一类用户通常应设置两路以上相互独立的电源供电，其中每一路电源的容量均应保证在此电源单独供电的情况下就能满足用户的用电要求。确保当任何一路电源发生故障或检修时，都不会中断对用户的供电，如图 3-7 所示。

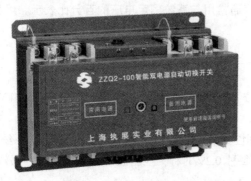

图 3-7　一级负荷双电源自动转换开关（左）和闸刀开关（右）

② 二级负荷：指由于中断供电会在经济上造成较大损失的用户。对二类用户应设专用供电线路，条件许可时也可采用双回路供电，并在电力供应出现不足时优先保证其电力供应。

③ 三级负荷：所有不属于一、二级的负荷，一般指短时停电不会造成严重后果的用户，如小城镇、小加工厂及农村用电等。当系统发生事故，出现供电不足的情况时，应当首先切除三类用户的用电负荷，以保证一、二类用户的用电。

（2）保证良好的电能质量。

电压质量的好坏，直接影响着用电设备的安全和经济运行，电压过低不仅使电动机的输出功率和效率降低、照明电灯暗淡，而且常常造成电动机过热烧毁。

我国规定电力系统的额定频率为 50Hz，大容量系统允许频率偏差为±0.2Hz，中小容量系统允许频率偏差为±0.5Hz。35kV 及以上的线路额定电压允许偏差为±5%；10kV 线路额定电压允许偏差为±7%，电压波形总畸变率不大于 4%；380V/220V 线路额定电压允许偏差为±7%，电压波形总畸变率不大于 5%。

（3）保证电力系统运行的经济性。

电能成本的降低不仅会使各用电部门的成本降低，更重要的是节省了能量资源，因此会带来巨大的经济效益和长远的社会效益。为了实现电力系统的经济运行，除了进行合理的规划设计外，还须对整个系统实施最佳经济调度，实现火电厂、水电厂及核电厂负荷的合理分配，同时还要提高整个系统的管理技术水平，全国发电机情况图如图 3-8 所示。

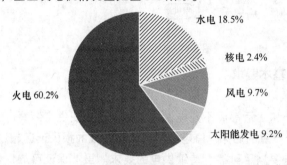

图 3-8　全国发电装机情况图

3.2.5　衡量电能质量的指标

1. 电压偏差

电压偏差指当供配电系统改变运行方式或负荷缓慢变化使供配电系统各点的电压也随之改变后，各点的实际电压与系统额定电压之差，通常用与系统额定电压的百分比表示。用公式 3-1 表示为：

$$U\% = \frac{U - U_N}{U_N} \times 100\%$$ 　　（3-1）

式中，U_N 为用电设备的额定电压，单位 kV；U 为用电设备的实际端电压，单位 kV。

2. 电压波动

一系列的电压变动或电压包络线的周期性变动，电压的最大值与最小值之差与系统额定电压的比值以百分数表示，其变化速度等于或大于每秒 0.2%时称为电压波动。波动的幅值用公式 3-2 表示：

$$\Delta U\% = \frac{U_{max} - U_{min}}{U_N} \times 100\%$$ 　　（3-2）

式中，U_{max} 为用电设备端电压波动的最大值，单位 kV；U_{min} 为用电设备端电压波动的最小值，单位 kV。

3. 电压闪变

负荷急剧的波动造成供配电系统瞬时电压升高，照度随之急剧变化，使人眼对灯闪感到不适，这种现象称为电压闪变。

4. 不对称度

不对称度是衡量多相负荷平衡状态的指标，多相系统的电压负序分量与电压正序分量的比值称为电压的不对称度；电流负序分量与电流正序分量的比值称为电流的不对称度，它们均以百分数表示。

5. 正弦波形畸变率

当网络电压波形中出现谐波（有时为非谐波）时，网络电压波形就要发生畸变。谐波干扰是由于非线性系统引起的。它产生出不同于网络频率的电压波，或者具有非正弦形的电流波。

（1）n 次谐波电压、电流含有率

$$HRU_n = \frac{U_n}{U_1} \times 100\% \qquad (3-3)$$

$$HRI_n = \frac{I_n}{I_1} \times 100\% \qquad (3-4)$$

（2）电压、电流总谐波畸变率

$$THD_u = \sqrt{\sum_{n=2}^{\infty}\left(\frac{U_n}{U_1}\right)^2} \times 100\% \qquad (3-5)$$

$$THD_i = \sqrt{\sum_{n=2}^{\infty}\left(\frac{I_n}{I_1}\right)^2} \times 100\% \qquad (3-6)$$

式中 U_n、I_n——n 次谐波电压、电流的均方根值，单位 kV、A；

　　　U_1、I_1——基波电压（50Hz）、电流的均方根值，单位 kV、A。

6. 频率偏差

频率偏差是指供电的实际频率与电网的额定频率的差值。我国电网的标准频率为 50Hz，又叫工频。频率偏差一般不超过 ±0.25Hz，当电网容量大于 3000MW 时，频率偏差不超过 ±0.2Hz。调整频率的办法是增大或减小电力系统发电机的有功功率。

7. 供电可靠性

供电可靠性指标是根据用电负荷的等级要求制定的。衡量供电可靠性的指标，用全年平均供电时间占全年时间百分数表示。

3.3　电力网的构成

电力网是电力系统的一部分，由变电所和各种电压线路组成。以变换电压（变电）输送和分配电能为主要功能，是协调电力生产、分配、输送和消费的重要基础设施。

3.3.1　电力网的组成

从功能模块角度，电力网主要由输电网和配电网组成。

输电网是将发电厂、变电所或变电所之间连接起来的送电网络，主要承担输送电能的任务。根据输电电压的不同又可以分为高压输电网（110～220kV）、超高压输电网（330～750kV）和特高压输电网（1000kV 及以上）。

输电网包括输电设备和变电设备。输电设备主要有输电线、杆塔、绝缘子串、架空线路等；变电设备有变压器、电抗器（用于 330kV 以上）、电容器、断路器、接地开关、隔离开关、避雷器、电压互感器、电流互感器、母线等一次设备及确保安全、可靠输电的继电保护、监视、控制和电力通信系统等二次设备。输电网的作用是将各种大型发电厂的电能安全、可靠、经济地输送到负荷中心。这就要求输电网供电可靠性要高，符合电力系统运行稳定性的要求；同时具有灵活的运行方式便于系统实现经济调度。

配电网是指从输电网或地区发电厂接受电能，通过配电设施就地分配或按电压逐级分配给各类用户的电力网。配电网按电压等级来分类，可分为高压配电网（35～110kV）、中压配电网（6～10kV）、低压配电网（220/380V），在负载率较大的特大型城市，220kV 电网也有配电功能。

配电装置主要由母线、高压断路器、电抗器线圈、互感器、电力电容器、避雷器、高压熔断器、二次设备及必要的其他辅助设备所组成，如图 3-9 所示。配电网的作用是将本地区小型发电厂或输电网送来的电能通过合适的电压等级配送到每个用户，这就要求配电网接线简单明了，结构合理，便于运行及维护检修；供电可靠性和安全性要求高，符合配电自动化发展的要求。

图 3-9　高压断路器（左）和避雷器（右）

3.3.2　电力网的分类

1. 按电压等级来分类

根据电压等级电力网分五级：

（1）低压网：1kV 以下；

（2）中压网：1～10kV；

（3）高压网：10～330kV；

（4）超高压网：330～1000kV；

（5）特高压网：1000kV 以上。

我国常用的远距离输电采用的电压有 110kV、220kV、330kV，输电干线一般采用 500kV 的超高压，西北电网新建的输电干线采用 750kV 的超高压。

2. 按供电范围分类

按供电范围的不同，电力网可分为地方网、区域网和远距离网三类。

（1）地方网。主要供电给地方变电所的电网称为地方网。电压通常为 110kV 及 110kV 以下，其电压较低，输送功率小，线路距离短。

（2）区域网。一般供电给大型区域性变电所的称为区域网，电压通常为 110kV 以上、330kV 以下，其传输距离和传输功率都比较大。

（3）远距离网。供电距离在 300km 以上，电压在 330kV 及 330kV 以上的电力网，称为远距离网。

3. 按电网结构来分类

按电网结构，电力网分为开式电网和闭式电网。

（1）开式电网。用户只能从单方向得到电能的电网，称为开式电网。

（2）闭式电网。用户可从两个以上的方向得到电能的电网，称闭式电网。环形和两端供电的电网均属闭式配电网。为保证供电可靠性，电网往往采用环形电网供电方式，任一段网络发生故障，还可以继续保证供电。

4. 根据输配电的特性来分类

根据输配电的特性，电力网分为交流电网和直流电网。

随着科技的发展，光伏发电、风力发电、燃料电池和燃气轮机等分布式清洁能源开始接入电网，以及直流家用电器的使用，直流配电网得到了研究和发展。直流配电网是相对于交流配电网而言的，其提供给负荷的是直流母线，直流负荷可以直接由直流母线供电，而交流负荷经过逆变设备后供电，直流配电网的构成如图 3-10 所示。

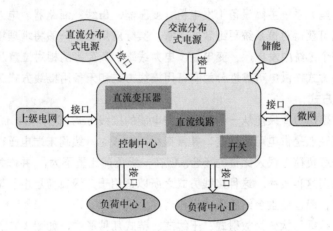

图 3-10　直流配电网的组成

直流配电网具有以下优势。

（1）直流配电网的线路损耗小，可靠性高。当直流系统线电压为交流系统的 2 倍时，直流配电网的线损仅为交流网络的 15%～50%。交流配电一般采用三相四线或五线制，而直流配电只有正负两极，两根输电线路即可，线路的可靠性比相同电压等级的交流线路要高。当直流配电系统发生一级故障时，另一级可与大地构成回路，不会影响整个系统的功率传输。当发生常见的单相或单极瞬时接地故障时，直流系统比交流系统响应更快、恢复时间更短，且可通过多次启动或降压运行来消除故障，确保系统的正常运行。对于低压直流配电系统，可以采用多母线冗余结构来保证更高的供电可靠性。由于接入了电力电子变换器，使得直流配电系统内可以形成独立的保护区域，其故障不会波及外部系统。此外，相较交流配网而言，直流配网更便于超级电容、蓄电池等储能装置的接入，从而提高其供电可靠性与故障穿越能力。

（2）无须相位、频率控制。交流系统运行时需要控制电压幅值、频率和相位，而直流系统则只需要控制电压幅值，不涉及频率稳定性问题，没有因无功功率引起的网络损耗，也没有因集肤效应产生的损耗等问题。

（3）接纳分布式电源能力强。直流配电网便于分布式电源、储能装置等接入，直流配电网实现了分布式电源并网发电及储能等，接口设备与控制技术要相对简单。

（4）具有环保优势。直流线路的"空间电荷效应"使电晕损耗和无线电干扰都比交流线路小，产生的电磁辐射也小，具有环保优势。直流输电的两条极性相反的架空线通常相邻排布，两条电缆电流的大小相同，方向相反，且相距很近，所以，其对外界产生的磁场可以等效为 0，相互抵消。而交流输电系统采用三相制，所以，其产生的磁场强度和磁场范围比直流输电线路大很多，且对人体和其他动植物产生的危害较直流更大。

3.3.3　电力网的接线方式

电力系统接线图是用电力系统整体性质的图形来表示，分为地理接线图与电气接线图。地理接线图是在地理图上布点布线，可与地理图较好地吻合，显示系统中发电厂、变电站的地理位置，电力线路的路径，以及它们之间的连接形式。因此，由地理接线图可获得对该系统的宏观印象。但是地理接线图的地理特性决定其不同区域具有不同的疏密程度，而实际上人们往往更关注电网的稠密部分；而且在地理接线图上难以表示主要发电机、变压器、线路等的联系，这时则需要阅读电气接线图。电气接线图一般表示为单线电气接线图，显示电力系统的各个能量变换元件、能量输送元件的连接，显示出组成电力系统主体设备（发电机、变压器、母线、断路器、电力线路等）的概貌。因此，由电气接线图可获得对该系统更细致的了解。实际应用时，一般将地理接线图与电气接线图相结合，可以了解整个系统中发电厂、变电站、电力线路、负荷等的相对位置及电气连接形式。

电力系统的接线方式按供电可靠性分为有备用接线方式和无备用接线方式两种。

1. 无备用接线方式

无备用接线方式是指负荷只能从一条路径获得电能的接线方式。这种方式优点在于简单、经济、运行操作方便；主要缺点是供电可靠性差，并且在线路较长时，线路末端电压往往偏低，因此这种接线方式不适用于一级负荷占很大比重的场合。但在一级负荷比重不大，并作为这些负荷单独设置备用电源时，仍可采用这种接线。这种接线方式之所以适用于二级负荷是由于架空电力线路已广泛采用自动重合闸装置，而自动重合闸的成功率相当高。

无备用接线方式根据形状分为放射式、干线式、链式几种形式，如图 3-11 所示。

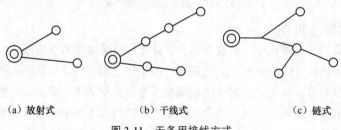

（a）放射式　　　　　（b）干线式　　　　　（c）链式

图 3-11　无备用接线方式

放射式接线简单操作方便，便于实现自动化，但是高压开关设备多，投资高，当线路故障和检修时，该线路全部负荷停电。干线式接线从配电所引出的线路少，高压开关设备相应较少，成本低，但是供电可靠性差。链式接线方式从配电所引出的线路少，缓解负荷增长过快的问题，如果线路较长时，末端电压可能偏低。

2. 有备用接线方式

有备用接线方式是指用户可从两个或两个以上方向获得电能的方式。这种方式优点在于供电可靠性高，供电电压质量高。有备用接线方式中，双回路的放射式、干线式和链式接线的缺点是不够经济；环式网络的供电可靠性和经济性都较好，但其缺点是运行调度复杂，并且发生故障时的电压质量差；两端供电网络很常见，供电可靠性高，采用这种接线的先决条件是必须有两个或两个以上独立电源，并且各电源与各负荷点的相对位置又决定了这种接线的合理性。

闭式电力网有备用接线方式根据结构可分为双回放射式、树干式、链式、环式、两端供电网络，如图 3-12 所示。

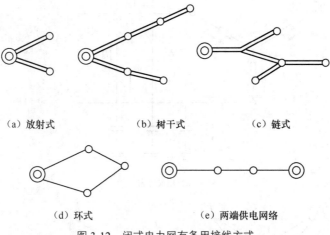

（a）放射式　　　　　　　　（b）树干式　　　　　　　（c）链式

（d）环式　　　　　　　　　（e）两端供电网络

图 3-12　闭式电力网有备用接线方式

3.4　电力系统的中性点运行方式

3.4.1　中性点的接地方式

电力系统的中性点指星形连接的变压器或发电机的中性点。这些中性点接地方式是一个很重要的综合性问题，它不仅涉及电网本身的安全可靠性、过电压绝缘水平的选择，而且对通信干扰、人身安全有重要影响。电力系统中性点接地方式是一个涉及供电的可靠性、过电压与绝缘配合、继电保护、通信干扰、系统稳定诸多方面的综合技术问题，这个问题在不同的国家和地区，不同的发展水平可以有不同的选择。

中性点运行方式主要分两类：直接接地和不接地。直接接地系统供电可靠性低，当这种系统中一相接地时，出现了除中性点外的另一相接地点，构成了短路回路，接地相电流很大，为了防止损坏设备，必须迅速切除接地相甚至三相；不接地系统供电可靠性高，但对绝缘水平要求也高，当这种系统中一相接地时，不构成短路回路，接地相电流不大，不必切除接地相，但这时非接地相的对地电压却升高为相电压的 $\sqrt{3}$ 倍。在电压等级较高的系统中，绝缘费用在设备总价格中占相当大的比重，降低绝缘水平带来的经济效益很显著，一般采用中性点直接接地方式，而采取其他措施提高供电的可靠性。反之，在电压等级较低的系统中，一般采用中性点不接地方式以提高供电的可靠性。在我国，一般来说，220kV 及以上的系统采用中性点直接接地方式，110kV 系统根据电网实际情况选择中性点接地方式，66kV 以下的系统采用中性点不接地方式。

属于中性点不接地方式的还有中性点经消弧线圈接地。所谓消弧线圈就是电抗线圈。比较图 3-13 和图 3-14，可以理解消弧线圈的功能。由图 3-13 可知，由于导线对地有电容，中性点不接地系统中一相接地时，接地点接地相电流属于容性电流。而且随网络的延伸，电流也日益增大，以致完全有可能使接地点电弧不能自行熄灭并引起弧光接地过电压，甚至发展成严重的系统性事故。为避免发生上述情况，可在网络中某个中性点处装设消弧线圈，如图 3-14 所示。

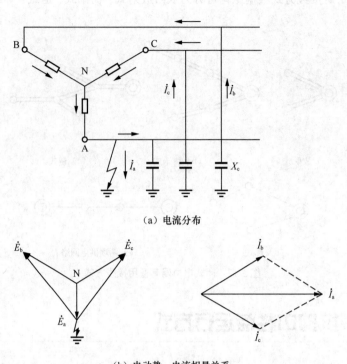

（a）电流分布

（b）电动势、电流相量关系

图 3-13　中性点不接地时的一相接地

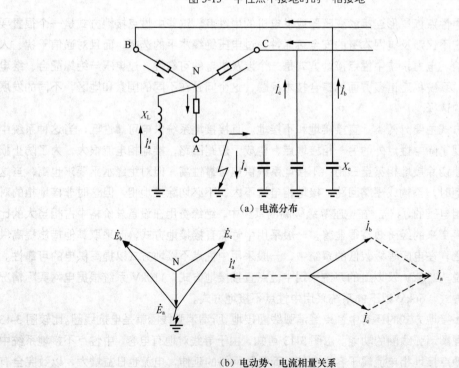

（a）电流分布

（b）电动势、电流相量关系

图 3-14　中性点经消弧线圈接地时的一相接地

由图 3-14 可见，由于装设了消弧线圈，构成了另一回路，接地点接地相电流中增加了一个感性电流分量，它和装设消弧线圈前的容性电流分量相消，减小了接地点的电流，使电弧易于自行熄灭，提高了供电的可能性。一般认为，对 3～110（66）kV 网络，容性电流超过下列数值时，中性点应装设消弧线圈：3～6kV 网络，30A；10kV 网络，20A；35～110（66）kV 网络，10A。

城乡配电网主要指 10kV、35kV、110（66）kV 三个电压等级的电网，它们在电力系统中量大面广，占有重要的地位。在早期，由于配电网比较小，主要采用不接地或经消弧线圈接地，一般来说运行情况是良好的；在 20 世纪 80 年代中后期，有些配电网的中性点采用了经低电阻接地或高电阻接地方式；近 30 多年来，各种不同形式的自动跟踪补偿的消弧线圈开始在配电系统中运行。

各种中性点接地方式和装置都有一定的适用范围和使用条件，为此，采用不同的中性点接地方式是很正常的。我国城乡电网正在加快建设与改造的速度，中性点接地方式对于电网的发展是重要的技术问题，引起了多方面的关注和重视。

1. 中性点直接接地

中性点直接接地方式即将中性点直接接入大地，如图 3-15 所示。该系统运行中若发生一相接地时，就形成单相短路，其接地电流很大，使断路器跳闸，迅速切断电源，因而供电可靠性低，易发生停电事故，且线路单相接地对通信线路的干扰比较大。但是如果发生单相接地故障时，该方式的中性点的电压为零，非故障相电压不升高，设备和线路对地电压可以按照相电压设计，绝缘方面减少了投资，从而降低了成本。

2. 中性点经电阻接地

在系统中性点与大地之间用一阻抗相连的接地方式称为中性点经阻抗接地，如图 3-16 所示。根据系统接地电阻器电阻值的大小，接地系统分为低阻抗接地和高阻抗接地。

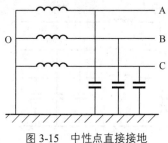

图 3-15　中性点直接接地

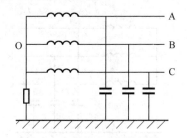

图 3-16　中性点经阻抗接地

（1）低阻抗接地：增大接地短路电流，使保护迅速动作，切除故障线路。电阻值的大小，必须使系统具有足够的最小接地故障电流（大约 400A 以上）保证接地继电器准确动作。

（2）高阻抗接地：此种方式接地电流较小，通常在 5～10A 范围内，但至少应等于系统对地的总电容电流。保护方式需要配合接地指示器或警报器，保证发生故障时线路立即跳脱。

有些配电网发展很快，城市中心区大量敷设电缆，单相接地电容电流增长较快，虽然装了消弧线圈，但由于电容电流较大，且运行方式经常变化，消弧线圈调整困难，还由于使用了一部分绝缘水平低的电缆，为了降低过电压水平、减少相间故障可能性，从而采用了中性点经低电阻接地的方式。采用中性点经低电阻接地，当 $R_n \leq 100\Omega$ 时，大多数情况下可使单相接地工频电压标幺值升高到 1.4 左右。从限制弧光接地过电压考虑，当电弧点燃到熄灭过程中，系统所积累的多余电荷在熄灭后半个工频周波内能够通过 R_n 泄漏掉，过电压幅值就可明显下降。根据这个要求可以得到中性点的低电阻值应满足的条件为 $R_n \leq 1/3\omega C_0$；当 $R_n = 10\Omega$ 时，弧光接地过电压标幺值则可降至 1.9 以下。

3. 中性点不接地系统

中性点不接地系统就是将中性点不接入大地，如图 3-17 所示。

如果三相电源电压是对称的，则电源中性点的电位为零，但是由于架空线排列不对称而换位又不完全等原因，使各相对地导纳不相等，则中性点将会产生位移电压。一般情况下，位移电压不超过电源电压的 5%，对运行的影响不大。当中性点不接地配电网发生单相接地故障时，非故障的两相对地电压将升高，由于线电压仍保持不变，对用户继续工作影响不大。单相接地时，当接地电流大于 10A 而小于 30A 时，有可能产生不稳定的间歇性电弧，随着间歇性电弧的产生将引起幅值较高的弧光接地过电压，其最大值不会超过 3.5 倍相电压，对于正常设备有较大的绝缘裕度，应能承受这种过电压，对绝缘较差的设备、线路上的绝缘弱点和绝缘强度很低的旋转电动机有一定威胁，在一定程度上对安全运行有影响。由于中性点不接地配电网的单相接地电流很小，对邻近通信线路、信号系统的干扰小，这是这种接地方式的一个优点。

4. 中性点谐振接地

消弧线圈是一个装设于配电网中性点的可调电感线圈，当发生单相接地时，可形成与接地电流大小接近但方向相反的感性电流以补偿容性电流，从而使接地处的电流变得很小或接近于零，当电流过零电弧熄灭后，消弧线圈还可减小故障相电压的恢复速度从而减小电弧重燃的可能性，如图 3-18 所示。完全补偿状态时，中性点位移电压 U_0 将很高，因此一般都采取过补偿方式以减小中性点位移过电压。失谐度大可降低中性点位移电压，但失谐度过大，将使线路接地电流太大，电弧不易熄灭，因此合理地选择失谐度才能使消弧线圈正常运行。失谐度一般选在 10%左右，长时间中性点位移电压不应超过额定相电压的 15%。

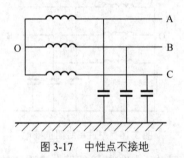

图 3-17　中性点不接地

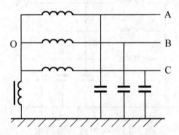

图 3-18　中性点经消弧线圈接地

消弧线圈的存在，使电弧重燃的次数大为减少，从而使高幅值的过电压出现的概率减小，一般认为 66kV 及以下系统发生间歇性电弧接地故障时，消弧线圈接地方式下的最大过电压为 3.2 倍相电压，略低于中性点不接地系统。

中性点经消弧线圈接地的配电网接地电流小，对附近通信线路的干扰小是这种方式的优点之一。自动跟踪补偿消弧线圈装置可以自动适时地监测跟踪电网运行方式的变化，快速调节消弧线圈的电感值，以跟踪补偿变化的电容电流，使失谐度始终处于规定的范围内。大多数自动跟踪消弧装置在可调的电感线圈下串联阻尼电阻，它可以限制在调节电感量的过程中可能出现的中性点电压升高，以满足规程要求不超过相电压的 15%。当电网发生永久性单相接地故障时，阻尼电阻可由控制器将其短路，以防止损坏，其原理接线如图 3-19 所示。

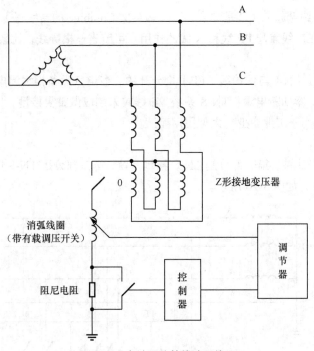

A
B
C

Z形接地变压器

消弧线圈
（带有载调压开关）

调节器

阻尼电阻

控制器

图 3-19　自动跟踪补偿消弧线圈

3.4.2　低压配电网的运行方式

在低压配电网中，配电线路三条火线分别代表 A、B、C 三相，另一条中性线 N（也称为零线）是从变压器中性点接地后引出的主干线，有电流流过，而零线上一般都有一定的电压，主要应用于工作回路。保护地线 PE（protecting earthing）也是从变压器中性点接地后引出的主干线，每间隔 20～30m 重复接地，它不用于工作回路，只作为保护。保护接零的系统为三相四线制供电系统。该系统内 N 线和 PE 线合为一根中性线（PEN 线）。在三相四线制供电系统中，把零干线的两个作用分开，即一根线做工作零线（N），另外用一根线专做保护零线（PE）。

低压配电系统根据接地方式的不同，分为 TN、TT、IT 三种，其文字代号的意义如下。

第一个字母：表示低压系统的对地关系，T 表示电源中性点直接接地。I 表示电源中性点不接地，或经高阻抗接地。

第二个字母：表示电气装置的外露可导电部分的对地关系，T 表示电气装置的外露可导电部分直接接地，与电源侧的接地相互独立。N 表示电气装置的外露可导电部分与电源侧的接地直接作电气连接，即接在系统中性线上。

1. TN 系统

电源变压器中性点接地，设备外露部分与中性线相连。根据电气设备外露导电部分与系统连接的不同方式又可分三类：即 TN-C 系统、TN-S 系统、TN-C-S 系统。

（1）TN-C 系统是电源变压器中性点接地，保护零线（PE）与工作零线（N）共用。

T：电源的一点（通常是中性线上的一点）与大地直接连接（T 是"大地"一词法文 Terre 的第一个字母）。

N：外露导电部分通过与接地的电源中性点的连接而接地（N 是"中性点"一词法文 Neutre 的第一个字母）。

C：把 PE 线和 N 线合起来（C 是"合并"一词英文 Combine 的首字母）。

TN-C 系统内的 PEN 线兼起 PE 线和 N 线的作用，可节省一根导线，比较经济。

（2）TN-S 系统。

整个系统的中性线（N）与保护线（PE）是分开的。当电气设备相线漏电碰触外壳，直接短路时，可采用过电流保护器切断电源；TN-S 系统 PE 线首末端应做重复接地，以减少 PE 线断线造成的危险。TN-S 系统适用于工业企业、大型民用建筑。

（3）TN-C-S 系统。

它由两个接地系统组成，第一部分是 TN-C 接地系统，第二部分是 TN-S 接地系统，其分界面在 N 线与 PE 线的连接点，如图 3-20 所示。

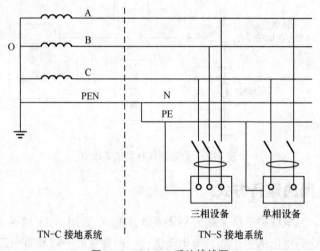

图 3-20　TN-C-S 系统接线图

当电气设备发生单相碰壳时，故障同 TN-S 系统；当 N 线断开时，故障同 TN-S 系统；TN-C-S 系统中 PEN 应重复接地，而 N 线不宜重复接地。PE 线连接的设备外壳在正常运行时始终不会带电，所以 TN-C-S 系统提高了操作人员及设备的安全性。

2. TT 系统

TT 方式供电系统是指将电气设备的金属外壳直接接地的保护系统，称为保护接地系统，也称 TT 系统。电源变压器中性点接地，电气设备外壳采用保护接地。电气设备的外露导电部分用 PE 线接到接地极（此接地极与中性点接地没有电气联系），如图 3-21 所示。

在采用此系统保护时，单相接地的故障点对地电压较低，故障电流较大，使漏电保护器迅速动作切断电源，有利于防止触电事故发生。另外，PT 线不与中性线相连接，线路架设分明、直观。

3. IT 系统

电源变压器中性点不接地（或通过高阻抗接地），而电气设备外壳采用保护接地。电力系统的带电部分与大地间无直接连接（或经电阻接地），而电气设备的外露导电部分则通过保护线直接接地。这种系统主要用于 10kV 及 35kV 的高压系统和矿山、井下的某些低压供电系统。

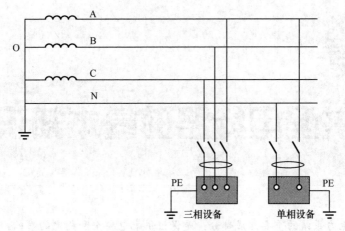

图 3-21　TT 系统接线图

第4章

供配电线路的基本知识

供配电线路是电力系统的重要组成部分，是保证供配电安全和稳定的基础。随着电力行业的不断发展，对供配电安全和供电质量的要求变得越来越高，因而做好电力供配电线路的维护工作也显得更加重要。本章主要介绍电线电缆的分类、命名及选择方法，并给出了电线电缆的敷设和安装方法以及电线电缆的连接方法，供读者参考。

4.1　电线电缆的基本知识

电线电缆从基本结构上分，主要由 3 部分组成。

（1）导电线芯，用于传输电能；

（2）绝缘层，保证电能沿导电线芯传输，在电气上使导电体与外界隔离；

（3）保护层，起保护密封作用，使绝缘层不受外界潮气侵入，不受外界损伤，保持绝缘性能。

4.1.1　电线电缆的分类

电线电缆有多种分类方法，如按电压等级分类、按导电线芯截面面积分类、按导电线芯数分类、按绝缘材料分类等。

1. 按电压等级分类

电线电缆都是按一定电压等级制造的，电压等级依次为：0.5kV、1kV、3kV、6kV、10kV、20kV、35kV、60kV、110kV、220kV、330kV。

（1）低压电缆：适用于固定敷设在交流 50Hz，额定电压 3kV 及以下的输配电线路上做输送电能用。低压电缆由线芯、绝缘层和保护层三部分构成。线芯用于传导电流，一般由多股铜线或多股铝线绞合而成。低压电缆有单芯、双芯、三芯、四芯等几种，如图 4-1 所示。双芯电缆用于单相线路，三芯和四芯电缆分别用于三相三线制线路和三相四线制线路，单芯电缆可以按需要应用于单相制线路或三相制线路。

（2）中低压电缆（一般指 35kV 及以下）：主要有聚氯乙烯绝缘电缆、聚乙烯绝缘电缆、交联聚乙烯绝缘电缆等。

（3）高压电缆（一般为 110kV 及以上）：多应用于电力传输和分配，种类多为聚乙烯电缆和交联聚乙烯绝缘电缆等，如图 4-2（a）所示。

（4）超高压电缆（275～800kV）：主要为传输电线，与高压电缆无较大区别，但是能传输更高的电压，如图 4-2（b）所示。

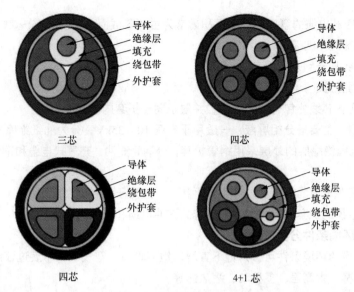

三芯 导体 绝缘层 填充 绕包带 外护套

四芯 导体 绝缘层 填充 绕包带 外护套

四芯 导体 绝缘层 绕包带 外护套

4+1 芯 导体 绝缘层 填充 绕包带 外护套

图 4-1　低压电缆结构图

（5）特高压电缆（1000kV 及以上）：特高压电缆是随着电缆技术不断发展而出现的一种电力电缆，一般作为大型输电系统中的中枢纽带，属于技术含量较高的一种高压电缆，主要用于远距离的电力传输，如图 4-2（c）所示。

（a）高压电缆　　　　　　　（b）超高压电缆　　　　　　　（c）特高压电缆

图 4-2　高压、超高压和特高压电缆结构图

从施工技术要求、电缆接头、电缆终端头结构特征及运行维护等方面考虑，也可以将电压分为：低电压电力电缆（1kV）、中电压电力电缆（3～35kV）、高电压电力电缆（60～330kV）。

2. 按导电线芯截面面积分类

我国电线电缆导电线芯标称截面面积系列为：2.5mm²、4mm²、6mm²、10mm²、16mm²、25mm²、35mm²、50mm²、70mm²、95mm²、120mm²、150mm²、185mm²、240mm²、300mm²、400mm²、500mm²、625mm²、800mm² 共 19 种。

高压充油电缆导电线芯标称截面面积系列为 100mm²、240mm²、400mm²、600mm²、700mm²、845mm² 共 6 种。

3. 按导电线芯数分类

电线电缆导电线芯数有单芯、双芯、三芯、四芯、五芯。单芯电缆通常用于传送单相交流电、直流电，也可在特殊场合使用（如高压电机引出线等）。60kV 及其以上电压等级的充油、充气高压电缆也多为单芯。双芯电缆多用于传送单相交流电或直流电。三芯电缆主要用于三相交流电网中，在 35kV 及以下的各种电缆线路中得到广泛的应用。四芯电缆多用于低压配电线路、中性点接地的三相四线制系统（四芯电缆的第四芯截面面积通常为主线芯截面面积的 40%～60%）。只有电压等级为 1kV 的电缆才有双芯和四芯。

控制电缆线芯数从一到几十都有。

4. 按结构特征分类

① 统包型：在各芯线外包有统包绝缘，并置于同一护套内。

② 分相屏蔽型：主要是分相屏蔽，一般用于电压 10～35kV，分为油纸绝缘式和塑料绝缘式。

③ 钢管型：电缆绝缘层的外层采用钢管护套，分钢管充油、充气式电缆和钢管油压式、气压式电缆。

④ 扁平型：三芯电缆的横断面外形呈扁平状，一般用于大长度海底电缆。

⑤ 自容型：电缆的护套内有压力，分自容式充油电缆和充气电缆。

5. 按敷设的环境条件分类

电线电缆按敷设的环境条件可分为地下直埋、地下管道、空气中、水底过江河、水底过海洋、矿井、高海拔、盐雾、大高差、多移动、潮热区等。

环境因素一般对保护层有一定的特殊要求，如要求机械强度、防腐蚀能力或要求增加柔软度等。

6. 按输电性质分类

按输电的性质分为交流电力电缆和直流电力电缆。目前，电力电缆的绝缘均按交流电设计。直流电力电缆的电场分布与交流电力电缆不同，因此需要特殊设计。

7. 按绝缘材料分类

（1）塑料绝缘电线电缆。

塑料绝缘电缆制造简单，重量轻，终端头和中间接头制作容易，弯曲半径小，敷设简单，维护方便，并具有耐化学腐蚀和一定耐水性能，适用于高落差和垂直敷设。塑料绝缘电缆根据绝缘材料的不同分为聚氯乙烯绝缘电缆、聚乙烯绝缘电缆、交联聚乙烯绝缘电缆等，如图 4-3 所示。聚氯乙烯绝缘电缆一般用于 10kV 及以下的电缆线路中，交联聚乙烯绝缘电缆多用于 6kV 及以上乃至110～220kV 的电缆线路中。

(a) (b)

图 4-3　聚氯乙烯和交联聚乙烯电线电缆

（2）橡皮绝缘电线电缆。

此种电线电缆的绝缘层为橡胶添加其他配合剂，经过充分混炼后挤包在导电线芯上，经过加温硫化而成。常用的橡胶绝缘材料有天然胶-丁苯胶混合物（NR）、乙丙胶（EPR）[如图 4-4（a）所示]、氯丁胶（CR）、硅橡胶（SIR）[如图 4-4（b）所示]、氯磺化聚乙烯（CSPE）、聚氯乙烯-丁腈复合物（PVC-NBR）等。由于橡皮富有弹性，性能稳定，有较好的电气、力学、化学性能，多用于 6kV 及以下的电缆线路。

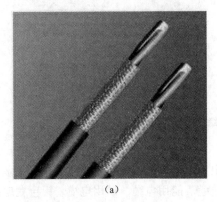

（a）　　　　　　　　　　　　　（b）

图 4-4　乙丙胶和硅橡胶绝缘电缆

（3）阻燃聚氯乙烯绝缘电线电缆。

塑料电缆和橡皮绝缘电缆，其绝缘材料有一个共同的缺点，都具有可燃性。当线路中或接头处发生事故时，电缆可能因局部过热而燃烧，并导致扩大事故。阻燃电缆是在聚氯乙烯绝缘中加阻燃剂，即使在明火烧烤下，其绝缘也不会燃烧。这种电缆属于塑料电缆的一种，用于 10kV 及以下的电缆线路中。

（4）油浸纸绝缘电力电缆。

油浸纸绝缘电力电缆是应用最广的一种电缆。在 1～330kV 各种电压等级的电缆中都被广泛采用。油浸纸绝缘电力电缆是以纸为主要绝缘，以绝缘浸渍剂充分浸渍制成的。根据浸渍情况和绝缘结构的不同，油浸纸绝缘电力电缆又可分为下列几种。

① 普通黏性浸渍绝缘电缆：它是一般常用的油浸纸绝缘电缆。电缆的浸渍剂是由低压电缆油和松香混合而成的黏性浸渍剂。根据结构不同，这种电缆又分为统包型、分相铅（铝）包型和分相屏蔽型。统包型电缆的多线芯共用一个金属护套，这种电缆多用于 10kV 及以下电压等级。分相铅（铝）包型电缆每个绝缘线芯都有金属护套。分相屏蔽型电缆的绝缘线芯分别加屏蔽层，并共用一个金属护套。后两种电缆多用于 20～35kV 电压等级。

② 滴干绝缘电缆：它是绝缘层厚度增加的黏性浸渍纸绝缘电缆，浸渍后经过滴出浸渍剂制成。滴干绝缘电缆适用于 10kV 及以下电压等级和落差较大的场合。

③ 不滴流浸渍电缆：它的结构、尺寸与滴干绝缘电缆相同，但用不滴流浸渍剂浸渍制造。不滴流浸渍剂是低压电缆油和某些塑料及合成地蜡的混合物。不滴流浸渍电缆适用于电压等级不超过 10kV、高落差电缆线路以及热带地区。

④ 油压油浸纸绝缘电缆：它包括自容式充气电缆和钢管充气电缆。电缆的浸渍剂一般为低黏度的电缆油。充油电缆用于 35kV 及以上电压等级的线路中。

⑤ 气压油浸纸绝缘电缆：它包括自容式充气电缆和钢管充气电缆。其多用于 35kV 及以上电压等级的电缆线路中。

⑥ 所用绝缘气体为六氟化硫：将导体封装在充有六氟化硫气体的金属筒中，散热性好，具有较大的传输容量，超高压大容量的传输，如图 4-5 所示。

图 4-5　气体绝缘电力电缆

8. 根据用途和使用场所分类

根据用途和使用场所分类，电线电缆可分为电力电缆、控制电缆、补偿电缆、屏蔽电缆、高温电缆、计算机电缆、信号电缆、同轴电缆、耐火电缆、船用电缆、矿用电缆、铝合金电缆等。使用电压在 1kV 及以下可分为耐火线缆、阻燃线缆、低烟无卤/低烟低卤线缆、耐油/耐寒/耐温/耐磨线缆、医用/农用/矿用线缆等。

（1）电力电缆。

电力电缆是用于传输和分配电能的电缆，常用于工矿企业内部供配电、发电站传输线路、城市地下电网及水下输电线，具有内通电、外绝缘的特征。基本结构由线芯、绝缘层、内护层和外护层组成，如图 4-6 所示。15kV 及以上的电力电缆一般还有带铠装电缆和导体屏蔽层、绝缘屏蔽层电缆等。

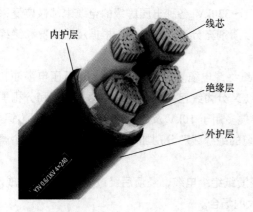
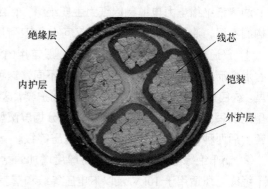

图 4-6　电力电缆的结构

（2）控制电缆。

控制电缆是适用于工矿企业、能源交通部门、供交流额定电压 450/750V 以下控制、保护线路等场合使用的聚氯乙烯绝缘、聚氯乙烯护套电缆，如图 4-7 所示。它主要用于从电力系统的配电点将电能直接传输到各种用电设备器具的电源连接线路。

（3）补偿电缆。

补偿电缆可供交流电压 500V 及以下的潜水电动机传输电能用，如图 4-8 所示。在长期浸水及较大的水压下，具有良好的电气绝缘性能。防水橡套电缆弯曲性能良好，能承受经常的移动。补偿电缆的作用是用来延伸多点热电极及移动热电偶的冷端，与显示仪表连接构成多点测温系统。补偿电缆具有优良的耐酸碱、耐磨和不延燃之性能，可浸入油水中长期使用。使用温度在 −60～260℃，适用于电力、冶金、石油、化工、轻纺等工业以及国防、科研等部门自动化测温仪表的多点连接。

图 4-7 控制电缆

图 4-8 补偿电缆

（4）屏蔽电缆。

屏蔽电缆是在传输电缆外加屏蔽层方式形成的抗外界电磁干扰能力的电缆，如图 4-9 所示。其屏蔽层大多采用编织成网状的金属线或采用金属薄膜，有单屏蔽和多屏蔽的多种不同方式。单屏蔽是指单一的屏蔽网或屏蔽膜，其中可包裹一条或多条导线。多屏蔽方式是多个屏蔽网，与屏蔽膜共处于一条电缆中。有的用于隔绝导线之间的电磁干扰，有的是为了加强屏蔽效果而采用的双层屏蔽。屏蔽的作用机理是将屏蔽层接地使之隔绝外接对导线的感应干扰电压。

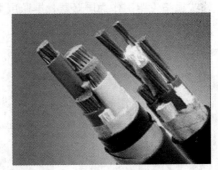

图 4-9 屏蔽电缆

（5）高温电缆。

对于石油化工、钢铁、航空航天、造船、军工、制药、食品、塑料机械、锅炉等与热和高温有关的行业，普通的电线电缆显然不能使用，都需要能耐一定较高温度的电线电缆，才能保证其电力和信号的安全运行，如图 4-10 所示。高温电缆具有耐高温、耐酸碱、耐油、不燃烧等优异性能，广泛适用于石油、化工、电力、冶金等国家支柱产业以及重大基础建设项目高温及恶劣环境中作为电器、仪表、自动控制系统的传输线。

图 4-10　高温电缆

（6）计算机电缆。

计算机电缆属于电气装备用电缆，适用于额定电压 500V 及以下对于防干扰性要求较高的电子计算机和自动化仪器仪表。根据不同环境和设备的使用要求，电缆绝缘可采用聚乙烯、聚氯乙烯、交联聚乙烯、氟塑料、硅橡胶等材料，如图 4-11 所示。

图 4-11　计算机电缆

（7）信号电缆。

信号电缆用于各种传感器，仪器仪表的信号传输。为了避免信号受到干扰，信号电缆采用镀银导体，编织铜网或铜箔（铝）作为屏蔽层，屏蔽层需要接地，外来的干扰信号可被该层导入大地，避免干扰信号进入内层导体干扰的同时降低传输信号的损耗，可以将微弱的电量信号准确传输到数百米外。在铁路、矿场内较为常用，如图 4-12 所示。

图 4-12　铁路信号电缆（左）和矿用信号电缆（右）

（8）同轴电缆。

同轴电缆是指有两个同心导体，而导体和屏蔽层又共用同一轴心的电缆。最常见的同轴电缆由绝缘材料隔离的铜线导体组成，在里层绝缘材料的外部是另一层环形导体及其绝缘体，然后整个电缆由聚氯乙烯或特氟纶材料的护套包住，如图 4-13 所示。

目前，常用的同轴电缆有两类：50Ω 和 75Ω 的同轴电缆。50Ω 同轴电缆主要用于基带信号传输，传输带宽为 1～20MHz，总线型以太网就是使用 50Ω 同轴电缆，在以太网中，50Ω 同轴电缆的最大传输距离为 185m，粗同轴电缆可达 1000m。75Ω 同轴电缆常用于 CATV 网，故称为 CATV 电缆，传输带宽可达 1GHz，常用的 CATV 电缆的传输带宽为 750MHz。

图 4-13　同轴电缆

（9）耐火电缆。

　　耐火电缆是指在火焰燃烧情况下能够保持一定时间安全运行的电缆，如图 4-14 所示。我国国家标准将耐火电缆分 A、B 两种级别，A 级火焰温度 950～1000℃，持续供火时间 90min；B 级火焰温度 750～800℃，持续供火时间 90min，火焰燃烧期间，电缆应承受其规定的额定电压值。耐火电缆广泛应用于高层建筑、地下铁道、地下街、大型电站及重要的工矿企业等与防火安全和消防救生有关的地方，如消防设备及紧急向导灯等应急设施的供电线路和控制线路。耐火电缆不能当作高温电缆使用。

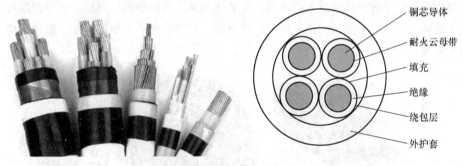

铜芯导体
耐火云母带
填充
绝缘
绕包层
外护套

图 4-14　耐火电缆及其示意图

（10）船用电缆。

　　船用电缆是一种用于河海各种船舶及近海或海上建筑的电力、照明、控制、通信传输的电线电缆，如图 4-15 所示，包括船用电力电缆、船用控制电缆、船用通信电缆等。通常船用电缆的敷设空间有限，所以铠装结构采用金属丝编织方式，这是结构上与陆用普通电力、控制、通信电缆最大的区别。

图 4-15　船用电缆

（11）矿用电缆。

矿用电缆是煤矿用电缆的简称，矿用电缆是指煤矿开采工业使用的地面设备和井下设备用电线电缆产品，包括采煤机、运输机、通信、照明与信号设备用电缆以及电钻电缆、帽灯电线和井下移动变电站用的电源电缆等，如图4-16所示。

图4-16　矿用电缆

（12）铝合金电力电缆。

铝合金电力电缆是以AA8030系列铝合金材料为导体，采用特殊紧压工艺和退火处理等先进技术发明创造的新型材料电力电缆，如图4-17所示。铝合金电力电缆弥补了以往纯铝电缆的不足，虽然没有提高电缆的导电性能，但弯曲性能、抗蠕变性能和耐腐蚀性能等却大大提高，能够保证电缆在长时间过载和过热时保持连续性能稳定，铝合金电力电缆所具备的良好的机械性能和电绝缘性能，使得它可以广泛应用于国民经济的各个领域，如普通民宅、高层建筑、电梯、大小型超市商场等，还可以用于冶金、钢铁、石油、化工、医药、核电站、航空航天、军事等行业，以及家电、汽车、公共交通设施等。

图4-17　铝合金电缆

4.1.2　电线电缆的命名

电线电缆的完整命名通常较为复杂，所以人们有时用一个简单的名称（通常是一个类别的名称）结合型号规格来代替完整的名称，如"低压电缆"代表0.6/1kV级的所有塑料绝缘类电力电缆。电线电缆的型谱较为完善，可以说，只要写出电线电缆的标准型号规格，就能明确具体的产品。一般而言，电缆规格型号命名是根据产品特性和相关标准来命名，个别特殊用途的电缆厂根据自己的标准命名，电线电缆产品名称中主要包括以下内容：

（1）产品应用场合或大小类名称；

（2）产品结构材料或型号；

（3）产品的重要特征或附加特征。

电线电缆产品基本按上述顺序命名，有时为了强调电线电缆产品的重要或附加特征，将特征写到前面或相应的结构描述前。

产品结构描述总体原则是按照从内到外的原则：导体→绝缘→内护层→外护层→铠装型式。

描述产品时，通常用汉语拼音第一个字母的大写表示绝缘种类、导体材料、内护层材料和结构特点。如用 Z 代表纸（zhi），L 代表铝（lv），Q 代表铅（qian），F 代表分相（fen），ZR 代表阻燃（zu ran），NH 代表耐火（nai huo）。

电缆型号按电缆结构的排列一般依次序为：绝缘材料、导体材料、内护层和外护层。

电缆产品用型号、额定电压和规格表示。其方法是在型号后再加上额定电压、芯数和标称截面面积。

1. 表示用途类别

A——安装线；B——绝缘线；C——船用电缆；K——控制电缆；N——农用电缆；R——软线；U——矿用电缆；Y——移动电缆；JK——绝缘架空电缆；M——煤矿用；ZR——阻燃型；NH——耐火型；ZA——A 级阻燃；ZB——B 级阻燃；ZC——C 级阻燃；WD——低烟无卤型。

2. 表示导体材料

T——铜芯导线，可以省略；L——铝芯导线。

3. 表示绝缘材料

V——聚氯乙烯；Y——聚乙烯；YJ——交联聚乙烯；X——橡胶；Z——油浸纸。

4. 表示内部护层材料结构

V——聚氯乙烯护套；Y——聚乙烯护套；Q——铅护套；H——橡胶护套；F——氯丁橡胶护套；P——铜丝编织屏蔽；P2——铜带屏蔽。

5. 表示特征代号

B——扁平型；R——柔软；C——重型；Q——轻型；G——高压；H——电焊机用；S——双绞型；D——不滴流；F——分相；CY——充油；P——屏蔽；Z——直流。

6. 表示铠装层

0——无；2——双钢带；3——细钢丝；4——粗钢丝。

7. 表示外护层代号

1——纤维层；2——PVC 套；3——PE 套。

8. 表示防火特性

阻燃电缆在代号前加 ZR；耐火电缆在代号前加 NH；防火电缆在代号前加 DH。详见表 4-1。

表 4-1 常见电线电缆命名

简称	全名	用途
SYV	实心聚乙烯绝缘射频同轴电缆	无线通信、广播、监控系统工程和有关电子设备中传输射频信号（含综合用同轴电缆）
SYWV（Y）	物理发泡聚乙烯绝缘有线电视系统电缆	有线电视、宽带网专用电缆
BV	铜芯聚氯乙烯绝缘电线	适用于电气仪表设备及动力照明固定布线用
BLV	铝芯聚氯乙烯绝缘电线	适用于交流额定电压为 450/750V 及以下的动力装置、家用电器、小型电动工具、仪器仪表及动力、照明线路

简称	全名	用途
BVR	铜芯聚氯乙烯绝缘软电线	适用于电气仪表设备及动力照明固定布线用
RV	铜芯聚氯乙烯绝缘连接软电线	适用于交流额定电压 450/750V 以下的家用电器、小型电动工具、仪器仪表及动力为照明等装置的连接
RVV	铜芯聚氯乙烯绝缘聚氯乙烯护套连接软电线	家用电器、小型电动工具、仪表及动力照明
RVVZ	阻燃铜芯聚氯乙烯绝缘聚氯乙烯护套连接软电线	适用于电信、邮电、铁路、化工、消防、通信、化工等通信机房配电系统的内部连接线，既适合于固定敷设也可做移动电缆使用，在特殊环境中尤为适用
RVS	铜芯聚氯乙烯绝缘绞型连接软电线	适用于交流额定电压 450/750V 以下的家用电器、小型电动工具、仪器仪表及动力为照明等装置的连接
RVB	铜芯聚氯乙烯绝缘平行连接软电线	适用于交流额定电压 450/750V 以下的家用电器、小型电动工具、仪器仪表及动力为照明等装置的连接
RVVP	铜芯聚氯乙烯绝缘屏蔽聚氯乙烯护套软电缆	仪器、仪表、对讲、监控、控制安装
BVVB	铜芯聚氯乙烯绝缘聚氯乙烯护套扁型电缆	用于额定电压 300/500V 及以下的动力、日用电器、仪器仪表及电信设备固定敷设用
KVV	聚氯乙烯绝缘控制电缆	电器、仪表、配电装置的信号传输、控制、测量
KVVP	聚氯乙烯护套编织屏蔽电缆	电器、仪表、配电装置的信号传输、控制、测量
AVVR	聚氯乙烯护套安装用软电缆	电器内部控制，电脑控制仪表和电子设备及自动化装置等信号传输
SBVV HYA	聚氯乙烯绝缘（铝箔屏蔽）聚氯乙烯护套程控交换机电缆	数据通信电缆（室内、外）用于电话通信及无线电设备的连接以及电话配线网的分线盒接线用
SFTP	耐油型双绞双屏蔽数据电缆	用于有耐油、抗电磁干扰要求的设备数据通信

4.1.3 电线电缆的选择

1. 电线电缆选择的条件

为了确定所选用的电线电缆是否适用，需要考虑以下使用条件及资料，并应参阅有关标准。

（1）运行条件。

① 系统额定电压。

② 三相系统的最高电压。

③ 雷电过电压。

④ 系统频率。

⑤ 系统的接地方式以及当中性点非有效接地系统（包括中性点不接地和经消弧线圈接地）单相接地故障的最长允许持续时间和每年总的故障时间。

⑥ 选用电缆终端时应考虑环境条件。

➢ 电缆终端安装地点海拔高度。

➢ 是户内还是户外安装。

➢ 是否有严重的大气污染。

➢ 电缆与变压器、断路器、电动机等设备连接时所采用的绝缘和设计的安全净距。

⑦ 最大额定电流。

➢ 持续运行最大额定电流。

➢ 周期运行最大额定电流。

➤ 事故紧急运行或过负荷运行时最大额定电流。

⑧ 相间或相对地短路时预期流过的对称和不对称的短路电流。

⑨ 短路电流最大持续时间。

⑩ 电缆线路压降。

（2）安装资料。

① 一般资料。

➤ 电缆线路的长度和纵断面图。

➤ 电缆敷设的排列方式和金属套互联与接地方式。

➤ 特殊敷设条件（如敷设在水中），个别线路需要特殊考虑问题。

② 地下敷设。

➤ 安装条件的详细情况（如直埋、排管敷设等），用以确定金属套的组成、铠装（如需要时）的形式和外护套的形式，如防腐、阻燃或防白蚁。

➤ 埋设深度。

➤ 沿电缆线路的土壤种类（即沙土、黏土、填土）及其热阻系数。

➤ 在埋设深度上土壤的最高、最低和平均温度。

➤ 附近带负荷的其他电缆或其他热源的详情。

➤ 电缆沟、排管或管线的长度，若有工井则包括工井之间的距离。

➤ 排管或管道的数量、内径和构成材料。

➤ 排管或管道之间的距离。

③ 空气中敷设。

➤ 最高、最低和平均环境空气温度。

➤ 敷设方式（即直接敷设在墙上、支架上，单根或成组电缆，隧道、排管的尺寸等）。

➤ 敷设于户内、隧道或排管中的电缆的通风情况。

➤ 阳光是否直接照射在电缆上。

➤ 特殊条件，如火灾危险。

2. 电线电缆选择的原则

一般电线电缆的选择步骤是根据使用环境和敷设条件确定电缆型号，然后根据运行参数情况选择电缆导体的截面。

（1）电线电缆型号的选择原则。

① 根据敷设条件的不同，可选用不同绝缘材料，不同结构的电缆。

塑料绝缘电缆结构简单，重量轻，敷设安装方便，不受敷设落差限制，广泛应用于低压电缆。橡胶电缆弹性好，柔软，适合于移动频繁、敷设弯曲半径小的场合。油浸纸绝缘电力电缆安全可靠，使用寿命长，普通油浸纸绝缘电缆敷设受落差限制。气体绝缘电力电缆散热性好，具有较大的传输容量，常用于超高压大容量的传输。根据敷设的要求选择钢带铠装电缆、钢丝铠装电缆、防腐电缆等。

② 根据用途的不同，可选用电力电缆、架空绝缘电缆、控制电缆等。

③ 根据安全性要求，可选用不延燃电缆、阻燃电缆、无卤阻燃电缆、耐火电缆等。

（2）电线电缆电压的选择应遵照以下原则。

① 电缆的额定电压要大于或等于安装点供电系统的额定电压。

② 电缆持续容许电流应等于或大于供电负载的最大持续电流。

③ 线芯截面要满足供电系统短路时的稳定性的要求。

④ 根据电缆长度验算电压降是否符合要求。

⑤ 线路末端的最小短路电流应能使保护装置可靠的动作。

（3）电线电缆导体截面的选择原则。

电缆导体截面的选择应结合敷设环境，满足允许载流量（发热）、短路热稳定、允许电压降、机械强度等要求。

① 电缆载流量应大于最大工作电流。这样运行中的电缆导体温度才能保证不超过其规定的长期允许工作温度。

② 电缆截面的选择，要考虑抗短路的能力，一般要求在短路电流作用期间，电缆线芯的温度不应超过其允许短路温度。电缆应能承受预期的故障电流或短路电流，承受短路电流的时间不少于短路保护的动作时间，满足热稳定校验的要求。

③ 电缆截面的选择，要考虑允许的电压降。

④ 电缆截面的选择，要满足机械强度的要求。

4.2 电线电缆的敷设

4.2.1 电力电缆的敷设方法

1. 敷设方式的选择

电力电缆敷设方式要因地制宜，一般应根据电气设备位置、出线方式、地下水位高低及工艺设备布置等现场情况决定。主厂房内电力电缆敷设如下。

① 凡引至集控室的控制电缆宜架空敷设。

② 6kV 电缆：宜用隧道或排管敷设，地下水位较高处可架空或用排管敷设。

③ 380V 电缆：当两端设备落差在零米时，宜用隧道、沟或排管敷设；当一端设备在上，另一端设备在下时，可部分架空敷设；当地下水位较高时，宜架空电缆。

从隧道、沟及托架引至电动机或启动设备的电缆，一般敷设于黑铁管或塑料管中。每管一般敷设一根电力电缆，部分零星设备的小截面电缆允许沿墙用夹头固定。

跨越公路、铁路等处的电缆可穿于排管或钢管内。

至水源地及灰浆泵房的少量电缆允许直埋（但土壤中有酸、碱物或地中电流时，不宜直埋电缆），电缆数量较多时可用沟或隧道。

用架空线供电的井群，其控制、通信电缆可与架空线同杆架设。

2. 电力电缆线路路径选择

电力电缆线路要根据供电的需要，保证安全运行，便于维修，并充分考虑地面环境、土壤资料和地下各种道路设施的情况，以节约开支，便于施工等综合因素，确定一条经济合理的线路走向。具体要求如下。

① 节省投资，尽量选择最短距离的路径。

② 要结合远景规划选择电缆路径，尽量避开规划需要施工的地方。

③ 电缆路径尽量减少穿越各种管道、铁路和其他电力电缆的次数。在建筑物内，要尽量减少穿越墙壁和楼房地板的次数。

④ 保证电缆的安全运行不受环境因素的损害，不能让电缆受到外机械力、化学腐蚀、振动、地热等影响。

⑤ 道路的一侧设有排水沟、煤气管、主送水管、弱电线路等时，电力电缆应敷设在道路的另一侧。

电缆路径勘测确定后，须经当地主管部门同意后，方可进行施工。以下处所不能选择电缆路径。

① 有沟渠、岩石、低洼存水的地方。

② 有化学腐蚀性物质的土壤地带及有地中电流的地带。

③ 地下设施复杂的地方（如有热力管、水管、煤气管等）。

④ 存放或制造易燃、易爆、化学腐蚀性物质等危险物品的处所。

3. 电力电缆的敷设方法

电力电缆根据工程条件、环境特点和电缆类型、数量等因素合理选择敷设方式。当电力电缆在室外敷设时，可根据具体的环境情况、电缆数量、土壤性质，对电力电缆常采用直埋、电缆沟、排管、电缆隧道等敷设方式。当电力电缆在室内敷设时，可沿墙及建筑构件明敷设，电缆穿金属导管埋地暗敷设。

（1）埋地敷设。

埋地敷设是将电缆直接埋在地下的敷设方式，这种方式适合于使用中不会受到大的冲击且具有铠装及防腐层保护的电缆，如图 4-18 所示。一般电缆外皮至地面深度，不得小于 0.7m，电缆外皮至地下构筑物基础，不得小于 0.3m，当位于行车道或耕地下时，应适当加深，且不宜小于 1.0m。

电缆应敷设于壕沟里，沟底应无硬质杂物，并应沿电缆全长的上、下紧邻侧铺以厚度不少于 100mm 的软土或砂层，还应沿电缆全长覆盖宽度不小于电缆两侧各 50mm 的保护板，保护板宜采用混凝土，也可用砖块替代水泥盖板。回填至沟的一半时，铺设警示带，回填完成后，在电缆转弯处、中间接头处、与其他管线相交处等特殊路段放置明显的方位标志和标桩，防止外力的破坏。埋地敷设时，还要注意以下几点。

① 电缆线相互交叉时，高压电缆应在低压电缆下方。如果其中一条电缆在交叉点前后 1m 范围内穿管保护或用隔板隔开时，最小允许距离为 0.15m。

② 电缆与热力管道接近或交叉时，如有隔热措施，平行和交叉的最小距离分别为 0.5m 和 0.15m。

③ 电缆与铁路或道路交叉时应穿管保护，保护管应伸出轨道或路面 2m 以外。

④ 电缆与建筑物基础的距离，应能保证电缆埋设在建筑物散水以外；电缆引入建筑物时应穿管保护，保护管亦应超出建筑物散水以外。

⑤ 直接埋在地下的电缆与一般接地装置的接地之间应相距 0.15～0.5m；直接埋在地下的电缆埋设深度，一般不应小于 0.7m，并应埋在冻土层下。

（2）电缆沟敷设。

电缆沟敷设是在开挖后，按设计要求砌筑沟道，在沟道的侧壁固定支架、梯架或托盘等，电缆可分层敷设，上面盖好盖板，如图 4-19 所示。电缆沟的尺寸应按满足容纳全部电缆的允许最小弯曲半径、施工作业与维护空间要求，且有防止外部进水、渗水的措施。电缆支架、梯架或托盘的层间距离应满足能方便地敷设电缆及其固定、安置接头的要求，且在多根电缆同置于一层情况下，可更换或增设任一根电缆及其接头。电缆沟敷设方式的选择，应遵守下列规定。

图 4-18　埋地敷设

图 4-19　电缆沟敷设

① 在化学腐蚀液体或高温熔化金属溢流的场所，或在载重车辆频繁经过的地段，不得采用电缆沟。

② 经常有工业废水溢流、可燃粉尘弥漫的厂房内，不宜采用电缆沟。

③ 在厂区、建筑物内地下电缆数量较多但不需要采用隧道，城镇人行道开挖不便且电缆需分期敷设，同时不属于上述情况时，宜采用电缆沟。

④ 有防爆、防火要求的明敷电缆，应采用埋砂敷设的电缆沟。

⑤ 电缆固定于支架上，水平装置时，外径不大于 50mm 的电力电缆及控制电缆，每隔 0.6m 一个支撑；外径大于 50mm 的电力电缆，每隔 1.0m 一个支撑。排成正三角形的单芯电缆，应每隔 1.0m 用绑带扎牢。垂直装置时，每隔 1.0～1.5m 应加以固定。

⑥ 电缆沟内的金属结构物均需采取镀锌或涂防锈漆的防腐措施。

⑦ 电力电缆和控制电缆应分别安装在沟的两边支架上。若不具备条件时，则应将电力电缆安置在控制电缆之上的支架上。

（3）电缆排管敷设。

电缆排管敷设就是将电缆敷设于埋入地下的电缆保护管中的安装方式，如图 4-20 所示。当敷设的电缆数量较多，道路比较集中，且不宜建造电缆沟和电缆隧道的情况下，可采用排管敷设。排管敷设可有效防止电缆遭受外力破坏和机械损伤，减轻了土壤中有害物质对电缆的化学腐蚀，排管敷设造价适中，应用越来越广泛。电缆排管敷设有以下几点要求。

① 电缆排管可用钢管、塑料管、陶瓷管、石棉水泥管或混凝土管，但管内必须光滑。

② 按需要的孔数将管子排成一定形式，管子接头要错开，并用水泥浇成一整体，一般分为 2、4、6、8、10、12、14、16 孔等形式。

③ 孔径一般应不小于电缆外径的 1.5 倍，敷设电力电缆的排管孔径应不小于 100mm，控制电缆孔径应不小于 75mm。

④ 埋入地下排管顶部至地面的距离，人行道上应不小于 500mm；一般地区应不小于 700mm。

⑤ 在直线距离超过 100m、排管转弯和分支处都要设置排管电缆井；排管通向井坑应有不小于 0.1%的坡度，以便管内的水流入井坑内。

⑥ 敷设在排管内的电缆，应采用铠装电缆。

（4）桥架敷设。

桥架敷设是将绝缘导线敷设在桥架内的安装方式。桥架有梯架式（见图 4-21）、槽式、托盘式和网格式等结构，由支架、托臂和安装附件等组成。电缆桥架可以放置 10kV 及以下的电力电缆、控制电缆或弱电缆，具有较大的承载能力。敷设电缆的总截面面积一般不应超过敷设截面面积的 40%。桥架敷设应注意以下几点。

图 4-20　电缆排管敷设

图 4-21　梯架式桥架敷设

① 对桥架要进行防腐处理，一般应在桥架表面镀锌、镀塑、涂氧化树脂、刷漆。在腐蚀性强的环境中，可采用铝合金、塑料、低标准不锈钢等耐腐蚀材料制作桥架。

② 电缆在托盘上可进行单层敷设，小型电缆用塑料带固定在托盘上，大型电缆可用金属卡子固定。

③ 桥架在水平段每隔 1.5～3m 设置一个支、吊架；垂直段每隔 1～1.5m 设置一个支架；距三通、四通、弯头处，两端 1m 处应设置支、吊架。

④ 桥架经过建筑物的伸缩缝时，应断开 100～150mm 间距，间距两端应进行接地跨接。

⑤ 桥架安装应有利于穿放电缆，桥架安装后应进行调直，桥架应用压片固定在支架上。

⑥ 支持桥架的支、吊架长度应与桥架宽度一致，不应有长有短。

（5）隧道敷设。

电缆隧道敷设适合于穿越主干道或水下工程电力电缆的敷设，隧道有供安装和巡视的通道且容纳电缆数量较多，如图 4-22 所示。电缆隧道建设时虽然投资大、工期长、建筑材料耗费多，而且带来通风、防火、防漏水等大量问题，但是它具有以下优点。

① 大大减少了电缆线路所占道路断面（走廊）。

② 减少对电缆的外力破坏和机械损伤。

③ 消除因土壤中有害物质引起的保护层化学腐蚀。

④ 检修或更换电缆迅速方便。

⑤ 随时可以增放新电缆，而且不必掘开路面。

4. 架空安装

随着塑料电缆的发展，电缆的重量减轻，把电缆吊挂在吊线上（或固定在杆塔上）的方式逐渐得到应用。架空电缆和埋在地下的电缆相比，易受外界的影响，不够美观，但建设费用较低，如图 4-23 所示。架空安装要注意以下几点。

① 电缆敷设应由有资格的专业单位或专业人员进行安装，不符合有关规范规定要求的施工和安装，有可能导致电缆系统不能正常运行。

② 人力敷设电缆时，应统一指挥，控制节奏，每隔 1.5～3m 有一人肩扛电缆，边放边拉，慢慢施放。

③ 机械施放电缆时，一般采用专用电缆敷设机并配备必要的牵引工具，牵引力大小适当、控制均匀，以免损坏电缆。

④ 施放电缆前，要检查电缆外观及封头是否完好无损，施放时注意电缆盘的旋转方向，不要压扁或刮伤电缆外护套，在冬季低温时切勿以摔打方式来校直电缆，以免绝缘、护套开裂。

图 4-22 隧道敷设

图 4-23 架空安装

4.2.2 配电线路的安装方法

配电线路的安装指由配电柜（箱）连接到用电设备的供电和控制线路的安装。有明敷和暗敷两种。明敷有线槽配线、桥架配线、线管配线、瓷夹配线、绝缘子配线、钢索配线等，应用最多的是线槽板配线和管内配线。暗敷是在土建施工时，将配线管预先埋设在墙壁、楼板或天棚内，然后再进行管内穿线。常用的配管有塑料管和金属管，配线槽也有金属线槽和塑料线槽。

1. 线槽配线

线槽配线是将绝缘导线敷设在线槽内，上部用盖板把导线盖住。常用的线槽有塑料线槽、金属线槽、封闭式母线槽及插接式母线槽。线槽选用时应平整无扭曲变形，内壁无毛刺，接缝处紧密平直，各种附件齐全。线槽内电线电缆的总截面面积不应超过线槽内截面面积的 20%，载流导体不超过 30 根。线槽配线的安装方式与桥架安装相似，但是线槽的强度较低，通常用于敷设导线和通信线缆，而桥架主要用于敷设电力电缆和控制电缆，如图 4-24 所示。

线槽配线安装时，要注意以下几点。

① 线槽平整无扭曲变形，内壁无毛刺，接缝处紧密平直，各种附件齐全。

② 线槽连接口处应平整，接缝处紧密平直，槽盖装上应平整，无翘角，出线口位置正确。

③ 线槽经过变形缝时，线槽本身应断开，线槽内用连接板连接，不得固定，保护地线应有补偿余量，线槽 CT300×100 以下与横担固定 1 个螺栓，CT400×100 以上与横担必须固定 2 个螺栓。

④ 非金属线槽所有非导电部分均应相应连接和跨接，使之成为一个整体，并做好整体连接。

⑤ 敷设在竖井内的线槽和穿越不同防火区的线槽，按设计要求位置设防火隔堵措施。

⑥ 直线端的钢制线槽长度超过 30m 加伸缩节，电缆线槽跨变形缝处设补偿装置。

⑦ 金属电缆线槽间及其支架全长应不小于 2 处与接地（PE）或接零（PEN）干线相连接。

⑧ 非镀锌电缆线槽间连接板的两端跨接铜芯接地线，接地线最小允许截面面积不小于 BVR-4mm。

⑨ 镀锌电缆线槽间连接板的两端不跨接接地线，但连接板两端不小于 2 个有防松螺帽或防松垫圈的连接固定螺栓。

2. 线管配线

线管配线是将绝缘导线穿在管内敷设，根据线管的位置不同有明敷和暗敷两种方式。线管配线步骤包括线管选择、线管加工连接、线管敷设、管内穿线几个步骤。

（1）线管选择。

常用的线管有钢管、硬质塑料管、半硬塑料管、阻燃 PVC 管等。根据敷设环境的不同合理采用线管的材质和规格。钢管既可明敷也可以暗敷，潮湿场所或埋于地下时用厚壁钢管；硬塑料管适用于室内或酸碱等有腐蚀介质的场所；半硬塑料管（塑料波纹管）适用于一般民用建筑的照明工程暗敷设，但不得在高温场所敷设；软金属管用来作为钢管和设备的过渡连接。管子规格的选择应根据管内所穿导线的根数和截面面积决定，一般规定管内导线的总截面面积（包括外护层）不应超过管子内孔截面面积的 40%。

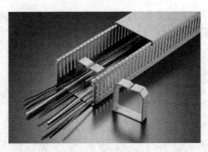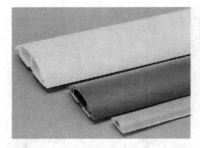

图 4-24　线槽配线敷设

（2）线管加工连接。

线管在敷设前进行检查和加工，不应有裂痕和堵塞。钢管内应无铁屑及毛刺，切断口应锉平，尖角应刮光，然后进行如除锈、切割、套丝和弯曲操作。管的长度不够时需要进行连接，线管连接可采用套管、管箍、连接盒等方法。采用套管连接时，套管长度宜为管外径的 1.5 ~ 3 倍，并使连接管的对口处在套管中心。管与连接盒连接时，插入深度宜为管外径的 1.1 ~ 1.8 倍。

（3）线管敷设。

线管明敷设是用固定卡子将管子固定在墙、柱、梁、顶板和钢结构上；暗敷设是在土建施工时，将管子预先埋设在墙壁、楼板或天棚内，如图 4-25 所示。

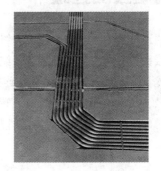

图 4-25　线管敷设

（4）管内穿线。

管子全部敷设完毕及建筑物抹灰、粉刷及地面工程结束后进行穿线。在较长的垂直管路中，为防止由于电线的本身自重拉断导线或拉脱接线盒中的接头，电线应在管路中间增设的拉线盒中加以固定。其流程如图 4-26 所示。

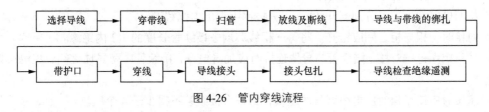

图 4-26　管内穿线流程

穿线时应注意下列问题（见图 4-27）。

① 不同回路、不同电压和交流与直流的导线，不得穿入同一管内。

② 导线在变形缝处，补偿装置应活动自如。导线应留有一定的余量。

③ 当敷设于垂直管路中的导线超过长度时，应在管口处和接线盒中加以固定。

④ 穿入管内的绝缘导线，不准有接头、局部绝缘破损及死弯的情况。

图 4-27　管内穿线

管内穿线与配线具有以下优点。

① 电线完全受到保护管的保护，不易损伤。

② 管路接地及绝缘可靠，减少触电危险。

③ 防水、防潮、防腐蚀、防燃。

④ 管内穿线与配线相比，管内穿线不影响装饰效果。

4.3　电线电缆的连接

电线电缆的连接包括中间接头连接和终端头连接，电缆线路两末端的接头称为终端头，中间的接头称为中间接头，终端头和中间接头又统称为电缆头。电缆铺设好后，为了使其成为一个连续的线路，各段线必须连接为一个整体，这些连接点就称为电缆接头。电缆接头用来锁紧和固定进出线，起到防水、防尘、防振动的作用。电缆终端头和中间接头是供配电线路中的重要附件，在电缆线路中，60%以上的事故是由附件引起的，所以接头附件质量的好坏，对整个输变电的安全可靠起十分重要作用。

4.3.1　电力电缆的连接

1. 中间接头的连接

（1）中间接头操作工艺标准。

① 电缆接头应使用与电缆线径、材质相对应的接续管。

② 用干净的擦布将电缆上的污秽清除干净。

③ 将两电缆头外护套分别剥开 40cm，去掉钢甲露出电缆线芯。

④ 对接时，相与相之间应错开。将每一相线芯剥去接续管长度的 1/2 内绝缘。

⑤ 按原相序进行对接，接续管与导体连接时应加导电膏，接续管中两导体之间应接触良好，不准有缝隙。

⑥ 压接时应使用相对应电缆型号的压模，每一个接续管不得少于 4 个压坑。

⑦ 压接完毕后进行绝缘处理，先用绝缘胶布将外露的导体进行缠绕包扎，缠绕时每一圈胶布应压住上一圈胶布的 1/2。

（2）中间接头的注意事项。

选用中间接头要考虑绝缘强度和机械强度，能够适应机械应力和短路电流的冲击，且具有可靠的密封性。中间接头主要包括电缆的预处理、导体连接、内外半导电层恢复及绝缘层恢复、电缆反应力锥的处理、金属屏蔽层和铠装层的处理、接头的密封和机械保护等步骤。

切割电缆时，将待接头的两段电缆自断口处交叠，交叠长度为 200～300mm。导体的连接要求具有低电阻和足够的机械强度，连接处不能出现尖角，中低压电缆导体连接常用的是压接。压接选择合适的导电率和机械强度的导体连接管，用专用压接器进行压接，压接后要保证屏蔽能够相互连通。连接完成后要加外保护套进行保护，根据需要选择电力电缆中间接头盒或者是热塑套管等绝缘材料进行包扎封装，如图 4-28 所示。

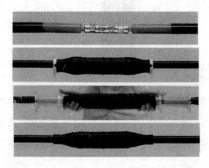

图 4-28　电缆中间头的连接

2. 终端头的连接

电力电缆的终端头制作的方法很多，但目前大多使用的是热缩式和冷缩式两种方法。冷缩式电缆头与热缩式电缆头比较，具有制作简便，受人为影响因素小，冷缩电缆附件会随着电缆的热胀冷缩而和电缆保持同步呼吸作用，使电缆和附件始终保持良好的结合状态等优点，但成本高。而热缩式电缆头与冷缩式电缆头相比，主要优点只是成本低，所以，目前在 10kV 以上领域，广泛使用冷缩式电缆头，如图 4-29 所示。

电力电缆的终端头制作需注意的事项和要求如下。

（1）在电力电缆接头的制作过程中，应防止粉尘、杂物和潮气、水雾进入绝缘层内，严禁在多尘或潮湿的场所进行制作。电缆接头的制作应连续进行；在保证质量的前提下，作业时间越短越好，以免潮气侵入；操作时应戴医用手套和口罩，防止手汗和口中热气进入绝缘层。

（2）在室内或充油电力电缆接头制作现场，应备有消防器材，以防火灾。

（3）制作电力电缆接头用的绝缘材料应与电力电缆电压等级相适应，其抗拉强度、膨胀系数等物理性能与电力电缆本身绝缘材料的性能相近。橡胶绝缘电缆和塑料绝缘电缆应使用黏性好、弹性大的绝缘材料。密封包扎用的绝缘材料，使用前要擦拭干净。

（4）制作电力电缆线芯用的金具，应采用标准的接线套管或接线端子，其内径应与线芯紧密配合，其截面面积应为线芯截面面积的 1.2～1.5 倍，并按要求进行压接。

（5）当充油电力电缆有中间接头时，应先制作、安装中间接头，后制作、安装终端头；铁路两端有落差时，应先制作、安装低位终端头，低位电缆终端头与中间接头之间的距离不应小于 50m。

（6）剥切电力电缆时不应损伤线芯和内部绝缘。用喷灯封铅或焊接地线时，操作应熟练迅速，防止过热，避免灼伤铅包皮和绝缘层。

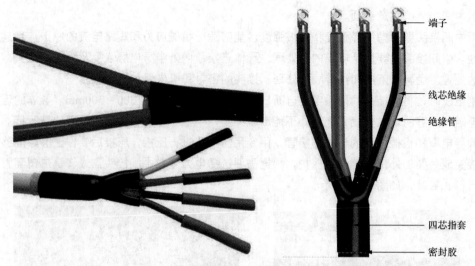

图 4-29　电缆终端头

电缆终端头由于装置地区的环境条件不同，选择的电缆型号不同而有很多形式的制作过程。无论哪种形式大多需要接线端子、分支手套、应力管、绝缘管、密封管、相色标记管、雨裙、接地线等材料。连接步骤一般有电缆预处理、安装分支手套、安装绝缘塑料管、压接接线端子、绝缘密封等。

3. 电缆连接安装注意事项

电缆的安装施工对于电力安全极其重要，很多电力事故都是因为电缆施工工艺不符合技术要求，在运行一段时间后受潮发生短路故障，直接将整台设备烧毁。因此，在电力电缆的连接安装中，要注意以下几点。

① 电缆的连接要求有足够低的电阻和足够的机械强度，连接处不能出现尖角。电缆连接都是采用压接，压接前导体外表面与连接管内表面涂上导电胶，导体上的尖角、毛边用锉刀打磨光滑。

② 电缆都有内屏蔽层，在制作电缆接头时必须恢复压接管导体部分的接头屏蔽层，电缆的内半导体屏蔽均要留出一部分，以便连接管上的内屏蔽，确保内半导体的连续性。

③ 电缆外半导体屏蔽是电缆和接头绝缘外部均匀电场作用的半导体材料，外半导体端口必须整齐均匀，且绝缘平滑过渡。

④ 在制作交联电缆反应锥时，一般采用切削工具，也可以用微火加热，用快刀进行切削，成型后再用 2mm 厚的玻璃修刮，再用砂纸打磨至光滑为止。

⑤ 电缆做好金属屏蔽处理不仅可以快速传导故障电流，还可以屏蔽电磁场对邻近通信设备的电磁干扰。

⑥ 电缆要做好可靠接地焊接，两端盒电缆本体上的金属屏蔽及铠装带牢固焊接。

⑦ 电缆接头要做好可靠密封和机械保护，防止受潮及机械损伤。

4.3.2　电线的连接

电线连接是电工作业的一项基本工序，也是一项十分重要的工序。电线连接的质量直接关系到整个线路能否安全可靠地长期运行。电线连接的基本要求是：连接牢固可靠、接头电阻小、机械强度高、耐腐蚀耐氧化、电气绝缘性能好。

1. 单股导线的连接

单股导线的连接一般有直线连接、丁字连接、十字连接和并头连接几种方式。

（1）直线连接。

首先用电工刀或剥线钳按芯线直径约 40 倍长剥去线端绝缘层，并拉直芯线。把两根线头在离芯线根部的 1/3 处呈 "X" 状交叉，如麻花状互相紧绞两圈，先把一根线头扳起与另一根处于下边的线头保持垂直，把扳起的线头按顺时针方向在另一根线头上紧缠不少于 5 圈，圈间不应有缝隙，且应垂直排绕，缠毕切去芯线余端，并钳平切口，不准留有切口毛刺，另一端头的加工方法同上。

完工的效果如图 4-30 所示，所有铜导线连接后均应挂锡，防止氧化并增大电导率。

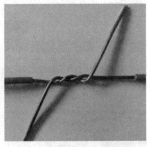

图 4-30　直线连接

（2）丁字连接。

剥掉绝缘层，将要分支的导线剥掉绝缘，露出 30 ~ 40mm 长的铜（铝）线。分支导线剥除长度与对接法基本相同。

缠绕的方法有两种：第一种是直接缠绕，即将分支线直接缠绕在要分支的导线上，紧密缠不少于 5 圈，方向可左可右，在支线不受力的情况下可以使用，如图 4-31（a）所示。

第二种是先在要分支的导线上打一个结，从正面看像一个圆圈在右侧的 9 字，应注意在弯曲绕制过程中尽可能地压紧，不留空隙，之后再顺着主线密缠不少于 5 圈，然后用钳子将各处压紧，这种方法用于支线可能受一定拉力的情况，如图 4-31（b）所示。

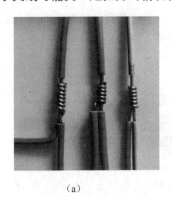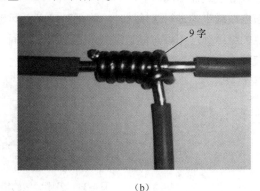

（a）　　　　　　　　　　　　　　　　（b）

图 4-31　丁字连接

（3）十字连接。

十字连接形成分支时有两种缠绕方法：同向缠绕和反向缠绕。同向缠绕是将两个分支线并在一起，在要分支的导线上密缠不少于 5 圈，如图 4-32（a）所示；反向缠绕是分两个方向各自在要分支的导线上密缠不少于 5 圈，如图 4-32（b）所示。

(a) 同向缠绕   (b) 反向缠绕

图 4-32　十字连接

（4）并头连接。

将要连接的几条导线剥掉绝缘后（注意其中一条的导线剥离长度要比其余的长出 4 倍以上），用较长的导线缠绕其余导线，5 ~ 6 圈后掐断，用钳子将导线端压紧后，再用钳子将其余导线折回头压紧在缠绕的部分 2 ~ 3 圈，如图 4-33 所示。

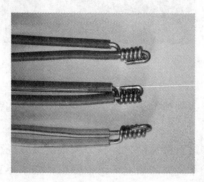

图 4-33　并头连接

2. 多股导线的连接点的错位安排

（1）多股导线线径相同时。

在多芯电线或电缆进行连接时，一般把对接点之间错开一定的距离，如图 4-34 所示。这样可以避免连接点的绝缘处理不好可能造成的短路现象。同时，连接点错位后，绝缘处理外形不会较粗，外观相对美观。

图 4-34　多股导线的错位连接

（2）多股导线线径相差较多时。

当要连接的两条导线线径相差较多时，可将较细的导线密缠在较粗的导线上不少于 5 圈，如图 4-35（a）所示；然后，将较粗的导线弯回头，用钳子夹紧，如图 4-35（b）所示；再将较细的导线密缠在折回头的较粗导线上不少于 3 圈，用钳子夹紧，如图 4-35（c）所示。

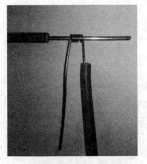
（a）细线缠绕粗线 5 圈以上

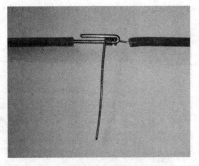
（b）粗线折回头压紧

（c）细线缠绕回头的粗线 3 圈以上

图 4-35　多股导线的连接

3. 电线连接注意事项

在电力接线施工过程中，需要注意以下事项。

① 一般的电器设备上面都有电源和负载标志，在实际接线的过程中，按照上面的标志进行连接，不要将两者接反了。

② 接电线时，无论是哪一种接法都需要先对电线做一个简单的处理，比较常见的处理就是在连接的位置上缠上防火绝缘的胶布，这个可以预防一些因为接触不良出现的短路或者漏电等问题，对于确保安全性来说是很重要的。

③ 电线在连接时，必须做到整齐有序，不同的电线要做不一样的标记，方便日后的维护和检查，一般情况下，高压线和低压线是必须做好标记的。在家庭装修中，火线通常使用红色的电线，零线使用蓝色的电线，地线使用灰色或者黄色的电线。

④ 控制开关或者保护线不得穿过电流互感器，当采用三相五线制或单相三线制时，保护线必须接在漏电断路器进线端的保护干线上。如果是单相照明电路、三相四线制配电线路以及其他使用工作零线的线路或设备，零线必须穿过电流互感器。

⑤ 在变压器中性点直接接地的系统中，一旦装设了漏电断路器，工作零线自穿过电流互感器后就只能当作工作零线使用，不能重复接地，也不能与其他线路的工作零线相连。而用电设备只能接在漏电断路器的负荷侧，不允许一端接在负荷侧，而另一端接在电源侧。

第 5 章

电气线路的敷设

本章介绍了建筑中电气线路的多种敷设方式，并对各种敷设方式进行了针对性的介绍，以供读者参考。

5.1 暗装方式敷设电气线路

暗装就是管道敷设在地下、天花板下、吊顶中、墙壁中，或在管井、管槽、管沟中隐蔽敷设的一种方式。

电线暗装敷设的主要流程：规划线路走向→布线定位→根据弹线开线管槽→开线盒孔→电管、线盒固定→导线穿管→插座、开关和灯具安装→对强电进行验收测试。

5.1.1 电工用材

1. 导线

导线的种类很多，根据芯线材料的不同，绝缘导线可分为铜芯导线和铝芯导线。铜芯导线电阻率小，导电性能较好，铝芯导线电阻率比铜芯导线稍大些，但价格低。导线主要有 BV 型导线、BLV 型导线、BVR 型导线、BVV 型导线、BLVV 型导线、BVVB 型导线、BLVVB 型导线等，其中 BV 型和 BVR 型导线如图 5-1 所示。型号含义为：第一个 B 表示固定敷设，L 表示铝芯（铜芯无表示）；第一个 V 表示聚氯乙烯绝缘，第二个 V 表示聚氯乙烯护套；第二 B 表示平行（圆形无表示），R 表示软线。

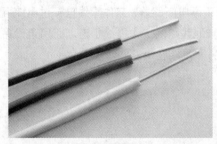

（a）BV 型导线　　　　　　　　　　　　　（b）BVR 型导线

图 5-1　BV 型及 BVR 型导线

2. PVC 电工套管

目前，在家装布线敷设中使用最多的是 PVC 电工套管，简称 PVC 电线管，它具有抗压力强、防潮、耐酸碱、防鼠咬、阻燃、绝缘等优点，可浇筑于混凝土内，也可明装于室内及吊顶等场所。

PVC 电线管如图 5-2 所示。PVC 电线管根据管壁的薄厚可分为轻型、中型（外径为ϕ16～40mm）、重型，3 种类型的管壁的薄厚详见表 5-1。

图 5-2　PVC 电线管

表 5-1　PVC 电线管的壁厚

线管公称外径/mm	PVC 电线管壁厚/mm		
	轻型	中型	重型
16	1.00	1.20	1.60
20	—	1.25	1.80
25	—	1.50	1.90
32	1.40	1.80	2.00
40	1.80	1.80	2.00

室内布线常使用ϕ16～32mm 管径的 PVC 电线管，其中室内照明线路常用ϕ16mm、ϕ20mm 管，插座及室内主线路常用ϕ25mm 管，进户线路或弱电线路常用ϕ32mm 管。管径在ϕ40mm 以上的 PVC 电线管主要用在室外配电布线。

由于 PVC 电线管管径的不同，因此配件的口径也不同，应选择同口径的与之配套使用。根据布线的要求，管件的种类有：三通、弯头、入盒接头、接头、管卡、变径接头、明装三通、明装弯头、分线盒等，如图 5-3 所示。

图 5-3　PVC 电线管配件

3. 开关插座

市场上使用的开关插座主要规格有 86 型、120 型、118 型，详见表 5-2。

表 5-2　常见开关插座的规格

类型	外形尺寸/mm	安装孔心距尺寸/mm
86 型	86×86	60
120 型（竖装）	73×120	88
118 型（横装）	118×70	88

86 型开关插座使用最为广泛。86 型开关插座安装盒及常见可安装的开关插座如图 5-4 所示。

图 5-4　86 型安装盒及开关插座

4. 灯具

灯具安装盒简称灯头盒，图 5-5 所示为一些灯具安装盒及灯座。对于无通孔的安装盒，安装时需要先敲掉盒上的敲落孔，再将套管穿入盒内，导线则通过套管进入盒内。

图 5-5　一些灯具安装盒及灯座

5.1.2　画线开槽

线路暗装往往需要画线开槽。画线开槽的基础就是设备点间需要多少根电线、什么样的电线，然后把电线放在一根线管中，如果放入的电线超过线管的 1/4 横截面，则需要用 2 根或者 2 根以上的线管来放线。画线的步骤：①确定灯具、开关、插座在室内各处的具体安装位置，并在这些位置做好标记；②确定线路（布线管）的具体走向，并做好走线标记。

1. 确定灯具、开关、插座的安装位置

（1）灯具定位。

➢　壁灯安装高度要略超过视平线，大概在 1.8m 处，壁灯的亮度不宜过高，它主要以辅助照明和装修效果为主。

➢　卧室壁灯到地面的距离可以近一些，1.4～1.7m 即可；而壁灯与墙面的距离 95～400mm，具体的尺寸根据实际情况确定。

（2）开关定位。

➢　开关安装的位置应便于操作，开关边缘距门框的距离一般为 0.15～0.2m。

➢ 家居开关安装高度一般距地面 1.4m，并且处于同一高度，相差不能超过 5mm。

➢ 家居墙、书桌、床头柜上方 0.5m 处可以安装必要的开关，便于用户不用起身也可控制室内电器。

➢ 卫生间内的灯具开关最好安装在卫生间门外，若安装在卫生间内，应使用防水开关，这样可以避免卫生间的水汽进入开关，影响开关寿命或导致事故。

➢ 家居门旁边的开关不能在门背后。

（3）插座定位。

➢ 插座的布置需要根据室内家用电器与家具的规划位置进行，并且与建筑装修风格保持一致。

➢ 分体式空调插座距离地面 1.8m，柜式空调插座距地面 0.3m。

➢ 洗衣机专用插座距地面 1.6m，最好带指示灯与开关。

➢ 暗装用插座距地面一般不应低于 0.3m，特殊场所暗装插座一般不应低于 0.15m。

➢ 为避免交流电源对电视信号的干扰，强、弱电插座之间的距离应不小于 0.5m。

➢ 同一室内的电源、电话、电视等插座面板应在同一水平标高上，高度差应小于 5mm。

➢ 落地插座需要有牢固可靠的保护盖板。

➢ 插座上方有暖气管时，其间距应需要大于 0.2m。下方有暖气管时，其间距应需要大于 0.3m。

2. 确定线路（布线管）的走向

根据线路电气图，结合实际情况将各种灯具、开关、插座和配电箱定出坐标及高度，以确定出线管走向和分支交汇点。

室内布线一般宜采取从线路末端开始向线路端头方向施工的方法，即先从最末端的灯头或插座开始布线，使沿线各导线向配电箱处汇集。

在确定走线时，应注意以下要点：

（1）总的要求是安全可靠、安装牢固、便于维护、布置整齐合理。

（2）横平竖直的电线走向现在已经形成布线的施工标准，但是也有很多施工人员图省事而拉斜线路。斜线铺设看上去是省事省钱，但作为隐蔽工程的布线工程不方便检修。图 5-6 所示为一些较常见的地面和墙壁走线。

图 5-6 一些较常见的地面和墙壁走线

（3）强电导线与弱电导线严禁共槽共管，线槽与线槽间距不应小于 500mm。如果强电和弱电的线管必须交叉，应在交叉处用铝箔包住线管进行屏蔽处理，如图 5-7 所示。

（4）室内网线一般采用放射线接线，并需在总进线点设立接线盒，每个网点需放射布线，在离网络总接头底盒 500mm 处预留电源。

（5）暗管在墙体内严禁交叉，严禁没有接线盒跳槽，严禁倾斜走线。

（6）家里不同区域的照明、插座、空调、热水器等电路都要分开分组布线，一旦哪部分需要断电检修时，不会影响其他电器的正常使用。

（7）布线布管时，同一槽内线管如果超过2根，管与管之间需要留出不小于15mm的间距。

（8）管内导线的截面面积总和不应大于线管截面面积总和的40%。

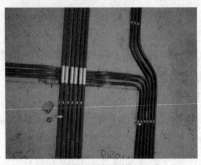　　

（a）多根强弱电线管交叉时　　　　　　　（b）一两根强弱电线管交叉时

图5-7　强弱电线管交叉时用铝箔进行屏蔽处理

3. 弹线定位

在确定灯具、开关、插座的安装位置和线路走向时，需要用笔（如粉笔、铅笔）和弹线工具在地面及墙壁上画好安装位置和走线标志，以便在这些位置开槽凿孔，埋设电线管。在地面和墙壁上画线的常用辅助工具有水平尺和弹线器。

（1）用水平尺画线。

水平尺主要用于画较短的直线及检测或测量水平和垂直度，可分为铝合金方管型、工字型、压铸型、塑料型、异形等多种规格，图5-8（a）所示是一种塑料型水平尺；水平尺材料的平直度和水准泡质量，决定了水平尺的精确性和稳定性。水平尺用于检验、测量、画线、设备安装、工业工程的施工。

使用前，我们需要先校准水平尺。手持式水平尺的校准方法是先把水平尺靠在墙上，把水平尺的水放平了，在墙上画根线（假设是水平线），然后把水平尺左右两头互换，再放到原来画好的线上，如果尺跟线重合了，水平尺的水准管里的水还是平的，那么水平尺就是准确的，如果不平就要调一下水准管的螺钉来校正。

水平尺带有水平泡，可用于检验、调试设备是否安装水平。一般的水平尺都有三个玻璃管，每个玻璃管中有一个气泡。在使用过程中，将水平尺放在被测物体上，水平尺气泡偏向哪边，则表示哪边偏高，即需要降低该侧的高度，或调高相反侧的高度，将气泡调整至中心，就表示被测物体在该方向是水平的了。利用水平尺测试水平度如图5-8（b）所示。

（a）水平尺　　　　　　　　　　（b）用水平尺测试水平度

图5-8　水平尺及使用

（2）用弹线器画线。

弹线器主要用于画较长的直线。图 5-9（a）所示是一种弹线器，又称墨斗。在弹线时，一人摁住墨线的一端，另一人拉动墨斗，对准弹线的另一端点，然后一人用手提起墨线，再猛然释放墨线，即可在地上、墙上或者构件表面上弹出墨线。利用弹线器画线如图 5-9（b）所示。图 5-10 所示为一些在地面及墙壁上画的定位线。

（a）弹线器　　　　　　　　　　　　（b）用弹线器在地面画线

图 5-9　弹线器及使用

（a）在地面上画的定位线　　　　　　　（b）在墙壁上画的定位线

图 5-10　地面及墙壁上的定位线

4．开槽

线路槽必须做到横平竖直，规范的做法是不开横槽，以免破坏墙的承受力。根据所画线路和所注明的回路，计算出开槽的深度，所开槽深度为线管的管径加12mm。开槽可以直接用凿子凿，或用切割机、开凿机、电锤等。

（1）工具与器材的准备。

电锤、切割机、手套、风帽、钢凿、垃圾袋等，如图 5-11 所示。

图 5-11　开槽常用工具（云石切割机、钢凿和电锤）

（2）开槽工艺的相关标准和要求。

1）以画线为依据进行开槽。所开线槽必须横平竖直。

2）砖墙开槽深度为线管管径加 12mm。

3）同一槽内有 2 根以上线管时，注意管与管之间必须有 15mm 以上的间缝。

4）顶棚是空心板的，严禁横向开槽。

5）在混凝土上开槽绝不可伤及其钢筋结构，承载结构、梁、柱不得打洞穿孔。

6）开槽次序宜先地面后顶面，再墙面；同一房间、同一线路宜一次开到位。

7）直角的拐角处应将角内侧切开，最好切成圆弧形以便于后期安装管子。

8）为了便于对开槽深度的控制，可以在开槽前调节并固定切割机或电锤的工作深度。

9）开槽完毕后，必须及时清理槽内的垃圾。

用云石切割机开槽如图 5-12 所示，用电锤剔槽如图 5-13 所示，用钢凿剔槽如图 5-14 所示。一些已开好的槽路如图 5-15 所示。

图 5-12　用云石切割机沿定位线开槽

图 5-13　用电锤剔槽

图 5-14　用钢凿剔槽

图 5-15 一些已开好的槽路

5.1.3 电线管的加工与敷设

1. 硬质阻燃塑料管（PVC）的特性

（1）管材的选择。对于硬质阻燃塑料管（PVC），在工程施工时应按下列要求进行选择。

1）硬质阻燃塑料管（PVC）应具有耐热、耐冲击、氧指数不应低于 27% 的阻燃指标，并且是合格的管材。

2）硬质阻燃塑料管（PVC）外壁应有间距不大于 1m 的连续阻燃标记和制造厂标，管里外应光滑，没有凸棱、凹陷、针孔、气泡，管壁厚度均匀。

3）硬质阻燃塑料管（PVC）应能反复加热焊制，即热塑性能要好。

4）硬质阻燃塑料管（PVC）附件必须使用配套的阻燃型塑料制品。阻燃塑料灯头盒、开关盒、接线盒需要外观整齐，开孔齐全，没有劈裂损坏等异常现象。

5）选择硬质阻燃塑料管（PVC）时，还应根据管内所穿导线截面面积、根数选择配管管径。一般情况下，管内导线总截面面积（包括外护层）不应大于管内截面面积的 40%。

（2）管材的应用。硬质阻燃塑料管（PVC）适用于民用建筑或室内有酸、碱腐蚀性介质的场所。由于塑料管在高温下机械强度会降低，老化加速，蠕变量大，故在环境温度大于 40℃ 的高温场所不应敷设，在经常发生机械冲击、碰撞、摩擦等易受机械损伤的场所也不应使用。

2. 硬质阻燃塑料管（PVC）的加工

（1）断管：小管径可使用剪管器，大管径可使用钢锯锯断，断口后将管口锉平整。

（2）硬质阻燃塑料管（PVC）可以采用冷煨法、热煨法。

1）冷煨法。冷煨法只适用于硬质阻燃塑料管（PVC）在常温下且管径在 25mm 及以下的弯曲。冷煨硬质阻燃塑料管（PVC）前需要断管。

在弯管时，将相应的弯管弹簧插入管内需弯曲处，两手握住管弯曲处弹簧所在部位，用手逐渐煨出需要的弯曲半径来，如图 5-16 所示。

当在硬质阻燃塑料管（PVC）端部冷煨 90° 弯曲或鸭脖弯时，如用膝盖煨弯有一定困难，可在管口处外套一根内径略大于管外径的钢管，一手握住管子，一手扳动钢管即可煨出管端长度适当的 90° 弯曲。

弯管时，用力和受力点要均匀，一般需弯曲至比所需要弯曲角度略小即可，待弯管回弹后，便可达到要求，然后抽出管内弹簧。

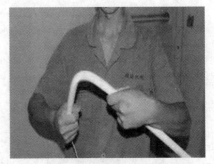

（a）插入弯管弹簧   （b）煨弯

图 5-16　冷煨法弯管

使用手板弯管器煨弯。将已插好弯簧的管子插入配套的弯管器，手扳一次即可煨出所需的弯管。

2）热煨法。采用热煨法弯曲硬质阻燃塑料管（PVC）时，可用电炉子、热风枪等均匀加热，还应掌握好加热温度和加热长度，不能将管烤伤、变色。温度合适后，应立即将管放在平木板上煨弯，也可采用模型煨弯。待硬质阻燃塑料加热到可随意弯曲时立即放到木板上，固定其一头，逐步煨出所需弯度，并用湿抹布使弯曲部分冷却定型，如图 5-17 所示。

（a）加热   （b）煨弯   （c）冷却

图 5-17　热煨法弯管

3. 硬质阻燃塑料管（PVC）敷设

（1）管路连接。

1）管路连接应使用套箍连接（包括端接头接管）。用小刷子蘸配套供应的塑料管黏结剂，均匀涂抹在管外壁上，将管子插入套箍，管口应到位。黏结剂性能要求黏结后 1min 内不移位，黏性保持时间长，并具有防水性。

2）管路垂直或水平敷设时，每隔 1m 距离应有一个固定点，在弯曲部位应以圆弧中心点为始点，距两端 300～500mm 处各加一个固定点，如图 5-18 所示。

3）管进盒、箱，一管一孔，先接端接头，然后用内锁母固定在盒、箱上，在管孔上用顶帽型护口堵好管口，最后用纸或泡沫塑料块堵好盒子口（堵盒子口的材料也可采用现场的柔软物体，如水泥纸袋等）。

（2）管路暗敷设。

1）现浇混凝土墙板内管路暗敷设：管路应敷设在两层钢筋中间；管进盒、箱时应煨成叉弯；管路每隔 1m 用镀锌铁丝绑扎牢，弯曲部位按要求固定；往上引管不宜过长，以能煨弯为准，向墙外引管可使用"管帽"预留管口，待拆模后取出"管帽"再接管，如图 5-19 所示。

图 5-18　管路连接固定　　　　　图 5-19　现浇混凝土墙板内管路暗敷设

2）灰土层内管路暗敷设：灰土层夯实后挖管路槽；敷设管路；管路上面用混凝土砂浆埋护，厚度不宜小于 80mm。

3）现浇混凝土楼板内管路暗敷设：根据建筑物内房间四周墙的厚度，弹十字线确定灯头盒的位置；将端接头、内锁母固定在盒子的管孔上；使用帽型护口堵好管口，并堵好盒口，固定好盒子；管路应敷设在底排钢筋的上面；管路每隔 1m 用镀锌铁丝绑扎牢，引向隔断墙的管子，可使用"管帽"预留口，拆模后取出管帽再接管，如图 5-20 所示。

4）滑升模板暗敷设管路：灯位管可先引到相应墙内；滑模过后支好顶板，再敷设管至灯位。

5）塑料管直埋于现浇混凝土内，在浇捣混凝土时，应有防止塑料管发生机械损伤的措施。

4. 硬质阻燃塑料管（PVC）固定

（1）硬质阻燃塑料管（PVC）垂直或水平敷设的要求。

1）每间隔 1m 需要安装一个固定点。

2）弯曲部位主尖以圆弧中心点为始点，距两端 300～500mm 处需要安装固定点。

（2）胀管法：先在墙上打孔，将胀管插入孔内，再用螺钉（栓）固定。

（3）剔注法：按测定位置，剔出墙洞后用水把洞内浇湿，再将拌好的高强度等级砂浆填入洞内，填满后，将支架、吊装架或螺栓插入洞内，校正埋入深度和平直度，再将洞口抹平。

（4）先固定两端支架、吊装架，然后拉直线固定中间的支架、吊装架。

5. 硬质阻燃塑料管（PVC）与盒（箱）的连接

硬质阻燃塑料管（PVC）与盒（箱）连接，有的需要预先进行连接，有的则需要在施工现场配合施工过程在管子敷设时进行连接。

（1）硬质阻燃塑料管（PVC）与盒连接时，一般把管弯成 90°，在盒的后面与盒子的敲落孔连接，尤其是埋在墙内的开关、插座盒，可以方便瓦工砌筑。如果煨成鸭脖弯，在盒上方与盒的敲落孔连接，预埋砌筑时立管不易固定。

（2）硬质阻燃塑料管（PVC）与盒（箱）的连接，可以采用成品管盒连接件（见图 5-21）。连接时，管插入深度应该为管外径的 1.1～1.8 倍，连接处结合面应涂专用胶合剂。

图 5-20　现浇混凝土楼板内管路暗敷设　　　图 5-21　管盒连接件

（3）连接管外径应与盒（箱）敲落孔一致，管口平整、光滑，一管一孔顺直进入盒（箱），在盒（箱）内露出长度应小于5mm，多根管进入配电箱时应长度一致，排列间距均匀。

（4）硬质阻燃塑料管（PVC）与盒（箱）连接应固定牢固，各种盒（箱）的敲落孔不使用的不应被破坏。

（5）硬质阻燃塑料管（PVC）与盒（箱）直接连接时，要掌握好入盒长度，不应在预埋时使管口脱出盒子，也不应使管插入盒内过长，更不应后打断管头，致使管口出现锯齿或断在盒外。

5.1.4 导线穿管

电线管敷设好后，就可以往管内穿入导线了。对于敷设好的电线管，其两端开口分别位于首尾端的底盒，穿线时将导线从一个底盒穿入某电线管，再从该电线管另一端的底盒穿出来。

1. 管内放线

（1）选择导线。

1）根据设计图纸的要求，正确选择导线规格、型号及数量。

2）穿在管内导线的额定电压不低于450V。

3）导线的分色：穿入管内的干线可不分色。为了保证安全和施工方便，在线管出口处至配电箱、盘总开关的一段干线回路及各用电支路应按色标要求分色，L1相为黄色，L2相为绿色，L3相为红色，N（中性线）为淡蓝色，PE（保护线）为绿/黄双色。

（2）穿带线。

穿带线的目的是检查管路是否畅通，管路走向是否符合要求，盒（箱）的位置是否符合要求。

1）带线用$\phi 1.2 \sim \phi 2.0$mm的铁丝，具体操作如下：先将铁丝的一端弯成不封口的圆圈，如图5-22（a）所示，然后利用穿线器将带线穿入管路内，在管路的两侧均应留有$100 \sim 150$mm的余量。

2）管路较长、转弯较多时，可以在敷设管路的同时将带线一并穿好。

3）当穿带线受阻时，采用两端同时穿带线的办法将两根带线的头部弯成半圆的形状，如图5-22（b）所示，使两根带线同时搅动，使两端头相互钩在一起，然后将带线拉出。

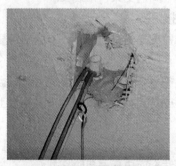

（a）铁丝的一端弯成圆圈　　　　（b）铁丝头部弯成半圆的形状

图5-22　管盒连接件

（3）清扫管路。

配管完毕后，在穿线之前，必须对所有的管路进行清扫。清扫管路的目的是清除管路中的灰尘、泥水等杂物。

现浇混凝土结构的墙、楼板暗敷的硬质阻燃塑料管（PVC）需要及时进行清扫。

砖混结构墙体，在抹灰前需要进行清扫。

具体方法为：将布条的两端牢固地绑扎在带线上，两人来回拉动带线，将管内杂物清除。

（4）放线及断线。

1）放线。放线前，应根据设计图对导线的规格、型号进行核对；放线时，导线应置于放线架或放线车上，如图 5-23 所示。不能将导线在地上随意拖拉，更不能用蛮力，以防损坏绝缘层或拉断线芯。

（a）放线架 　　　　　　　　　　　　（b）放线车

图 5-23　导线放线装置

2）断线。剪断导线时，导线的预留长度按以下情况予以考虑：接线盒、开关盒、插座盒及灯头盒内导线的预留长度为 15cm，如图 5-24 所示；配电箱内导线的预留长度为配电箱箱体周长的 1/2；出户导线的预留长度为 1.5m；干线在分支处可不剪断导线而直接作分支接头。

（a）接线盒处预留 　　　　　　　　　　（b）灯头盒处预留

图 5-24　导线预留

（5）导线与带线的绑扎。

当导线根数较少时，可将导线前端的绝缘层削去，然后将线芯直接插入带线的盘圈内并折回压实，绑扎牢固；当导线根数较多或导线截面较大时，可将导线前端的绝缘层削去，然后将线芯斜错排列在带线上，用绑线缠绕绑扎牢固，如图 5-25 所示。

（6）管内穿线。

在穿线前，应检查电线管各个管口的护口是否齐全，如有遗漏和破损，均应补齐和更换。穿线时应注意以下事项：

1）同一交流回路的导线必须穿在同一管内；

2）不同回路、不同电压、交流与直流导线，不得穿入同一管内；

3）导线在变形缝处，补偿装置应活动自如，导线应留有一定的余量。

（7）导线连接。

导线连接应满足以下要求：导线接头不能增加电阻值；受力导线不能降低原机械强度；不能降低原绝缘强度。为了满足上述要求，在采用导线进行电气连接时，必须先削掉绝缘层再进行连接，而后加焊，包缠绝缘胶布，如图 5-26 所示。

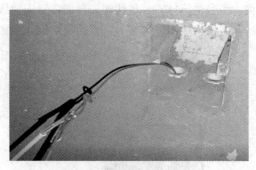

图 5-25　导线与带线的绑扎

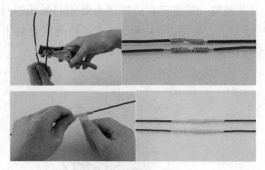

图 5-26　导线的连接

（8）导线焊接。

根据导线的线径及敷设场所不同，焊接的方法有以下两种。

1）电烙铁加焊，适用于线径较小的导线的连接及用其他工具焊接较困难的场所（如吊顶内）。导线连接处加助焊剂，用电烙铁进行锡焊。

2）喷灯加热法（或用电炉加热）：将焊锡放在锡勺内，然后用喷灯加热，焊锡熔化后即可进行焊接。加热时，必须要掌握好温度，以防出现温度过高涮锡不饱满或温度过低涮锡不均匀的现象。

焊接完毕后，必须用布将焊接处的焊剂及其他污物擦净，如图 5-27 所示。

图 5-27　导线的焊接

（9）导线包扎。

首先用橡胶绝缘带从导线接头处始端的完好绝缘层开始，缠绕 1～2 个绝缘带宽度，再以半幅宽度重叠进行缠绕。在包扎过程中应尽可能地收紧绝缘带（一般将橡胶绝缘带拉长 2 倍后再进行缠绕）。而后在绝缘层上缠绕 1～2 圈后进行回缠，最后用黑胶布包扎，包扎时要衔接好，以半幅宽度边压边进行缠绕。

5.2　明装方式敷设电气线路

明装方式敷设电气线路简称明装布线，是在室内沿墙、梁、柱、天花板下、地板旁暴露敷设的一种方式，如图 5-28 所示。

图 5-28　明装布线图例

采用暗装布线的最大优点是可以将电气线路隐藏起来，使室内更加美观，但暗装布线成本高，并且线路更改难度大。与暗装布线相比，明装布线具有成本低、操作简单和线路更改方便等优点，一些简易建筑（如民房）或需新增加线路的场合常采用明装布线。由于明装布线直观简单，如果对布线美观度要求不高，略懂一点电工知识的人也可以进行操作。

5.2.1　线槽布线

1. 线槽的分类

线槽又名走线槽、配线槽、行线槽（因地方而异），是用来将电源线、数据线等线材进行规范的整理，固定在墙上或者天花板上的电工用具。

根据材质的不同，线槽根据材料分类主要分为金属线槽与塑料线槽。

（1）金属线槽。

一般适用于正常环境的干燥室内和不易受机械损伤的场所明敷设，但对金属线槽有严重腐蚀的场所不应采用。具有线槽盖的封闭式金属线槽，有与金属导管相当的耐火性能，可用在建筑物顶棚内敷设。图 5-29 所示为金属线槽。

为适应现代化建筑物电气线路复杂多变的需要，金属线槽也可采取地面内暗装的布线方式。它是将电线或电缆穿在经过特制的壁厚为 2mm 的封闭式矩形金属导线槽内，直接敷设在混凝土地面、现浇钢筋混凝土楼板或预制混凝土楼板的垫层内。

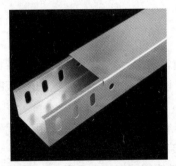

图 5-29　金属线槽

（2）塑料线槽。

一般指采用难燃型硬质聚氯乙烯工程塑料挤压成形的线槽，具有绝缘、防弧、阻燃、自熄等特点，主要用于电气设备内部布线，在 1200V 及以下的电气设备中对敷设其中的导线起机械防护和电气保护作用。塑料线槽一般适用于正常环境的室内场所明敷设，也可用于科研实验室或预制板结构而无法暗敷设的工程；还适用于旧工程改造更换线路；同时也可用于弱电磁线路吊顶内暗敷设场所。图 5-30 所示为塑料线槽。

使用塑料线槽后，配线方便，布线整齐，安装可靠，便于查找、维修和调换线路。

图 5-30　塑料线槽

2．金属线槽的敷设

（1）线槽的选择。

金属线槽及其附件应采用经过镀锌处理的定型产品，其型号、规格应符合设计要求。线槽内外应光滑平整，无棱刺，不应有扭曲、翘边等变形现象，同时还应考虑到导线的填充率及载流导线的根数，并满足散热、敷设等安全要求。

（2）测量定位。

1）根据设计图确定出进户线、盒、箱、柜等电气器具的安装位置，从始端至终端（先干线后支线）找好水平或垂直线，用粉线袋沿墙壁、顶棚和地面等处，在线路的中心线处进行弹线，按照设计图要求及施工验收规范规定，间距均匀并用笔标出具体位置，标出导线槽支、吊装架的固定位置，如图 5-31 所示。

2）预留孔洞：根据设计图标注的轴线部位，将预制加工好的木质或铁质框架，固定在标出的位置上，并进行调直找正，待现浇混凝土凝固模板拆除后，拆下框架，并抹平孔洞口（收好孔洞口）。

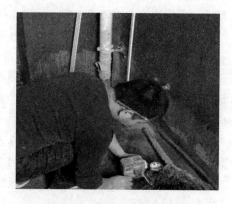

图 5-31　用水平测量仪定位

3）预埋吊杆、吊架：采用直径不小于 5mm 的圆钢，经过切割、调直、煨弯及焊接等步骤制作成吊杆、吊架。其端部应制成攻丝以便于调整。在配合土建结构中，应随着钢筋上配筋的同时，将吊杆或吊架锚固在所标出的固定位置。在混凝土浇筑时，要留有专人看护以防吊杆或吊架移位。拆模板时不得碰坏吊杆端部的丝扣。

4）金属线槽吊点及支持点的距离，应根据工程具体条件确定，一般在直线段固定间距不应大于 3m，在导线槽的首端、终端、分支、转角、接头及进出接线盒处应不大于 0.5m。

5）预埋铁的自制加工尺寸不应小于 120×60×6mm；其锚固圆钢的直径不应小于 5mm。紧密配合土建结构的施工，将预埋铁的平面放在钢筋网片下面，紧贴模板，可以采用绑扎或焊接的方法将锚固圆钢固定在钢筋网上。模板拆除后，预埋铁的平面应明露，吃进深度一般在 10～20mm，再将用扁钢或角钢制成的支架、吊架焊在上面固定。

（3）金属线槽安装。

1）金属线槽安装一般要求。

a. 金属线槽应平整，无扭曲变形，内壁无毛刺，各种附件齐全。

b. 金属线槽的接口应平整，接缝处应紧密平直。槽盖装上后应平整，无翘角，出线口的位置准确。

c. 在吊顶内敷设时，如果吊顶无法上人时应留有检修孔。

d. 不允许将穿过墙壁的金属线槽与墙上的孔洞一起抹死。

e. 金属线槽的所有非导电部分的铁件均应相互连接和跨接，使之成为连续导体，并做好整体接地。

f. 当线槽的底板对地距离低于 2.4m 时，线槽本身和线槽盖板均必须加装保护地线。2.4m 以上的线槽盖板可不加装保护地线。

2）金属线槽敷设安装。

a. 金属线槽直线段连接应采用连接板，用垫圈、弹簧垫圈、螺母紧固。

b. 金属线槽进行交叉、转弯、丁字连接时，应采用单通、二通、三通、四通或平面二通、平面三通等进行变通连接，导线接头处应设置接线盒或将导线接头放在电气器具内。

c. 金属线槽与盒、箱、柜等连接时，进线和出线口等处应采用抱脚连接，并用螺丝紧固，末端应加装封堵。

d. 建筑物的表面如有坡度，金属线槽应随其变化坡度。待金属线槽全部敷设完毕后，应在配线之前进行调整检查。确认合格后，再进行槽内配线。

（4）吊装金属线槽。

万能型吊具一般应用在钢结构中，如工字钢、角钢、轻钢龙骨等结构，可预先将吊具、卡具、吊杆、吊装器组装成一个整体，在标出的固定点位置进行吊装，逐件将吊装卡具压接在钢结构上，将顶丝拧牢，如图 5-32 所示。

1）金属线槽直线段组装时，应先做干线，再做分支线，将吊装器与金属线槽用蝶形夹卡固定在一起，按此方法，将线槽逐段组装成形。

2）金属线槽在吊顶下吊装时，吊杆应固定在吊顶的主龙骨上，不允许固定在副龙骨或辅助龙骨上。

3）线槽与线槽可采用内连接头或外连接头，配上平垫和弹簧垫并用螺母紧固。

4）出线口处应利用出线口盒连接，末端部位要装上封堵，在盒、箱、柜进出线处应采用抱脚连接。

5）金属线槽附件安装。金属线槽附件如直通、三通转角、接头、插口、盒和箱应采用相同材质的定型产品。线槽底、盖与各种附件对接时，接缝处应严实平整，没有缝隙。

 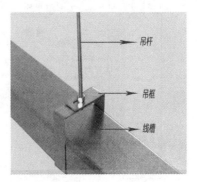

图 5-32　吊装金属线槽

（5）地面安装金属线槽。

1）地面线槽安装时，应及时配合土建地面工程施工。

2）根据地面的形式不同，先抄平，然后测定固定点位置，将上好卧脚螺栓和压板的线槽水平放置在垫层上，然后进行线槽连接。

3）如线槽与管连接、线槽与分线盒连接、分线盒与管连接、线槽出线口连接、线槽末端处理等，都应安装到位，确保螺钉紧固牢靠。

4）地面线槽及附件全部上好后，再进行一次系统调整，主要根据地面厚度仔细调整线槽干线、分支线、分线盒接头、转弯、转角、出口等处，水平高度要求与地面平齐，将各种盒盖盖好后堵严实，以防止水泥砂浆进入，直至土建地面施工结束为止，如图 5-33 所示。

图 5-33　地面安装金属线槽

（5）墙上安装金属线槽

1）金属线槽在墙上安装时，可采用塑料胀管安装。当导线槽的宽度不足 100mm 时，可采用一个胀管固定；当导线槽的宽度超过 100mm 时，应采用两个胀管并列固定。

a. 金属线槽在墙上固定安装的固定间距为 500mm，每节导线槽的固定点应不少于 2 个。

b. 线槽固定螺钉紧固后，其端部应与线槽内表面光滑相连，线槽底应紧贴墙面固定。

c. 线槽的连接应连续没有间断，线槽接口应平直、严密，线槽在转角、分支处和端部均应有固定点。

2）金属线槽在墙上水平架空安装时，既可使用托臂支撑，也可使用扁钢或角钢支架支撑。托臂可用膨胀螺栓进行固定，当金属线槽宽度小于等于 100mm 时，线槽在托臂上可采用一个螺栓固定。

制作角钢或扁钢支架时，下料后，长短偏差不应大于 5mm，切口处应没有卷边和毛刺。支架焊接后应没有明显变形，焊缝均匀平整，焊缝处不得出现裂纹、咬边、气孔、凹陷、漏焊等缺陷。其做法如图 5-34 所示。

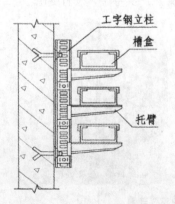 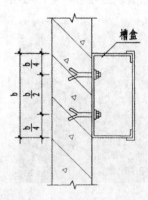

图 5-34　在墙上安装金属线槽

（6）线槽内保护地线安装及接地。

1）保护地线应根据设计图要求敷设在线槽内一侧，接地处螺钉直径不应小于 6mm，并且需要加平垫和弹簧垫圈，用螺母压接牢固。

2）金属线槽的宽度在 100mm 以内（含 100mm），两段线槽用连接板连接处（即连接板做地线时），每端螺钉固定点不少于 4 个；宽度在 200mm 以上（含 200mm）两端线槽用连接板连接的保护地线每端螺钉固定点不少于 6 个，如图 5-35 所示。

3）金属线槽接地。金属线槽必须与 PE 线或 PEN 干线有可靠电气连接，并符合下列规定。

➤ 金属线槽不得熔焊跨接接地线。

➤ 金属线槽不应作为设备的接地导体。当设计没有要求时，金属导线槽全长应有不少于 2 处与 PE 线或 PEN 干线连接。

➤ 非镀锌金属线槽间连接板的两端跨接铜芯接地线，其截面面积不小于 $4mm^2$；镀锌线槽间连接板的两端不跨接接地线，但连接板两端应不少于 2 个有防松螺母或防松垫圈的连接固定螺栓。

图 5-35　金属线槽保护地线

（7）金属线槽清扫。

1）清扫明敷金属线槽时，可用抹布擦净金属线槽内残存的杂物和积水，使槽内外保持清洁。

2）清扫暗敷于地面内的金属线槽时，可先将带线穿通至出线口，然后将布条绑在带线一端，从另一端将布条拉出，反复多次就可将线槽内的杂物和积水清理干净。

3）也可用空气压缩机将线槽内的杂物和积水吹出。

3. 塑料线槽的敷设

（1）线槽的选择。

选用塑料线槽时，应根据设计要求和允许容纳导线的根数来选择线槽的型号和规格。选用的线槽应有产品合格证，线槽内外应光滑没有棱刺，且不应有扭曲、翘边等现象。塑料线槽及其附件的耐火及防延燃的要求应符合相关规定，一般氧指数不应低于 27%。

电气工程中，常用的塑料线槽的型号有 VXC2 型、VXC25 型和 VXCF 型分线式线槽。其中，VXC2 型塑料线槽可应用于潮湿和有酸碱腐蚀的场所。

弱电磁线路多为非载流导体，自身引起火灾的可能性极小，在建筑物顶棚内敷设时，可采用难燃型带盖塑料线槽。

（2）弹线定位。

1）塑料线槽敷设前，应先确定好盒（箱）等电气器具固定点的准确位置。

2）从始端至终端，先干线后支线，找好水平、垂直线。

3）用粉线袋在线槽布线的中心处弹线，确定好各固定点的位置。

4）用笔画出加档位置。

5）细查木砖是否齐全，位置是否正确，在确定门旁开关线槽位置时，应能保证门旁开关盒处在距门框边 0.15～0.2m 的范围内。

6）在固定点位置进行钻孔，埋入塑料胀管或伞形螺栓。

（3）线槽固定。

1）塑料线槽在木砖上固定。

a. 配合土建结构施工时预埋木砖，然后在木砖上敷设塑料线槽。

b. 砖墙剔洞后再埋木砖，再把线槽底板用木螺钉固定在木砖上。

2）伞形螺栓固定塑料线槽。

a. 石膏板墙或其他护板墙上可以安装伞形螺栓。

b. 根据弹线定位的标记，找好固定点，然后把线槽的底板紧贴护板墙的表面，将伞形螺栓插入预先打好的孔内，最后用螺母紧固好。其安装做法如图 5-36 所示。

3）塑料胀管固定塑料线槽。

a. 混凝土墙、砖墙上可以安装塑料胀管。

b. 根据胀管直径与长度选择钻头，在弹线定位的固定点上钻孔。

c. 用木螺钉把线槽的底板固定在塑料胀管上，紧贴建筑物表面。其安装做法如图 5-37 所示。

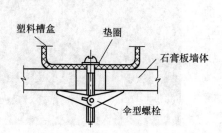
图 5-36　伞形螺栓固定线槽的安装做法

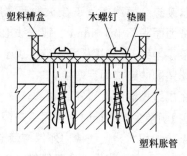
图 5-37　塑料胀管固定线槽的安装做法

（4）线槽固定的一些基本规定。

1）塑料线槽布线应先固定线槽底，线槽底应根据每段所需长度切断。

2）固定槽底板时，要先固定两端，再固定中间，同时找正线槽底板，做到横平竖直以及沿建筑物形状表面进行敷设。

3）塑料线槽布线在分支时应做成 T 字形分支，线槽在转角处线槽底应锯成 45°角对接，对接连接面应严密平整，没有缝隙。

4）塑料线槽槽底的固定点间距应根据线槽规格而定。固定线槽时，应先固定两端再固定中间，端部固定点距线槽底终点不应小于 50mm。

5）固定好后的线槽底应紧贴建筑物表面，布置合理，横平竖直，线槽的水平度与垂直度允许偏差均不应大于 5mm。

4. 线槽内导线的敷设

（1）金属线槽内导线的敷设。

1）配线前，应清除线槽内的积水和杂物。清扫线槽时，可用抹布擦净线槽内残存的杂物，使线槽内外保持清洁。

2）放线前，应先检查导线的选择是否符合要求，导线分色是否正确。

3）金属线槽内导线应有一定余量，不得有接头。放线时，应边放边整理，不应出现挤压、背扣、扭结、损伤、绝缘等现象，并应将导线按回路（或系统）绑扎成捆，应按回路分段绑扎，绑扎点间距不应大于 2m。

4）除专用接线盒内外，导线在金属线槽不应有接头。有专用接线盒的金属线槽宜布置在易于检查的场所。导线和分接头的总截面面积不超过金属线槽截面面积的 75%。

5）同一路径且无防干扰要求的线路，可敷设在同一金属线槽内。金属线槽内导线的总截面不宜超过线槽截面积的 50%。

6）同一回路的相线和中性线，应敷设于同一金属线槽内。

7）同一电源的不同回路没有抗干扰要求的线路可敷设于金属线槽内。由于金属线槽内电线有相互交叉和平行紧挨现象，敷设于同一金属线槽内有抗干扰要求的线路用隔板隔离，或采用屏蔽电磁线和屏蔽护套一端接地等屏蔽和隔离措施。

8）金属线槽垂直或倾斜安装时，应采取防止导线在金属线槽内移动的措施。

9）金属线槽安装的吊装或者支架的固定间距，直线段一般为 2～3m 或在线槽接头处，线槽始、末端以及进出接线盒的 0.5m 处。

金属线槽与各种管道平行或交叉时，其最小净距不应小于表 5-3 所列的数值。

表 5-3　金属线槽与各种管道的最小净距（单位：mm）

管道工艺	平行	交叉	管道工艺		平行	交叉
一般工艺管道	400	300	热力管道	有保温层	500	300
具有腐蚀性气体管道	500	500		无保温层	1000	500

（2）塑料线槽内导线的敷设.

1）放线时，应清除塑料线槽内的杂物。

2）放线时，导线应顺直，从始端到终端边放边整理，不得有挤压、背扣、扭结和受损等现象。

3）绑扎导线应采用尼龙绑扎带，严禁采用金属丝进行绑扎。

4）从室外引进室内的导线在进入墙内段应使用橡胶绝缘导线，严禁使用塑料绝缘导线。

5）塑料线槽内不得有接头，导线的接头应在接线盒内。

6）导线穿墙保护管的外侧应有防水措施。

7）强、弱电磁线路不应同时敷设在同一线槽内。同路径没有抗干扰要求的线路，可以敷设在同一线槽内。

5.2.2　瓷夹板（瓷瓶）布线

瓷夹板布线就是用瓷夹板支持导线，以使导线固定并与建筑物绝缘的一种配线方法，其布线示意图如图 5-38 所示。瓷夹板布线一般适用于正常干燥环境的室内场所和挑檐下室外场所。瓷夹板布线具有结构简单、布线费用少、安装维修方便等优点，但导线完全暴露在空间，容易遭受损坏，且不美观，已逐渐被护套线配线所取代，仅在干燥且用电量较小的环境中应用。瓷夹板如图 5-39 所示。

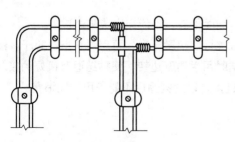

图 5-38　瓷夹板布线示意图

图 5-39　瓷夹板

1. 配线准备工作

（1）定位。在土建未抹灰前进行走位。先按施工图确定灯具、开关、插座和配电箱等设备的安装地点，然后再确定导线的敷设位置、穿过墙壁和楼板的位置，以及起始、转角、终端夹板的固定位置，最后再确定中间夹板的安装位置。

（2）画线。画线可采用粉线袋，也可采用边缘有尺寸刻度木板条。画线时，沿建筑物表面由一端向另一端画出导线的线路，用铅笔或粉笔画出夹板位置，在每个开关、灯具、插座固定点的中心处画一个"X"号。

（3）凿眼。按画线定位进行凿眼。在砖墙上凿眼可用钢凿或电钻。用电钻钻眼时，钻头应是特种合金钢的。用钢凿打眼时，孔口要小，孔内要大，孔深按实际需要确定，要尽量避免损坏建筑物。在混凝土结构上打眼，可采用钢钎凿子或电钻。

（4）埋设紧固件。当采用埋设紧固件方法固定瓷夹等元件时，待所有的孔凿好后，首先在孔眼中洒水淋湿，然后埋设木砖（经过干燥浸沥青的），再用水泥砂浆填充。

（5）埋设保护管。穿墙瓷管或过楼板钢管，最好在土建施工时预埋。预埋件可用竹管或塑料管代替瓷管，待拆去模板刮糙后，把竹管拿掉换上瓷管。若采用塑料管，可不拿去，直接代替瓷管使用。

2. 导线敷设

瓷夹板配线的导线敷设是从一端开始，先将导线压在瓷夹板的槽内或用金属绑线将导线绑在瓷瓶的颈部，然后将导线调直依次敷设。敷设放线过程中应避免导线急弯，因急弯会使导线的绝缘破裂，截面面积较小的导线还容易折断线芯。敷设后的导线应横平竖直、美观、牢固，不得有下垂和松弛现象。瓷夹板安装应牢固，每个槽只许放一根导线，瓷夹板底板和盖板必须整齐，不得有歪斜现象，不得破裂。瓷瓶配线时，导线应架设在瓷瓶的同一侧，以保证足够的安全距离。室内绝缘导线与建筑物表面的最小距离不应小于10mm。

当导线分支时，必须在分支点处设置瓷瓶支持导线。导线在同一平面内，如有弯曲时，瓷瓶必须设在转角的内侧。当导线穿过墙壁时，应将导线穿入预先埋好的保护管内，并在墙壁的两边固定。穿过楼板时也应将导线穿入预先埋设好的钢管内。穿线时，先在钢管两端装好护口，再进行穿线，避免管口割破导线的绝缘层。当导线由潮湿房屋通向干燥房屋时，保护管应用沥青胶封住，以防潮气串户。穿墙保护管和过楼板保护管一般都在土建施工时预埋。穿墙保护管可用瓷管或硬塑料管。

3. 瓷夹板线路安装的注意事项

（1）瓷夹板线路安装时，铜导线的芯线截面面积不小于 $1mm^2$，铝导线的芯线截面面积不应小于 $1.5mm^2$。

（2）埋设木桩或其他紧固件的孔应严格地打造在标画的位置上，以保持支持点的间距均匀和高低一致。

（3）安装木桩时尾部不准打烂，尾部应打得与墙面平齐，不能突出或陷进过多。

（4）用环氧树脂黏结固定瓷夹板时，应先将瓷夹板底部刷干净，再用湿布揩净晾干，然后将黏结剂涂在瓷夹底部，涂料要均匀，不能太厚，黏结时用手边压边转，使黏结面有良好的接触。调好后的黏结剂，须在 1h 内用完，因此不要一次配制过多，以免凝固后不能使用造成浪费。

5.2.3 护套线布线

护套线是一种将双芯或多芯绝缘导线并在一起，外加塑料保护层的双绝缘导线，具有防潮、耐酸、耐腐蚀及安装方便等优点，广泛用于家庭、办公等室内配线中。塑料护套线一般用铝片或塑料线卡作为导线的支持物，直接敷设在建筑物的墙壁表面，有时也可直接敷设在空心楼板中。

护套线室内配线的主要方法通常有瓷瓶配线、槽板配线、护套线配线（见图 5-40）、电线管配线等。照明线路中常用的是槽板配线和护套线配线；动力线路中常用的是瓷瓶配线（见图 5-41）、护套线配线和电线管配线。

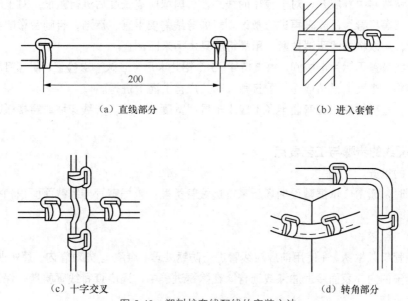

（a）直线部分　　　　　　　　　　　　　　（b）进入套管

（c）十字交叉　　　　　　　　　　　　　　（d）转角部分

图 5-40　塑料护套线配线的安装方法

图 5-41　瓷瓶配线

1. 布线准备工作

（1）画线定位。

1）定位、画线。当灯座、插座、开关、调速器等安装位置确定以后，就可以进行画线工作。敷设塑料护套线应多沿墙壁，少走平顶。在多孔预制板的平顶上敷设时，以走在两块板的接缝处或圆孔正中处为宜。

2）凿孔、埋设木榫、固定铝片卡。打入的木榫，其头部端面应与墙面平。在埋设的木榫上、木结构上或抹有灰层的墙面，用铁钉（最好用鞋钉）将铝片卡钉上。铝片卡之间的距离一般为 150～200mm，最大不超过 300mm。在距离灯座、插头、开关、调速器线路终端、转弯中点、接线盒等 50～100mm 处，都应设铝片卡。

（2）铝片卡或塑料卡的固定。

铝片卡或塑料卡的固定应依据具体情况而定。在木质结构、涂灰层的墙上，挑选适当的小铁钉或小水泥钉即可将铝片卡或塑料卡钉牢；在混凝土结构上，可用小水泥钉钉牢，也可采用环氧树脂黏结。

（3）敷设导线。

先将导线从线卷中舒展开，对于较短的线路，可剪取所需长度后进行敷设；对于较长的线路，可用绳子、钩架等将导线吊起来再进行敷设。舒展导线需要平直、清洁，否则会影响美观。如果导线已扭结弄弯，可以将导线两端拉紧，用螺钉旋具木柄来回刮直。

塑料护套线应置于铝片卡中间，每夹持4～5个铝片卡后，应做一次检查，用螺钉旋具柄等工具将导线轻轻拍平、敷直，紧贴墙面。垂直敷设时，应自上而下进行。

在转角处，塑料护套线的弯曲半径不应小于导线宽度的6倍。导线穿墙或穿楼板时，应先套好保护管。

2. 线管配线的步骤与工艺要点

（1）线管的挑选。

挑选线管时，通常应依据敷设的场所来挑选线管类型；依据穿管导线截面面积和根数来挑选线管的直径。

（2）防锈与涂漆。

为防止线管年久生锈，在使用前应对线管进行防锈处理（涂漆）。先对管内、管外进行除锈处理，除锈后再将管子的内外表面涂上油漆或沥青。在除锈进程中，还应查看线管质量，保证无裂缝、无瘪陷、管内无杂物。

（3）锯管。

依据使用需求，必须将线管按实际需求切断。切断的方法是用台虎钳将其固定，再用钢锯锯断。锯割时，在锯口上注少量润滑油可防止钢锯条过热；管口要平齐，并锉去毛刺。

（4）钢管的套丝与攻丝。

在利用线管布线时，有时需要进行管子与管子、管子与接线盒之间的螺纹连接。为线管加工内螺纹的进程称为攻丝，为线管加工外螺纹的进程称为套丝。攻丝与套丝的工具选用、操作步骤、工艺进程及操作注意事项要按要求进行。

（5）弯管。

依据线路敷设的需求，在线管改变方向时需将管子曲折。管子的曲折角度一般不小于90°，其曲折半径可以这样确定：明装管至少应等于或大于管子直径的6倍；暗装管至少应等于或大于管子的直径的10倍。

（6）布管。

管子加工好后，就应按预定的线路布管。

3. 护套线布线注意事项

1）护套线垂直敷设至地面低于1.8m部分应穿管保护。

2）护套线转弯时，转弯半径不得小于导线直径的3～6倍，以免损伤导线，在转弯的前后必须各用一个线卡支持。

3）在安装开关、插座时，应先固定好护套线，再安装开关、插座的固定木台，进入木台前要安装一个线卡。

4）护套线线芯允许的最小截面面积，对于不带保护接地的照明线，铜芯为1mm^2、铝芯为

$1.5mm^2$；对带保护接地的线，如单相三孔插座，铜芯为 $1.5mm^2$、铝芯为 $2.5mm^2$。

5）布线时，尽量避免导线交叉，如果必须交叉，则交叉处应用 4 个线卡固定，两线卡距交叉处的距离为 $50\sim100mm$。

6）护套绝缘电线与接地导线及不发热的管道紧贴交叉时，应加绝缘管保护。敷设在易受机械损伤的场所应用钢管保护。

7）敷设塑料护套线时，应注意尽量避免中间接头，如遇到接头可把接头改在灯座盒、插头或开关盒内，并且应把导线的护套层引入盒内。

8）如果塑料护套线需要跨越建筑物的伸缩缝或沉降缝，则在跨越处的一段导线应做成弯曲状并用线卡固定，以留有足够伸缩的余量。塑料护套线严禁直接敷设在建筑物的顶棚内，以免发生火灾。

9）护套线不可在线路上直接连接，可通过瓷接头、接线盒连接或借用其他电器的接线柱连接。

10）护套线穿过楼板内时，不得损伤导线保护层，不得有接头。

第 6 章

电力变压器

电力变压器在电力系统中的主要作用是实现电压的高低变换，以利于功率的传输。使用变压器，不仅可以减少线路损耗，提高送电经济性，实现远距离送电的目的；还能满足不同用户使用不同电压的需要，起着关键节点的作用。本章主要对电力变压器进行介绍，重点对油浸式、干式两类变压器的原理及其特点进行综述，并对其运行方法和日常维护与故障处理知识也逐一进行介绍。

6.1　电力变压器的基本知识

6.1.1　电力变压器的分类和原理

1. 电力变压器的分类

电力变压器将某一数值的交流电压（电流）转变为频率相同的另一种数值不同的电压（电流）的设备，是电力系统中的核心电气设备，涉及的种类很多，分类方式也很多，主要有以下几种。

（1）按相数分类，电力变压器分为单相变压器和三相变压器，如图 6-1 所示。

（a）单相变压器　　　　　　（b）三相变压器

图 6-1　单相变压器和三相变压器

（2）按绝缘介质分类，电力变压器分为油浸式变压器、干式变压器、气体绝缘变压器。油浸式和干式变压器如图 6-2 所示。

图 6-2　油浸式变压器（左）和干式变压器（右）

　　气体绝缘变压器是采用 SF_6 气体作为绝缘介质的变压器，具有良好的绝缘特性、不燃性和良好的环境保护性能，适用高层建筑、地下、人口密集且防火防爆要求高，确保安全的场所。气体绝缘变压器如图 6-3 所示。

图 6-3　气体绝缘变压器

　　（3）按绕组数目分类，电力变压器分为自耦变压器（一套绕组中间抽头作为一次或二次输出）、双绕组变压器（每相装在同一铁芯上，原副绕组相互绝缘、分开绕制）和三绕组变压器，如图 6-4 所示。

图 6-4　自耦变压器（左）、双绕组变压器（中）和三绕组变压器（右）

　　（4）按照绕组在铁芯中的布置方式分类，电力变压器分为芯式变压器和壳式变压器，如图 6-5 所示。

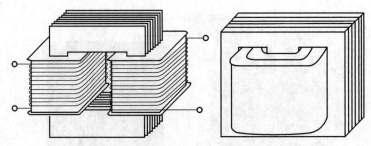

图 6-5　芯式变压器（左）和壳式变压器（右）

（5）按用途分类，电力变压器分为升压变压器和降压变压器。升高电压可以减少线路损耗，提高远距离传输电的经济性；降低电压，满足用户所需要的各级使用电压。

2. 电力变压器的原理

变压器由两个或两个以上的线圈和铁芯组成，初级和次级线圈之间没有电的联系，通过磁耦合，线圈由绝缘铜或铝线绕制而成，铁芯用来加强两个线圈间的磁耦合，由涂漆的硅钢片叠压而成。变压器通过电磁感应原理，把电和磁联系在一起，无论是电路还是磁路都遵循各自的规律，欧姆定律、基尔霍夫电流定律、基尔霍夫电压定律、焦耳定律等。下面以单相变压器为例来讲述变压器的工作原理，工作原理示意图如图 6-6 所示。

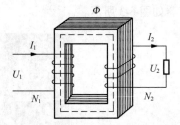

图 6-6　单相变压器工作原理示意图

（1）常用物理量的表示方法。

一般将连接电源的一侧称为电源侧绕组或一次绕组，与用电设备相连接为二次绕组。常用物理量的表示方法如表 6-1 所示。

表 6-1　常用物理量的表示方法

物理量	表示方法	物理量	表示方法
一次侧额定电压	U_1	二次侧额定电压	U_2
一次侧感应电动势	E_1	二次侧感应电动势	E_2
一次侧电流	I_1	二次侧电流	I_2
一次侧绕组匝数	N_1	二次侧绕组匝数	N_2
一次侧阻抗	Z_1	二次侧阻抗	Z_2
铁芯中主磁通最大值	Φ_{m}	电源频率	f
变压器空载电流	I_0	变压器空载损耗	P_0
变压器的短路损耗	P_{SC}	变压器的功率	P

（2）工作原理。

当一次侧绕组接通电源时，在额定电压的作用下，交变的电流流入绕组产生正弦波交变磁通，在铁芯中构成磁路，同时穿过变压器的一、二次侧绕组。根据电磁感应定律，交变的磁通穿过线圈时，在变压器的一次绕组两端产生一个感应电动势 E_1，在二次侧绕组的两端产生一个感应电动势 E_2，如果二次绕组接通负载，在负载中就会有电流 I_2 流过，负载端电压即为 U_2，这样变压器就把从电源接收的电功率传给负载，输出电能，这就是变压器的工作原理。

变压器一次侧感应电动势：$E_1 = \dfrac{2\pi f N_1 \Phi_{\mathrm{m}}}{\sqrt{2}} = 4.44 f N_1 \Phi_{\mathrm{m}}$

同理变压器二次侧感应电动势：$E_2 = \dfrac{2\pi f N_2 \Phi_{\mathrm{m}}}{\sqrt{2}} = 4.44 f N_2 \Phi_{\mathrm{m}}$

如果略去一次绕组的阻抗压降，则电源电压 U_1 与自感电动势大小相等，方向相反，$U_1=E_1$。二次绕组的感应电动势是由于一次绕组中的电流变化而产生的，称为互感电动势，这种现象称为互感。二次绕组的端电压等于感应电动势，$U_2=E_2$，当变压器空载时，变压器的一次电压与二次电压之比称为电压比，简称变比，用 K 表示，即：

$$\frac{U_1}{U_2} = \frac{E_1}{E_2} = \frac{N_1}{N_2} = K$$

当接通负载时，二次侧流过电流，变压器一次电流与二次电流之比为：

$$\frac{I_1}{I_2} = \frac{N_2}{N_1} = \frac{1}{K}$$

通过上面公式可以看出，电压高的一侧，线圈匝数就越多，通过的电流就越小，选用的导线截面就越小，所以可以通过绕组截面的大小判断高、低压绕组。

6.1.2 电力变压器的铭牌与技术参数

1. 电力变压器的铭牌

（1）电力变压器的型号。

电力变压器的型号一般由两部分组成，前部分由拼音字母组成，代表变压器的类别、结构特征和用途，后一部分由数字组成，表示产品的容量（kV·A）和高压绕组电压（kV）等级。例如"SFSZ-31500kVA/10kV"，此型号变压器为三相风冷三绕组有载调压变压器，额定容量为 31500kV·A，一次侧额定电压为 10kV，二次侧额定电压为 0.4kV。变压器型号中常见字母的意义如表 6-2 所示。

表 6-2　变压器型号字母意义

类型	字母符号	表示意义	备注
相数	D	单相	
	S	三相	
冷却方式	J	油浸自冷（可不标注）	
	G	干式空气自冷	
	C	干式浇注绝缘	
	F	油浸风冷	
	S	油浸水冷	
循环方式	不标注	自然循环	
	P	强迫循环	
	N	导体内冷	
绕组数	不标注	双绕组	
	S	三绕组	
	F	双分裂绕组	
调压方式	不标注	无励磁调压	
	Z	有载调压	

（2）变压器的铭牌。

变压器铭牌上标注变压器的关键信息，主要技术数据包括型号、额定容量、额定电压、额定电流、额定功率、连接组标号、阻抗电压、空载电流、空载损耗、负载损耗、总重、相数和频率、温升和冷却、绝缘水平等。变压器铭牌如图 6-7 所示。

常用技术参数的意义如下：

① 额定容量（kV·A）。额定容量是指在额定电压、额定电流下连续运行能输出的容量。

② 额定电压（kV）。额定电压是指变压器长时间运行时所能承受的工作电压，工作时不得大于规定值。为适应电网电压变化的需要，变压器高压侧可设分接抽头，通过调整高压绕组匝数来调节输出电压。

③ 额定电流（A）。额定电流是指变压器在额定容量下，允许长期通过的电流。

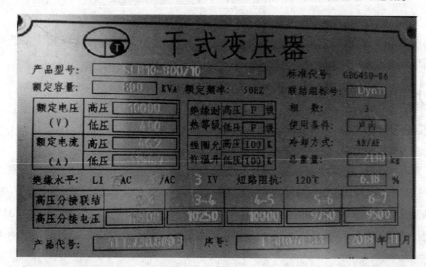

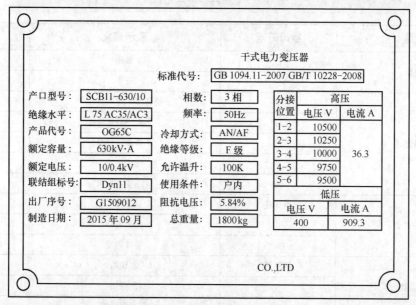

图 6-7　变压器铭牌

④ 工作频率（Hz）。变压器铁芯损耗与频率有很大关系，根据使用频率来设计和使用，这种频率称为工作频率。我国规定的标准工业频率为 50Hz。

⑤ 空载电流（A）。变压器二次侧开路，一次侧施加额定电压运行时，变压器一次绕组中通过的电流，称为空载电流。空载电流由磁化电流（产生磁通）和铁损电流（由铁芯损耗引起）组成。对于 50Hz 电源变压器来说，空载电流基本上等于磁化电流。

⑥ 空载损耗（kW）。空载损耗指变压器在空载状态下的损耗，即变压器二次侧开路时，在初级线圈测得的功率损耗。主要是铁芯中的磁滞损耗和涡流损耗，其次是空载电流在初级线圈铜阻上产生的损耗（铜耗），这部分损耗很小，因此空载损耗也叫铁损，单位为 W 或 kW，测量变压器铁损可以据此分析判断变压器是否存在铁芯缺陷。

⑦ 阻抗电压（%）。阻抗电压是指变压器的二次绕组短路，在一次绕组电压慢慢升高，当二次绕组的短路电流等于额定值时，一次侧所施加的电压与额定电压的百分比。

⑧ 效率。效率指次级功率与初级功率的百分比。一般变压器的额定功率越大，效率就越高。

⑨ 绝缘电阻。绝缘电阻表示变压器各线圈之间、各线圈与铁芯之间的绝缘性能。绝缘电阻的高低与所使用的绝缘材料的性能、温度高低和潮湿程度有关。

⑩ 联结组标号。联结组标号就是根据变压器一、二次绕组的相位关系，把变压器绕组连接成各种不同的组合。一般采用时钟表示法。

6.1.3 干式变压器的结构特点与用途

1. 干式变压器的结构特点

干式变压器主要由钢硅片组成的铁芯和环氧树脂浇注的线圈组成，高低压线圈之间放置绝缘筒增加电气绝缘，并由垫块支撑和约束线圈，其零部件搭接的紧固件均有防松性能。因其铁芯和绕组不浸渍在绝缘油中，故称为干式变压器。

铁芯由多片涂有绝缘漆的硅钢片叠压而成，铁芯的夹紧主要由夹件及夹紧螺杆来实现，上、下夹件通过拉螺杆或拉板压紧铁芯绕组。一般情况下，高压侧绕组绕在外面，低压侧绕组在里面，因为低压侧的电压低，要求的绝缘距离小，放在里面可以减小与铁芯间的距离，这样就可以减小变压器的体积，降低成本。同时，高压侧一般带分接引出头，通过调整分接头可以改变变压器的输出电压，放在外面操作方便更安全。干式变压器的结构示意图如图 6-8 所示。

干式变压器的形式有开启式、封闭式、浇注式。开启式是干式变压器常用的一种形式，其器身与大气直接接触，适应于比较干燥而洁净的室内，一般有空气自冷和风冷两种冷却方式。封闭式器身处在封闭的外壳内，与大气不直接接触。浇注式用环氧树脂或其他树脂浇注作为主绝缘，结构简单、体积小。

2. 干式变压器的用途

干式变压器应用广泛，主要有以下作用。

（1）改变电压，满足用户对不同电压等级的需求。

（2）有些型号的干式变压器可以起到安全隔离的作用，原边或副边出现故障时进行隔离，不会相互影响。

（3）改变阻抗。在电压改变的同时电流也随之变化，起到改变阻抗的作用。

干式变压器具有良好的防火性，可以合理布局在人员密集的建筑内，或者应用在需要防火、防爆的场所，同时也广泛用于电力、冶金、纺织、市政等行业。

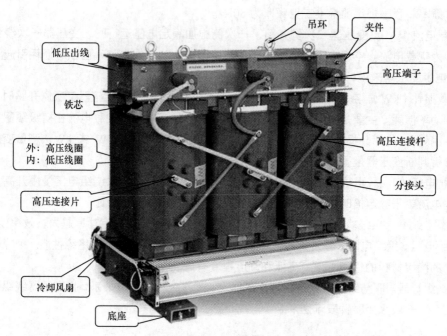

图 6-8　干式变压器的结构示意图

干式变压器也存在着一些不足,比如同容量条件下,干式变压器价格昂贵;干式变压器电压等级受限,一般在 10kV 以下,个别达到 35kV 的电压等级,最高电压做到了 110kV;一般在屋内使用,在户外使用时,必须配备较高防护等级的外罩;对于浇注成型的线圈,出现毁损时,常要报废,较难修复。

6.1.4　油浸式变压器的结构特点

油浸式变压器主要由器身、油箱、调压装置、冷却装置、保护装置和出线装置等组成。油浸式变压器的结构如图 6-9 所示。

1. 器身

器身包括铁芯、高压绕组、低压绕组和引线及绝缘等。铁芯是变压器的磁路部分,一般采用小于 0.35mm 导磁系数高的冷轧晶粒取向硅钢片构成,在大容量的变压器中,为使铁芯损耗发出的热量能够被绝缘油在循环时充分带走,以达到良好的冷却效果,常在铁芯中设有冷却油道。油浸式变压器低压绕组除小容量采用铜导线以外,一般都采用铜箔绕制的圆筒式结构;高压绕组采用多层圆筒式结构,使之绕组的匝数分布平衡,漏磁小,机械强度高,抗短路能力强。

2. 油箱

油浸式变压器的器身(绕组及铁芯)都装在充满变压器油的油箱中,油箱用钢板焊成。油箱包括油箱本体和油箱附件。油箱本体分为箱盖、箱壁和箱底或上、下节油箱;油箱附件包括放油阀门、活门、油样活门、接地螺栓、铭牌等。

3. 调压装置

调压装置包括无励磁分接开关或有载分接开关。

变压器的二次侧不带负荷,一次侧与电网断开(无电源励磁)的调压称为无励磁调压,无励磁分接开关是通过改变变压器一次线圈匝数以达到调整二次电压的目的。

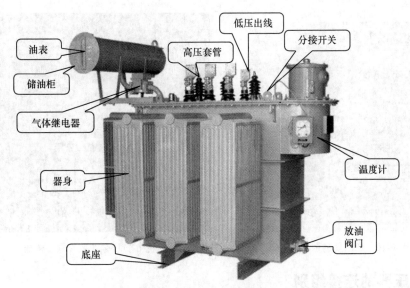

图 6-9　油浸式变压器的结构

有载分接开关是指能在变压器励磁或负载状态下操作、变换变压器的分接，从而调节变压器输出电压的一种装置。即在负载条件下，通过改变变压器的变比实现不间断电压调节。有载分接开关在切换过程中，保证电流是连续的，且能保证在切换过程中分接头间不发生短路。

4. 冷却装置

油浸式变压器的冷却方式包括自冷式、风冷式、强油风冷或水冷式等。自冷式冷却方式通过散热器直接装在变压器油箱上，或者集中装在变压器附近，这种方式维护简单，油浸自冷式变压器可始终在额定容量下运行。变压器的散热片如图 6-10 所示。

风冷式散热器是利用风扇改变进入散热器与流出散热器的油温差，提高散热器的冷却效率，使散热器数量减少，占地面积缩小。强油风冷式、水冷式是采用带有潜油泵与风扇的风冷却器或带有潜油泵的水冷却器。一般用于 50000kV·A 及以上额定容量的变压器。

强油风冷冷却器可装在油箱上或单独安装，根据国内习惯，一般在变压器上多提供一台备用冷却器，当一台冷却器有故障需维修时使用。由于不是额定容量下运行，变压器可停运一部分冷却器，对停用冷却器而言，潜油泵不能倒转，因此，每台冷却器上应有逆止阀，使油只能沿一个方向流动。

选用水冷式冷却器时应注意冷却水的水质，冷却水内有杂质，易堵住冷却器而影响散热面。水压不能大于油压。冷却器一般由散热管簇（热交换器）、油泵电动机、油管、风扇、油泵油流指示器及控制部件等组成。强油风冷式冷却器如图 6-11 所示。

5. 保护装置

保护装置是保证变压器安全运行的一些附属设施，包括储油柜、油位计、安全气道、释放阀、吸湿器、测温元件、净油器、气体继电器等。

6. 出线装置

出线装置包括高、中、低压套管，电缆出线等。

图 6-10　变压器的散热片

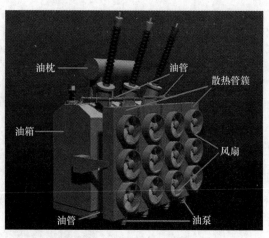

图 6-11　强油风冷式冷却器

6.1.5　变压器的连接组别

1. 三相绕组的连接方法

变压器绕组常见的连接方法有星形连接和三角形连接两种方式。

以高压绕组为例，星形连接是将三相绕组的末端连接在一起结为中性点，把三相绕组的首端分别引出，画接线图时，应将三相绕组竖直平行画出，相序是从左向右，电势的正方向是由末端指向首端，电压方向则相反。三角形连接是将三相绕组的首、末端顺次连接成闭合回路，把 3 个接点顺次引出，三角形连接又有顺序、逆序两种接法。画接线图时，三相绕组应竖直平行排列，相序是由左向右，顺接是上一相绕组的首端与下一相绕组的末端顺次连接。逆接是将上一相绕组的末端与下一相绕组的首端顺次连接。变压器绕组的连接方法如图 6-12 所示。

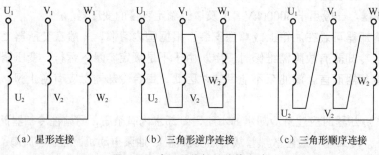

（a）星形连接　　　　　　（b）三角形逆序连接　　　　　（c）三角形顺序连接

图 6-12　变压器绕组的连接方法

变压器的同一相高、低压绕组都是绕在同一铁芯柱上，并被同一主磁通链绕，当主磁通交变时，在高、低压绕组中感应的电势之间存在一定的极性关系。在任一瞬间，高压绕组的某一端的电位为正时，低压绕组也有一端的电位为正，这两个绕组间同极性的一端称为同名端，通常以圆点标注，反之则为异名端。变压器绕组同名端如图 6-13 所示。

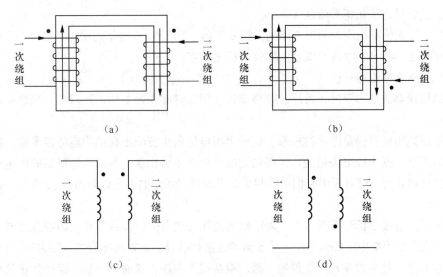

图 6-13　变压器绕组同名端

2. 连接组标号

连接组标号是表示变压器绕组的连接方法以及原、副边对应线电势相位关系的符号。

连接组标号由字母和数字两部分组成，前面的字母自左向右依次表示高压、低压绕组的连接方法，大写字母表示一次侧（或原边）的接线方式，小写字母表示二次侧（或副边）的接线方式。Y（或 y）为星形接线；D（或 d）为三角形接线；"Yn"表示一次侧为星形带中性线的接线，Y 表示星形，n 表示带中性线。

数字部分用"时钟法"来表示低压绕组线电势对高压绕组线电势相位移的大小。把高压绕组线电势作为时钟的长针，永远指向"12"点，低压绕组线电势作为时钟的短针，根据高、低压绕组线电势之间的相位指向不同的钟点，也就是用 0～11 之间的整数来表示，该数字乘以 30° 即为低压边线电势滞后于高压边线电势相位移的角度数。

例如"Yn，d11"，表示一次侧为星形带中性线的接线，二次侧为三角形连接，其中 11 表示当一次侧线电压相量作为分针指在时钟 12 点的位置时，二次侧的线电压相量在时钟的 11 点位置。也就是，二次侧的线电压 U_{ab} 滞后一次侧线电压 U_{AB} 330°（或超前 30°）。

3. 常用的连接组标号

（1）连接组标号 Y，d11。

Y，d11 表示变压器一次侧（原）绕组为星形连接，二次侧（副）绕组为三角形顺接，各相原、副绕组都以同极性端为首端。二次侧线电势滞后于对应的一次侧线电势相量 330°，用时钟表示法可判定为 Y，d11 连接组标号。

假如 Y，d 连接的三相变压器各相原、副绕组的首端为反极性，原绕组仍然不变，副绕组各相极性相反，且仍然顺接，按上述方法，就可判定是 Y，d5 连接组标号。将 Y，d11 和 Y，d5 中的副绕组端头标志逐相轮换，还将得到 3、7、9、1 四种连接组标号的数字。

（2）连接组标号 Y，y6。

一次侧、二次侧绕组仍为星形接线，但各相一次侧、二次侧绕组的首端为反极性（画接线图时，一次侧绕组不变，二次侧绕组上下颠倒，竖直向下，电势正方向由末端指向首端），一次侧、二次侧绕组对应相电势反相。据此，按上述方法可画出相量图，从相量图可知，一次侧、二次侧绕组相对应的线电势的相位移是 180°，当一次侧线电势相量指向 12 点时，对应的二次侧线电势相量将指在 6 点的位置上，这种连接组标号就是 Y，y6。

一次侧、二次侧绕组均为星形连接的三相变压器，除了 0、6 两组连接组标号外，改变绕组端头标志，还可有 2、4、8、10 四个偶数的连接组标号数字。

（3）Y，y0 连接组标号。

原、副绕组都是星形连接，且原、副绕组都以同极性端作为首端，所以原、副绕组对应的相电势是同相位。

先画出原边相电势相量图，再按原、副绕组相电势同相位画出副边相电势相量图，根据相电势与线电势的关系，画出线电势相量，再将副边的一个线电势相量平移到原边对应的线电势相量上，且令它们的末端重合，就可看出它们是同相的，用时钟表示法时，它们均指在 12 点上，这种连接组标号就是 Y，y0。

如上所述，连接组标号不仅与原、副绕组的连接方法有关，而且与它们的绕线方向及线端标志有关，改变这三个因素中的任何一个，都会影响连接组标号。连接组标号的数字共有 12 个，其中偶数和奇数各 6 个，标号数字凡是偶数的，原、副绕组的连接方法必定一致；标号数字凡是奇数的，原、副绕组连接方法必定不同。

6.2 变压器的运行

6.2.1 变压器的安全运行要求

电力变压器作为变配电站的核心设备，安全运行尤为重要。以应用最常用的油浸式变压器为例来讲解变压器的安全运行。

1. 新装或检修后的变压器投入运行前的检查

新装或检修后的变压器投入运行前应检查如下内容。

（1）核对铭牌，检查铭牌电压等级与线路电压等级是否相符。

（2）检查变压器绝缘是否合格。检查时，用 1000V 或者 2500V 摇表，测定时间不少于 1min，表针稳定为止，绝缘电阻每千伏不低于 $1M\Omega$，测定顺序为高压绕组对地、低压绕组对地、高低压之间的绝缘电阻。测试步骤如下。

① 选择合适的兆欧表，兆欧表的额定电压一定要与被测电气设备或线路的工作电压相适应。一般额定电压在 500V 以下的设备，选用 500V 或 1000V 的兆欧表；额定电压在 500V 及以上的设备，选用 1000～2500V 的兆欧表。

② 检查兆欧表的外观。外观应良好，外壳完整，玻璃无破损，摇把灵活，指针无卡阻，接线端子应齐全完好。兆欧表的接线端子如图 6-14 所示。

③ 进行开路试验，两条线分开处于绝缘状态，摇动兆欧表的手柄达 120r/min 时，表针指向无限大（∞），表示兆欧表良好。

④ 进行短路试验，摇动兆欧表手柄到 120r/min 时，将两只表笔瞬间搭接一下，表针指向 "0"（零），如图 6-15 所示，说明兆欧表正常。

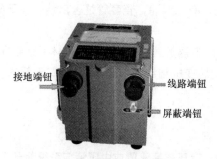

接地端钮　　　　　　　　　线路端钮

屏蔽端钮

图 6-14　兆欧表的接线端子　　　　　　图 6-15　兆欧表短路试验

⑤　分别测试高压绕组对地（变压器的外壳）、低压绕组对地和高低压之间的绝缘电阻。连线如图 6-16 所示。

20℃时电阻值规定：3～10kV 为 300MΩ、20～35kV 为 400MΩ、63～220kV 为 800MΩ、500kV 为 3000MΩ。检修后测得的绝缘电阻值与上次测得的数值换算到同一温度下相比较，这次数值比上次数值不得降低 30%；吸收比为 R60/R15（遥测中 60s 与 15s 时绝缘电阻的比值），在 10～30℃时应为 1.3 倍及以上。

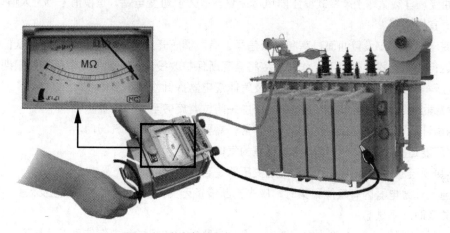

图 6-16　兆欧表测量变压器绝缘电阻的连线

一次侧电压为 10kV 的变压器，其绝缘电阻的最低合格值与温度有关。一般变压器绝缘电阻值不低于表 6-3 所示的数值。

表 6-3　变压器绝缘电阻值

电压等级（kV）	兆欧表选择（V）	电压阻值（MΩ）
0.4	500	0.5
6.3	2500	300
10.5	2500	300
35	2500	400
110	2500	800

（3）检查分接头开关位置是否正确，锁紧装置是否牢固。

（4）检查油位计油面是否在标准线内，油内有无杂质，油色是否透明，玻璃管有无裂纹。

（5）检查引线端子是否牢固，外表是否清洁，有无漏油，瓷套管是否清洁，有无破损及漏油，防爆管膜有无破裂，有无漏油。

（6）检查瓦斯继电器是否正常。应打开瓦斯继电器放气门，放出内部气体，直到向上流油为止。

（7）检查呼吸器内的矽胶是否为蓝色（受潮后变成粉红色或淡蓝色），有无粉末，玻璃管有无破裂。

2. 变压器运行注意事项

（1）变压器不应超过铭牌规定的额定电流运行。

（2）在 110kV 及以上中性点有效接地系统中，变压器高压侧或中压侧与系统断开，在高-低或中-低侧传输功率时，应合上该侧中性点接地刀闸可靠接地。

（3）变压器承受近区短路冲击后，应记录短路电流峰值、短路电流持续时间。

（4）变压器在正常运行时，本体及有载调压开关重瓦斯保护应投跳闸。

（5）变压器下列保护装置应投信号：

本体轻瓦斯、真空型有载调压开关轻瓦斯（油中熄弧型有载调压开关不宜投入轻瓦斯）、突发压力继电器、压力释放阀、油流继电器（流量指示器）、顶层油面温度计、绕组温度计。

（6）油浸（自然循环）风冷式变压器风冷装置在有人值班变电站，宜投信号；无人值班变电站，条件具备时宜投跳闸。

（7）变压器本体应设置油面过高和过低信号，有载调压开关宜设置油面过高和过低信号。

（8）运行中变压器进行以下工作时，应将重瓦斯保护改投信号，工作完毕后注意限期恢复。

① 变压器补油，换潜油泵，油路检修及气体继电器探针检测等工作。

② 冷却器油回路、通向储油柜的各阀门由关闭位置旋转至开启位置。

③ 油位计油面异常升高或呼吸系统有异常，需要打开放油或放气阀门。

④ 变压器运行中，将气体继电器集气室的气体排出时。

⑤ 需更换硅胶、吸湿器，而无法判定变压器是否正常呼吸时。

（9）当气体继电器内有气体聚集时，应先判断设备无突发故障风险，不会危及人身安全后，方可取气，并及时联系试验。

（10）运行中的压力释放阀动作，停运设备后将释放阀的机械、电气信号手动复位。

（11）现场温度计指示的温度、控制室温度显示装置、监控系统的温度基本保持一致，误差一般不超过 5℃。

（12）强油循环结构的潜油泵启动应逐台启用，延时间隔应在 30s 以上，以防止气体继电器误动；强油循环冷却器应对称开启运行，以满足油的均匀循环和冷却。工作或者辅助冷却器故障退出后，应自动投入备用冷却器；强油循环风冷变压器在运行中，当冷却系统发生故障切除全部冷却器时，变压器在额定负载下可运行 20min。20min 以后，当油面温度尚未达到 75℃时，允许上升到 75℃，但冷却器全停的最长运行时间不得超过 1h。对于同时具有多种冷却方式（如自然循环自冷、自然循环风冷或强油循环风冷），变压器应按制造厂规定执行。冷却装置部分故障时，变压器的允许负载和运行时间应参考制造厂规定。

（13）油浸（自然循环）式风冷变压器，风扇停止工作时，允许的负载和运行时间应按制造厂的规定。当油浸式风冷变压器发生冷却系统部分故障停风扇后，顶层油温不超过 65℃时，允许带额定负载运行；油浸（自然循环）式风冷变压器的风机应满足分组投切的功能，运行中风机的投切应采用自动控制。

（14）运行中应检查吸湿器呼吸畅通，吸湿剂潮解变色部分不应超过总量的 2/3。还应检查吸湿器的密封性良好，吸湿剂变色应由底部开始，如上部颜色发生变色则说明吸湿器密封不严。

（15）变压器安装的在线监测装置应保持良好的运行状态，定期检查电源、加热、驱潮、排风等装置。

（16）有载调压变压器并列运行时，其调压操作应轮流逐级或同步进行。在下列情况下，有载调压开关禁止调压操作。

① 真空型有载开关轻瓦斯保护动作发信时。

② 有载开关油箱内绝缘油劣化不符合标准。

③ 有载开关储油柜的油位异常。

④ 变压器过负荷运行时，不宜进行调压操作；过负荷 1.2 倍运行时，禁止调压操作。

3. 运行温度要求

除了变压器制造厂家另有规定外，油浸式变压器顶层油温一般不应超过表 6-4 中规定的油浸式变压器顶层油温在额定电压下的一般限值。当冷却介质温度较低时，顶层油温也相应降低。

表 6-4　油浸式变压器顶层油温在额定电压下的一般限值

冷却方式	冷却介质最高温度(℃)	顶层最高油温(℃)	不宜经常超过温度(℃)	告警温度设定(℃)
自然循环自冷（ONAN）、自然循环风冷（ONAF）	40	95	85	85
强迫油循环风冷（OFAF）	40	85	80	80
强迫油循环水冷（OFWF）	30	70	—	—

4. 负载状态的分类及运行规定

（1）变压器存在较为严重的缺陷（例如：冷却系统不正常、严重漏油、有局部过热现象、油中溶解气体分析结果异常等）或者绝缘有弱点时，不宜超额定电流运行。

（2）正常周期性负载。

在周期性负载中，某环境温度较高或者超过额定电流运行的时间段，可以通过其他环境温度较低或者低于额定电流的时间段予以补偿。正常周期性负载状态下的负载电流、温度最大限值及最长时间见表 6-5。

（3）长期急救周期性负载。

a. 变压器长时间在环境温度较高，或者超过额定电流条件下运行。这种运行方式将不同程度缩短变压器的寿命，应尽量减少这种运行方式出现的机会；必须采用时，应尽量缩短超过额定电流的运行时间，降低超过额定电流的倍数，投入备用冷却器。

b. 长期急救周期性负载状态下的负载电流、温度最大限值及最长时间见表 6-5。

c. 在长期急救周期性负载运行期间，应有负载电流记录，并计算该运行期间的平均相对老化率。

（4）短期急救负载。

a. 变压器短时间大幅度超过额定电流条件下运行，这种负载可能导致绕组热点温度达到危险的程度，使绝缘强度暂时下降，应投入（包括备用冷却器在内的）全部冷却器（制造厂另有规定的除外），并尽量压缩负载，减少时间，一般不超过 0.5h。

b. 短期急救负载状态下的负载电流、温度最大限值及最长时间见表 6-5。

c. 在短期急救负载运行期间，应有详细的负载电流记录，并计算该运行期间的相对老化率。

表 6-5 变压器负载电流、温度最大限值和超负荷最长运行时间

负载类型		中型电力变压器	大型电力变压器	过负荷最长时间
正常周期性负载	电流（标幺值）	1.5	1.3	2h
	顶层油温（℃）	105	105	
长期急救周期性负载	电流（标幺值）	1.5	1.3	1h
	顶层油温（℃）	115	115	
短期急救负载	电流（标幺值）	1.8	1.5	0.5h
	顶层油温（℃）	115	115	

中型变压器：三相最大额定容量不超过 100MV·A，单相最大额定容量不超过 33.3MV·A 的电力变压器；

大型变压器：三相最大额定容量 100MV·A 及以上，单相最大额定容量在 33.3MV·A 及以上的电力变压器。

5. 运行电压要求

（1）变压器的运行电压不应高于该运行分接电压的 105%，并且不得超过系统最高运行电压。

（2）对于特殊的使用情况（例如变压器的有功功率可以在任何方向流通），允许在不超过 110% 的额定电压下运行。

6.2.2 变压器的并列、解列运行

为了提高供电的可靠性，变电站或配电系统一般都设置两台或多台变压器，考虑运行的经济性与合理性，常常采取将两台或多台变压器并列运行或分列运行。

变压器的并列运行就是将两台或以上变压器的一次绕组并联接在同一电压等级的公共母线上，而各变压器的二次绕组都分别接在另一电压等级的公共母线上，共同向负载供电的运行方式。

变压器分列运行是指两台变压器一次母线并列运行，二次母线联络断路器断开，变压器通过各自的二次母线供给各自的负荷，这种运行方式称为变压器的分列运行，如图 6-17 所示。

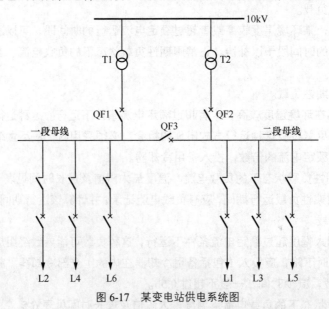

图 6-17 某变电站供电系统图

该系统为两台变压器 T1、T2 供电的配电系统，变压器 T1 通过进线断路器 QF1 向一段母线供

电,变压器 T2 通过进线断路器 QF2 向二段母线供电,一段母线与二段母线之间通过母联断路器 QF3 连接。

变压器的并列运行就是运行状态下,QF1、QF2 两个进线断路器闭合,同时母线断路器 QF3 也在闭合状态,两台变压器同时向一段和二段母线供电。变压器的分列运行就是在运行状态下,QF1、QF2 两个进线断路器闭合,母线断路器 QF3 断开,变压器 T1 向一段母线负荷供电,变压器 T2 向二段母线供电。

6.2.3 变压器并列运行的条件和用途

变压器必须满足一定的条件才能并列运行。如果不符合条件,并列运行将会引起安全事故发生。并列运行要求空载时,并联线圈间不应有循环电流流过,带负载时,各变压器的负荷应按容量比例分配,使容量能得到充分利用。

1. 变压器并列运行的条件

(1)变压器的接线组别相同,这保证了并列变压器一、二次电压的相序和相位都对应相同,否则不能并列运行。假设两台变压器并列运行,一台为 Yyn0 联结,另一台为 Dyn11 联结,则它们的二次电压将出现 30° 相位差,会在两台变压器的二次绕组间产生电位差 ΔU,这电位差将在两台变压器的二次侧产生一个很大的环流,可能使变压器绕组烧毁,对变压器的安全运行造成很大的威胁。

(2)变压器的变比相同,误差不超过 0.5%。如果并列变压器的电压比不同,则并列变压器二次绕组的回路内将出现环流,即二次电压较高的绕组将向二次电压较低的绕组供给电流,导致绕组过热甚至烧毁。

(3)变压器的短路电压相等。由于并列运行变压器的负荷是按与阻抗电压值成反比分配的,如果阻抗电压相差很大,可能导致阻抗电压小的变压器发生过负荷的现象,所以要求并列变压器的阻抗电压必须相等,允许差值不得超过 10%。

(4)并列变压的容量比不大于 3:1。如果容量相差悬殊,当变压器的特性有差异时,会产生环流,容量小的变压器容易过负荷或烧毁。

(5)两台变压器并列运行前,必须保证相序相同。否则会造成相间短路,烧毁变压器。

2. 变压器并列运行的用途

(1)提高变压器运行的经济性。

变压器的并联运行可根据用电负荷大小来进行投切,当负荷增加,一台变压器容量不满足要求时,可并列投入第二台变压器;在低负荷时,可停运部分变压器,从而减少能量损耗,提高系统的运行效率,并改善系统的功率因数,保证经济运行。

(2)便于变压器检修,提高供电可靠性。

当并列运行的变压器中有一台损坏时,只要迅速将之从电网中切除,另一台或两台变压器仍可正常供电;检修某台变压器时,也不影响其他变压器正常运行,从而减少了故障和检修时的停电范围和次数,提高供电可靠性。

(3)可以随着负荷的增加分期安装变压器,减少初期投资。

(4)减小备用容量。

为了保证供电系统正常供电,必须设置一定的备用容量。变压器并列运行可使单台变压器容量较小,从而达到减小备用容量的效果。

6.2.4 变压器并列运行的注意事项

变压器并列运行时，除应满足并列运行条件外，还应该注意安全操作，一般应注意以下四方面事项。

（1）新投入运行和检修后的变压器，在并列之前，首先应核相，并在变压器空载状态时试并列后，方可正式并列带负荷运行。

（2）必须考虑并列运行的经济性，不经济不允许并列运行，同时，还应注意不宜频繁操作。

（3）进行变压器的并列或解列操作时，不允许使用隔离开关和跌开熔断器。操作并列和解列要保证正确，不允许变压器倒送电。

（4）需要并列运行的变压器，在并列运行之前应根据实际情况，预计变压器负荷电流的分配，在并列之后立即检查两台变压器的运行电流分配是否合理。在需解列变压器或停用一台变压器时，应根据实际负荷情况，预计是否有可能造成一台变压器过负荷。而且也应检查实际负荷电流，在有可能造成变压器过负荷的情况下，不准进行解列操作。

6.3 变压器的日常维护与故障处理

6.3.1 变压器的试验项目

为保证变压器的安全和稳定运行，需要对变压器进行一些试验项目。试验项目包括例行试验、型式试验和特殊试验。

1. 例行试验

例行试验是每一台出厂变压器都进行的试验，随着科学技术的发展，这些试验项目大多有专门的测试仪器。变压器试验项目及测试用的仪器如表 6-6 所示。

表 6-6　变压器试验项目及测试用的仪器

序号	试验项目	仪器	功能
1	绝缘例行试验	高压兆欧表	测量变压器绕组的绝缘电阻
2	绕组电阻测量	直流电阻快速测试仪	测量绕组的直流电阻
3	电压比测量及电压矢量关系校定	全自动变比组别测试仪	测量绕组所有分接的电压比
4	空载电流及空载损耗短路阻抗及负载损耗测量	变压器空载负载特性测试仪	测量变压器的空载电流和空载损耗、短路阻抗和负载损耗
5	有载分接开关试验	变压器有载开关测试仪	测量有载分接开关的过渡电阻、切换时间等参数
6	变压器油的介电强度试验	全自动绝缘油介电强度测试仪	测量变压器油的介电强度
7	介质损耗功率因数测量	全自动抗干扰异频介损测试仪	测量绕组和电容性导管的介损值
8	变压器油试验	色谱分析仪	对变压器油中的溶解气体进行色谱分析

2. 型式试验

型式试验是除出厂试验之外，为验证变压器是否与规定的技术条件符合所进行的具有代表性的试验。其包括温升试验、绝缘型式试验、油箱机械强度试验。

3. 特殊试验

特殊试验是除出厂试验和型式试验之外，经制造厂与使用部门商定的试验，它适用于一台或几台特定合同上的变压器。特殊试验包括绝缘特殊试验、绕组对地和绕组间电容的测量、暂态电压传输特性测定、三相变压器零序阻抗测量、短路承受能力试验、声级测定、空载电流谐波的测量等。

6.3.2 变压器的日常维护

对运行中的变压器要按规定进行检查，监视运行情况，严格掌握运行标准，保证安全运行。

1. 日常维护检查的时机

（1）变压器检修后，投入运行带负荷时，应进行详细检查。

（2）变压器出现故障后，应对变压器进行全面检查。

（3）天气或环境恶劣时，对变压器应进行特别检查。

（4）值班人员对运行或备用中的变压器，应进行定期和不定期检查。正常时，按规定时间、路线、人员进行检查。

2. 变压器正常巡视检查

变压器的巡视检查项目如表 6-7 所示。

表 6-7　变压器的巡视检查项目

序号	检查项目	检查内容
1	负荷情况	负荷电流、运行电压正常
2	瓦斯继电器	变压器瓦斯继电器内无气体
3	温度情况	变压器的油温及温度计正常，风扇运转正常。金属波纹储油柜油位与温度相对应。手触各散热器温度无明显差异
4	引线接头、电缆	压接良好，无发热迹象，接线无松动、脱落，绝缘包扎良好
5	油位	油位计油面在标准线内，油内无杂质，油色透明，玻璃管无裂纹
6	套管	套管油位应正常，瓷质部分无破损裂纹，无严重油污和积尘、无放电痕迹及其他异常现象
7	声音	变压器运行声音正常，均匀的"嗡嗡"声，无焦糊异味
8	变压器基础	变压器基础构架无下沉、断裂，卵石层清洁，下油道畅通无堵塞
9	变压器外壳	变压器外壳接地良好，无松动，无锈蚀现象，铁芯接地电流＜100mA
10	取气盒	取气盒内注满油，连管及各接头无渗漏
11	呼吸器	呼吸器内的矽胶为蓝色（受潮后变成粉红色或淡蓝色），玻璃管无破裂
12	周围环境	周围有无杂物，消防设施应齐全完好。如在室内、变压器室通风机运行良好，室温正常

3. 特殊条件下巡视

变压器在特殊条件下运行时，如过负荷、大风、雷雨天气等，电气人员应对变压器进行特殊巡视。巡视项目如下。

（1）在过负荷运行的情况下，着重监视负荷、油温和油位的变化。

（2）气象突变（如大风、大雾、大雪、寒潮等），如在大风天气运行时，应注意变压器中引线的松紧及摆动情况，变压器主附件及引线有无搭挂杂物现象。下雾天气运行时，注意瓷套管有无放电打火现象，重点监视有污秽的瓷质部分。下雪天气运行时，可根据积雪融化情况检查接头发热部位，并及时处理积雪和冰棒。

（3）雷雨季节特别是雷雨后，着重注意瓷套管有无放电闪络现象，了解避雷器放电记录器的动作情况。

（4）当变压器有缺陷运行时，应加大对变压器巡查力度，尽快进行检修处理。

（5）高温季节，高峰负载期间要增加巡视检查的次数。

6.3.3 变压器的常见故障

1. 变压器过热

变压器过热对变压器是极其有害的，变压器绝缘损坏大多由过热引起，温度的升高降低了绝缘材料的耐压和机械强度。GB/T 1094.7—2008《电力变压器 第 7 部分：油浸式电力变压器负载导则》指出变压器最热点温度达到 140℃时，油中就会产生气泡，气泡会降低绝缘或引发闪络，造成变压器损坏。

变压器的过热对变压器的使用寿命影响极大，根据变压器运行的 6℃法则，在 80～140℃的温度范围内，温度每增加 6℃，变压器绝缘有效使用寿命降低的速度会增加一倍。国标中也有规定，油浸式变压器绕组平均温升限值为 65K，顶部油温升限值是 55K，铁芯和油箱温升限值是 80K。

变压器过热主要表现为油温异常升高，其主要原因可能有：① 变压器过负荷；② 冷却装置故障（或冷却装置未完全投入）；③ 变压器内部故障；④ 温度指示装置误指示。

当发现变压器油温异常升高时，应对以上可能的原因逐一进行检查，作出准确判断，检查和处理要点如下。

（1）若运行仪表指示变压器已过负荷，单相变压器组三相各温度计指示基本一致（可能有几度偏差）。变压器及冷却装置正常，则油温升高由过负荷引起，应加强对变压器的监视（负荷、温度、运行状态），并立即向上级调度部门汇报，建议转移负荷以降低过负荷倍数和缩短负荷时间。

（2）若是冷却装置未完全投入引起的，应立即投入。若是冷却装置故障，应迅速查明原因，立即处理，排除故障。若故障不能立即排除，则必须密切监视变压器的温度和负荷，随时向上级调度部门和有关生产管理部门汇报，降低变压器运行负荷，按相应冷却装置的冷却性能与负荷的对应值运行。

（3）若远方测温装置发出温度告警信号，且指示温度值很高，而现场温度计指示并不高，变压器又没有其他故障现场，可能是远方测温回路故障误告警，这类故障可在适当的时候予以排除。

（4）如果三相变压器组中某一相油温升高，且明显高于该相在过去同一负荷、同样冷却条件下的运行油温，而冷却装置、温度计均正常，则可能是由变压器内部的某种故障引起的，应通知专业人员立即取油样做色谱分析，进一步查明故障。若色谱分析表明变压器存在内部故障，或变压器在负荷及冷却条件不变的情况下，油温不断上升，则应按现场规程规定将变压器退出运行。

2. 冷却装置故障

冷却装置是通过变压器油帮助绕组和铁芯散热。500kV 主变压器均采用强迫油循环强力风冷方式。冷却装置正常与否，是变压器正常运行的重要条件。冷却设备故障是变压器常见的故障。当冷却设备遭到破坏，变压器运行温度迅速上升，变压器绝缘的寿命损失急剧增加。在冷却设备故障期间，运行人员应密切监视变压器的温度和负荷，随时向上级调度部门和运行负责人汇报。如变压器负荷超过冷却设备故障条件下规定的限值时，应按现场规程的规定申请减负荷。

需注意的是，在油温上升过程中，绕组和铁芯的温度上升快，而油温上升较慢。可能从表面上看油温上升不多，但铁芯和绕组的温度已经很高了，有可能已经远远超过容许值。特别是油泵出现故障时，绕组对油的温升远远超过铭牌规定的正常数值。随着油温逐渐升高，绕组和铁芯的温度将按负载和冷却条件下缓慢上升，并在温度允许范围内，继续上升到更高数值。所以，在冷却装置存在故障时，不但要观察油温、绕组温度，而且要按照制造厂说明书和现场规程规定的冷却设备停运情况下变压器容许运行的容量和时间，注意变压器运行的其他变化，综合判断变压器的运行状况。

检查冷却设备的故障，应根据故障停运的范围（是个别油泵风扇停转还是整组停转，是一相停转还是三相停转），对照冷却设备控制回路图查找故障点，尽量缩短冷却设备停运时间。

如果变压器个别风扇或油泵故障停转，而其他运行正常，可能的原因如下。

（1）该风扇或油泵三相电源有一相断路（熔断器熔断、接触不良或断线）。使电动机运行电流增大，热继电器动作或切断电源，或使电动机烧坏。

（2）风扇或油泵轴承或机械故障。

（3）该风扇或油泵控制回路中相应的控制继电器、接触器或其他元件故障，或者回路断线（如端子松动，接触不良）。

（4）热继电器定值过小而误动。

如查明原因属于电源或回路故障时，应迅速修复断线，更换熔断器，恢复电源及回路正常。如控制继电器损坏，应用备品更换。若风扇或油泵损坏，应立即申请检修。

如果变压器有一组（或若干台）风扇或油泵同时停转，可能原因是该组电源故障，熔断器熔断或热继电器动作，或控制继电器损坏。应立即投入备用风扇或备用油泵，然后进行处理和恢复电源。

主变压器有一组或三相油泵风扇全部停止运转，应该是主变压器该相或三相冷却总电源故障引起的，此时应查看备用电源是否自动投入，若未能自动投入，应迅速手动投入备用电源，查明故障原因，予以消除。

在处理电源故障，恢复电源时应注意以下几点。

（1）重装熔断器时，先拉开回路电源和负荷侧开关刀闸。因为在带电逐相更换熔断器的过程中，当装上第二相熔断器时，三相电动机加上两相电源，会产生很大电流，使装上的熔断器又熔断。

（2）应使用合乎设计规格容量的熔断器。

（3）恢复电源重新启动冷却设备时，尽可能采取分步分组启动的步骤。避免所有风扇油泵同时启动，造成电流冲击，可能使熔断器再次熔断。

（4）三相电源恢复正常后，风扇或油泵仍不启动，可能是由于热继电器动作未复位所致，复位热继电器。冷却设备若无故障，应可重新启动。

3. 油位异常

变压器油位不正常，包括本体油位不正常和有载调压开关油位不正常两种情况。500kV 变压器一般采用带有隔膜或胶囊的油枕，用指针式油位计反映油位。通过油位计，可以观察两者的油位。

（1）变压器油位低。如果由于低气温、低负荷，油温下降，使油位降低到最低油面线，应及时加油。如果变压器严重漏油引起油位降低，应立即采取措施制止漏油，并加油。

（2）变压器油位过高，可能原因有：注油量过多，在高气温、高负载时，油位随温度上升；冷却器装置故障；变压器本身故障。

变压器油位过高时，应检查负荷和油温。冷却系统是否正常，所有阀门位置是否正确。注意变压器本身有无故障迹象。若油位过高或出现溢油，而变压器无其他故障现象，可适当放出少量变压器油。

（3）变压器有载调压开关油枕油位过高，除油温等因素影响外，还可能是有载调压切换开关的油箱由于电气接头过热或其他原因致使密封破坏，变压器本体绝缘油渗漏进入有载调压切换开关油箱内，导致有载调压开关油位异常上升。当有载调压开关油位异常并不断上升，甚至从有载调压开关油枕呼吸器通道向外溢出时，应立即向调度部门汇报，请有关专业人员进行检测分析，申请将故障变压器退出运行，进行检修。

（4）500kV 的变压器按照隔膜或胶囊底部的位置来指示油位，在下列情况下会出现指针指示与实际不相符的现象：

① 隔膜或胶囊下面储积有气体，使隔膜或胶囊高于实际油位，油位计指示将偏高；

② 呼吸器堵塞，使油位下降时空气不能进入，油位计指示将偏高；

③ 胶囊或隔膜破裂，使油进入胶囊或隔膜以上的空间，油位计指示可能偏低。

对以上三种情况，可能导致油位计指示不正确，需要依靠运行人员在变压器正常的运行过程中，细心观察，认真分析。

4. 轻瓦斯继电器动作

变压器轻瓦斯继电器动作说明变压器运行异常，应立即进行检查处理，方法如下。

（1）对变压器外观、声音、温度、油位、负荷进行检查，若发现漏油严重，油位在油位指示计 0 刻度以下，可能油位已降低至作用于信号的气体继电器以下，这时应立即使变压器退出运行，并尽快处理漏油故障。

若发现变压器温度异常升高或运行声音异常，则变压器内部可能存在故障。变压器的异常噪声有两种类型，一种是机械振动引起的，另一种是局部放电引起的。可以用测听棒（或者手电筒）一端紧挨在外壳上，另一端用耳朵倾听内部声响进行判断。若噪声来自变压器内部，应根据其音质判断是内部元件机械振动还是局部放电，放电噪声的节拍规律一般与高压套管上的电晕噪声类似。若怀疑内部放电噪声，应立即进行变压器油的色谱分析并加强监视。

（2）抽取气样进行分析判断，一般情况下是采用现场定性判断和在实验室进行定量分析并用。

取气时，最好使用适当容积的注射器进行。取下注射器的针尖，换上一小段塑料或耐油橡胶细管。取气前，注射器和软管内应先吸满变压器油，排出空气，然后将注射器活塞推到底，推出注射器内的油。将软管接在瓦斯继电器的排气阀上（要求接口严密不漏气）。打开瓦斯继电器排气阀，缓缓抽回注射器活塞，气体即进入注射器内。

这时的注射器已有气体，缓缓推注射器活塞，并在注射器针头前点火，观察气体是否可燃。同时必须将气体送化验部门进行气体成分分析，以便进一步作出准确的判断。

通过气体的可燃性检查发现气体可燃或进行色谱分析确认变压器内部存在故障，应立即设法将变压器退出运行。

若气体无色、无臭、不可燃。色谱分析判断为空气，那么作用于信号的气体继电器动作可能是由于二次回路故障造成误报警，应迅速检查并处理。

在抽取气体的过程中还应注意：注射应当用无色透明的，便于观察气体的颜色，同时还应在严格的监护下进行，严格保持与带电部分的安全距离。

5. 变压器跳闸

变压器自动跳闸时，应立即进行全面检查，查明跳闸原因再做处理。其具体的检查内容如下：

（1）根据保护的动作信号、故障录波及其他监测装置的显示或打印显示，判断是什么保护动作；

（2）检查变压器跳闸前的负荷、油位、油温、油色、变压器有无喷油、冒烟、瓷套管闪络、破裂，压力释放阀是否动作或有其他明显的故障迹象，瓦斯继电器有无气体等；

（3）分析故障录波的波形；

（4）了解系统情况，如保护区内外有无短路故障、系统内有无操作，是否有操作过电压、合闸励磁涌流等。

若检查结果表明变压器自动跳闸不是变压器故障引起的，则在排除外部故障后，变压器可重新投入运行。

若检查发现下列情况之一者，应认为变压器内部存在故障，必须进一步查明原因，排除故障，并经电气试验、色谱分析以及其他针对性的试验证明故障已排除后，方可重新投入运行：

（1）瓦斯继电器中抽取的气体经分析判断为可燃气体；

（2）变压器有明显的内部故障特征，如外壳变形、油位异常、强烈喷油等；

（3）变压器套管有明显的闪络痕迹或破损、断裂等；

（4）差动、瓦斯、压力等继电保护装置有两套或两套以上动作。

6. 变压器声音异常

变压器发出的异常声音因素很多，故障部位也不尽相同，只有不断地积累经验，才能作出准确的判断，进行处理。用测听棒的一端紧挨在变压器的油箱上，另一端贴近耳边仔细听，据其异常声音可判断故障。

（1）变压器发出很高而且沉重的"嗡嗡"声，这是由于过负荷引起的，可以从电流表判断出来。

（2）变压器发出"叮叮当当"的敲击声或"呼呼"的吹风声以及"吱啦吱啦"的像磁铁吸动小垫片的声音，而变压器的电压、电流和温度却正常，绝缘油的颜色、温度与油位也无大变化。这可能是个别零件松动如铁芯的穿芯螺钉拧得不紧或有遗漏零件在铁芯上，这时应停止变压器运行，进行检查。

（3）变压器发出"咕噜咕噜"的开水沸腾声，可能是绕组有较严重的故障，分接开关的接触不良而局部有严重过热或变压器匝间短路，使其附近的零件严重发热而油气化。这时应立即停止变压器运行，进行检修。

（4）变压器发出"噼啪"或"吱吱"既大又不均匀的声音，可能是变压器的内部接触不良，或绝缘有击穿现象。这时应将变压器停止运行，进行检修。

（5）变压器发出"嘶嘶"或"咻咻"的声音，可能是变压器高压套管脏污，在气候恶劣或夜间时，还可见到蓝色、紫色的小火花，此时，应清理套管表面的脏污，再涂上硅油或硅脂等涂料。

（6）变压器发出像青蛙的"唧哇唧哇"的叫声，外部线路断线或短路；变压器发出"轰轰"的声音，低压线路发生接地或出现短路事故；变压器发出像老虎的吼叫声，短路点较近。

（7）变压器发出连续的、有规律的撞击或摩擦声，可能是变压器某些部件因铁芯振动而造成机械接触，或是因为静电放电引起的异常响声，而各种测量计指示和温度均无反应，这类声音虽然异常，但对运行无大危害，不必立即停止运行，可在计划检修时予以排除。

（8）变压器发出的声音较平常尖锐，可能是电网发生单相接地或产生谐振过电压。此情况应该随时监测。

（9）变压器瞬间发出"哇哇"声或"咯咯"间歇声，此时有大容量的动力设备启动，负荷变化较大，使变压器声音增大。

（10）变压器发出"噼啪"的噪声，严重时将会有巨大轰鸣声，系统可能有短路或接地。

7. 变压器着火

变压器着火的主要原因可能是：

（1）套管的破损和闪络，油溢出后在顶部燃烧；

（2）变压器内部故障，使外壳或散热器破裂，使燃烧的油溢出。

变压器着火后的处理措施如下。

（1）确定变压器的着火部位，若上部着火或者内部着火时，应汇报上级，通知中控将故障的变压器停电。

（2）拉开着火变压器两侧的刀闸，并断开变压器冷却装置电源。

（3）若变压器的油溢出在顶盖上着火，应打开变压器下部放油阀放油，使油面低于着火处。

（4）若因为变压器的内部故障引起着火，应禁止放油，防止变压器发生爆炸。

（5）若漏出的油着火可用砂子和干粉灭火器灭火，禁止用水灭火。

（6）变压器进行灭火时，应穿绝缘靴、戴绝缘手套，注意不得将液体喷到带电设备上。

（7）按照安全规程的规定正确处理，并做好安全措施。

（8）着火时必须有专人指挥，防止扩大事故或引起人员中毒、烧伤、触电等。

6.3.4 变压器的故障处理方法

1. 运行中的不正常现象的处理

（1）值班人员在变压器运行中发现不正常现象时，应设法尽快消除，并报告上级和做好记录。

（2）变压器有下列情况之一者应立即停运，若有备用变压器，应尽可能先将其投入运行：

① 变压器声响明显增大，很不正常，内部有爆裂声；

② 严重漏油或喷油，使油面下降到低于油位计的指示限度；

③ 套管有严重的破损和放电现象；

④ 变压器冒烟着火。

（3）当发生危及变压器安全的故障，而变压器的有关保护装置拒动，值班人员应立即将变压器停运。

（4）当变压器附近的设备着火、爆炸或发生其他情况，对变压器构成严重威胁时，值班人员应立即将变压器停运。

（5）变压器油温升高超过规定值时，值班人员应按以下步骤检查处理：

① 检查变压器的负载和冷却介质的温度，并与在同一负载和冷却介质温度下正常的温度进行核对；

② 核对温度装置；

③ 检查变压器冷却装置或变压器室的通风情况。

若温度升高的原因在于冷却系统的故障，且在运行中无法检修的，应将变压器停运检修；若不能立即停运检修，则值班人员应按现场规程的规定调整变压器的负载至允许运行温度下的相应容量。

在正常负载和冷却条件下，变压器温度不正常并不断上升，且经检查证明温度指示正确，则认为变压器已发生内部故障，应立即将变压器停运。

（6）变压器中的油因低温凝滞时，变压器应不投入，冷却器空载运行，同时监视顶层油温，逐步增加负载，直至投入相应数量的冷却器，转入正常运行。

（7）当发现变压器的油面较当时油温所应有的油位显著降低时，应查明原因。补油时应遵守规程规定，禁止从变压器下部补油。

（8）变压器油位因温度上升有可能高出油位指示极限，经查明不是假油位所致时，则应放油，使油位降至与当时油温相对应的高度。

（9）铁芯多点接地而接地电流较大时，应安排检修处理。在缺陷消除前，可采取措施将电流限制在 100mA 左右，并加强监视。

2. 变压器跳闸和灭火

（1）变压器跳闸后，应立即查明原因。

（2）如综合判断证明变压器跳闸不是由于内部故障所引起，可重新投入运行。若变压器有内部故障的征象时，应做进一步检查。

第7章

继电保护和二次回路

继电保护的作用是当电力系统发生故障或异常情况时，对其进行检测，并发出报警信号，或直接将故障部分隔离、切除，保障电力系统的稳定运行。本章主要介绍了继电保护和二次回路的基本知识，详细阐述了常用继电保护装置，并通过具体实例讲解了二次回路的原理和常见故障。

7.1 继电保护的基本知识

电力系统的安全运行是正常生产生活的必备条件，但是电力系统的构成部件众多，覆盖地域广阔，任何部分或设备（发电机、电气线路、变压器、用电设备等）有可能在运行中出现异常或产生故障。不正常运行难以避免，但事故可以防止，电力系统继电保护装置是指能反应电力系统中电气设备所发生的故障或不正常状态，并动作于断路器跳闸或发出信号的一种自动装置。

7.1.1 继电保护装置的基本任务

继电保护装置装设在电力系统中，主要完成以下任务。

（1）监视电力系统运行情况，当运行中的设备发生异常情况和故障时，继电保护装置能自动地、迅速地、有选择地将故障设备从电力系统中切除，以保证系统其余部分迅速恢复正常运行，并使故障设备不再继续遭受损坏。

（2）当电气设备出现不正常工作状态，如过负荷、过热等现象时，继电保护装置应使断路器跳闸并发出信号，通知运行人员及时处理。

（3）对于某些故障，如小电流接地系统的单相接地故障不会直接破坏电力系统的正常运行，继电保护发出信号而不立即去跳闸，通知相关人员制订设备检修计划和方案。

（4）随着微处理器的迅速发展，出现了微机继电保护装置，通过数据采集和处理，完成各种继电保护的功能，实现电力系统的自动化继电保护和远程操作。如：自动跳闸、重合闸、信号警报、备用电源自动投入、遥控、遥测等。

7.1.2 继电保护装置的工作原理

继电保护装置的工作原理是利用电力系统中元件发生短路或异常情况时电参量（电流、电压、功率、频率等）的变化以及其他物理量的变化控制继电器等部件有选择性地发出跳闸命令或发出报警信号来实现的。继电保护装置一般包括测量部分和定值调整部分、逻辑部分、执行部分。继电器保护原理组成框图如图 7-1 所示。

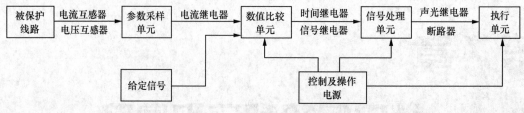

图 7-1 继电保护原理组成框图

1. 参数采样单元

本单元通过传感器（电流、电压互感器等）测量被保护线路的物理量（电参数），这些电参数经过电气隔离并转换为继电保护装置中数值比较单元可以接收的信号。电流、电压互感器等传感器根据电力系统的保护对象由一台或多台组成。

2. 数值比较单元

本单元通过比较给定单元和采样单元传递过来的电信号，对比较结果进行处理，向下一级处理单元发出信号。

比较单元一般由多台电流继电器组成，分为速断保护和过电流保护。电流继电器的整定值即给定单元，电流继电器的电流线圈则接收采样单元（电流互感器）发来的电流信号，当电流信号达到电流整定值时，电流继电器动作，通过其接点向下一级处理单元发出信号；若电流信号小于电流整定值，则电流继电器不动作，传向下级单元的信号也不动作。

3. 信号处理单元

本单元接收比较单元发来的信号，根据比较环节输出量的大小、性质、组合方式出现的先后顺序，来确定保护装置是否应该动作。一般由时间继电器、中间继电器等构成。

4. 执行单元

本单元接收上一级的信号，发出报警信号和分断开关。执行单元一般分为两类：一类是声、光信号继电器，如电笛、电铃、闪光信号灯等；另一类为断路器的操作机构的分闸线圈，使断路器分闸。

5. 控制及操作电源

本单元负责继电保护装置的电源供给。一般继电保护装置要求有自己独立的交流或直流电源，电源功率根据所控制设备的多少而设计，交流电压一般为 220V，功率 1kV·A 以上。

7.2 常用继电保护装置

继电器是一种根据某种输入信号（电量或非电量）的变化，接通或断开控制电路，从而实现自动控制和保护电力拖动装置的电器。其输入量可以是电压、电流等电气量，也可以是温度、时间、速度、压力等非电气量。当输入量达到一定值时，输出量将发生跳跃式变化。通常应用于自动控制电路中，在电路中起着自动调节、安全保护、转换电路等作用。

继电器的种类很多，按输入量可分为电压继电器，电流继电器，时间继电器，热继电器，速度继电器以及温度、压力、计数、光继电器等；按工作原理可分为电磁式继电器、感应式继电器、电动式继电器、电子式继电器等；按用途可分为控制继电器、保护继电器等。

电磁式继电器的结构、工作原理与接触器相似，继电器在电路所起的作用是控制触点的断开或闭合，而触点又是控制电路通断的，从这一点来看继电器与接触器是相同的。但继电器与接触器又有区别，主要表现在两个方面：一是输入信号不同。继电器的输入信号可以是各种物理量，如电压、电流、时间、速度、压力等，而接触器的输入量只能是电压。二是所控制的电路不同。继电器主要用于小电流电路，反映控制信号，其触点通常接在控制电路中，故无主触点和辅助触点之分，触点电流容量较小（一般在 5A 以下），且无灭弧装置，而接触器用于控制电动机等大功率、大电流电路及主电路。

7.2.1 电流继电装置

电流继电装置根据保护的原理和整定原则不同可分为定时限与反时限过流保护，电流速断保护，中性点不接地系统的单相接地保护。电流继电装置一般由电流继电器、时间继电器和信号继电器组成。电流互感器和电流继电器组成测量元件，用来判断通过线路的电流是否超过标准；时间继电器根据系统需要整定适当的延时时间保证装置动作，信号继电器可作为扩展继电器发出保护动作信号，用以指示或报警。

1. 电流继电器

电流继电器分为电磁式电流继电器和静态电流继电器。

电磁式电流继电器一般由铁芯、线圈、衔铁、常开触点、常闭触点等组成。电磁式电流继电器实物图如图 7-2 所示。

图 7-2　电磁式电流继电器实物图

继电器线圈未通电时处于断开状态的触点，称为"常开触点"；处于接通状态的静触点称为"常闭触点"。当线圈两端加上一定的电压，线圈中就会有电流流过，从而产生电磁效应，衔铁就会在电磁力吸引的作用下克服返回弹簧的拉力吸向铁芯，从而带动衔铁的动触点与静触点（常开触点）吸合。当线圈断电后，电磁的吸力也随之消失，衔铁就会在弹簧的反作用力下返回原来的位置，使动触点与原来的静触点（常闭触点）断开。这样吸合、释放，从而达到了在电路中导通、切断的目的。

2. 静态电流继电器

静态电流继电器常采用集成电路型，精度高、功耗小、动作时间快，返回系数高、整定直观方便、范围宽，提供直流辅助电源后完全可替代电磁型电流继电器，辅助电源采用开关电源变换，交直流通用，工作范围大，从 100～300V 均能可靠工作。JL 系列静态电流继电器采用拨码开关整定电流值，改变整定值无须校验，整定范围宽。

静态电流继电器原理框图如图 7-3 所示。

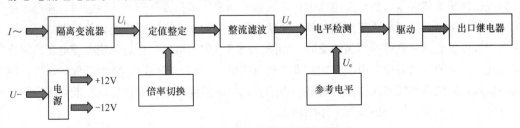

图 7-3　静态电流继电器原理框图

被测量的交流电流经隔离变流器后，在其次级得到与被测电流成正比的电压 U_i。经定值整定后进行整流、滤波，得到与 U_i 成正比的直流电压 U_o。在电平检测中，U_o 与直流参考电压 U_e 进行比较，若直流电压 U_o 低于参考电压，电平检测器输出正信号，驱动出口继电器，继电器处于动作状态，反之，若直流电压 U_o 高于参考电压 U_e，电平检测器输出负信号，继电器处于不动作状态。

7.2.2 电压继电装置

电压继电装置主要有以下几种。

1. 过电压保护

过电压保护是防止电压升高可能导致电气设备损坏而装设的。常见的过电压现象有雷击、高电位侵入、事故过电压、操作过电压等。能够实现过电压保护的有避雷器和过电压保护器。常用的避雷器和过电压保护器如图 7-4 所示。

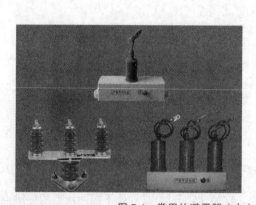
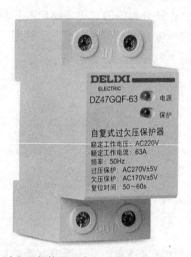

图 7-4　常用的避雷器（左）和过电压保护器（右）

避雷器通常接于带电导线与地之间，与被保护设备并联。能够释放雷电或操作过电压的能量，保护设备免受瞬时过电压危害。当过电压值达到规定的动作电压时，避雷器立即动作，流过电荷，限制过电压幅值，保护设备绝缘；电压值正常后，避雷器又迅速恢复原状，以保证系统正常供电。避雷器在电力系统中的别称为过电压保护器，现在普遍使用的是氧化锌避雷器（MOA）。

过电压保护器是在电压超过整定值后，保护器断开电源，起到保护作用。一般意义上的过电压保护器是对工频过电压进行保护的，所谓的工频过电压往往产生在操作过程中，如开关断开时电弧未过零就会有过电压，回路开断时由于回路波阻抗不同而产生电压反射波叠加的操作过电压等，这些过电压都是工频过电压，也就是其电压波形的频率还是维持 50Hz 没变。

2. 低电压保护

低电压保护又称失压保护和欠电压保护，是当电源电压消失或低于某一数值时，能自动断开电路的一种保护措施，为了防止电压突然降低致使电气设备的正常运行受损而设的。例如：当电动机的供电母线电压短时降低或中断又恢复时，为防止线路上电动机同时自启动使电源电压严重降低，通常会在次要电动机上装设低电压保护。当供电母线电压低到一定值时，低电压保护动作，将次要电动机切除，使供电母线电压恢复到足够的电压，以保证重要电动机的自启动。低电压保护有断相保护继电器（见图 7-5）、热继电器，熔断器等。

随着电子技术的发展，现在电压保护通过功能强大的微处理器芯片构成保护装置，能够实时显示三相电压，且能够实现过电压保护、欠电压保护、断相保护、三相电压不平衡保护、错相保护、零线断线保护于一体，如图 7-6 所示。

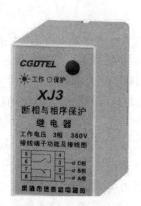

图 7-5 断相保护继电器

图 7-6 电压保护装置

7.2.3 信号继电器

铁路信号技术中广泛采用的继电器称为信号继电器（在铁路信号系统中，可简称继电器），是铁路信号技术中的重要部件。它无论作为继电式信号系统的核心部件，还是作为电子式或计算机式信号系统的接口部件，都发挥着重要的作用。继电器动作的可靠性直接影响到信号系统的可靠性和安全性。

1. 铁路信号对继电器的要求

信号继电器作为铁路信号系统中的主要（或重要）器件，它在运用中的安全性、可靠性就是保证各种信号设备正常使用的必要条件。为此，铁路信号对继电器提出了极其严格的要求，具体如下：

（1）动作必须可靠、准确；

（2）使用寿命长；

（3）有足够的闭合和断开电路的能力；

（4）有稳定的电气特性和时间特性；

（5）在周围介质温度和湿度变化很大的情况下，均能保持很高的电气绝缘强度。

按照工作的可靠程度，信号继电器可分为以下三级。

一级继电器：绝对不允许发生前接点与动接点之间的熔接；衔铁落下与前接点的断开由衔铁及可动部分的重量来保证；当任意一组前接点闭合时，所有后接点必须全部断开，反之亦然，衔铁处于落下位置时，应该稳定地工作，后接点压力主要由重力作用产生，有较高的返还系数，轨道继电器不小于 50%，一般继电器不小于 30%。

二级继电器：衔铁依靠本身重量或接点弹片反作用力返还；返还系数不小于 20%；当任意一组前接点闭合时，所有后接点必须全部断开，反之亦然。

三级继电器（电码型和电话型）：衔铁返还与后接点的压力均由动接点弹片的反作用力产生；前后接点均有熔接的可能。

在信号设备的执行电路中，如果继电器由于工作不正常而不能断开前接点，将严重威胁行车的安全，故设计时均采用一级继电器。又由于一级继电器的高度可靠性，因此在电路中就不再考虑用电路的方法来检查继电器衔铁的落下状态。在检修一级继电器时，要求特别注意其可靠性，并严格保证其技术条件。在选择电路中使用电码型继电器，不道接控制对象，但也绝不允许降低对这类继电器可靠性的要求，因为它们工作的好坏道接影响信号设备的正常动作，对保证列车的安全运行具有同样的重要意义。

2. 继电器的基本原理

继电器是一种电磁开关。继电器类型很多，性能各不相同，结构形式各种各样，但都由电磁系统和接点系统两大主要部分组成。其中，电磁系统由线圈、固定的铁芯和轭铁以及可动的衔铁构成，接点系统由动接点和静接点构成。当线圈中通入一定数值的电流后，由于电磁作用或感应方法产生电磁吸引力，吸引衔铁，由衔铁带动接点系统，改变其状态，从而反映输入电流的状况。

最简单的电磁继电器如图 7-7（a）所示，它就是一个带接点的电磁铁，其动作原理也与电磁铁相似。当给线圈中通以一定数值的电流后，在衔铁和铁芯之间就会产生一定数量的磁通，该磁通经铁芯、衔铁、轭铁和气隙形成一个闭合磁路，铁芯对衔铁就产生了吸引力。吸引力的大小取决于所通电流的大小。当电流增大到一定值，吸引力增大到能克服衔铁向铁芯运动的阻力时（主要是衔铁自重），衔铁就被吸向铁芯。由衔铁带动的动接点（随衔铁一起动作的接点）也随之动作，与动合接点（前接点，以下称前接点）接通。此状态称为继电器励磁吸起（以下简称吸起）。

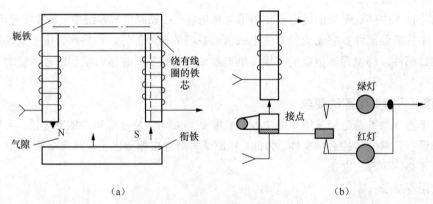

（a）　　　　　（b）

图 7-7　电磁继电器基本原理

吸引力随电流的减小而减小，当吸引力减小到不足以克服衔铁重力时，衔铁靠自重落下（称为释放），衔铁带动动接点与前接点断开，与动断接点（后接点，以下称后接点）接通。此状态称为继电器失磁落下（以下简称落下）。

可见，继电器具有开关特性，可利用它的接点通、断电路，构成各种控制和表示电路。如图 7-7（b）的信号机点灯电路，前接点接通时点亮绿灯，后接点接通时点亮红灯。

3. 继电器的继电特性

继电器的特性是当输入量达到一定值时，输出量发生突变，如图 7-8 所示。继电器线圈回路为输入回路，继电器接点所在回路为输出电路。当线圈中电流 I_x 从 0 增加到某一定值 I_{x2} 时，继电器衔铁被吸起，接点闭合，接点回路中的电流 I_y 从 0 突然增大到 I_{y2}。此后，若 I_x 继续增大，由于接点回路中阻值不变，I_y 保持不变。当线圈中电流 I_x 减小到 I_{x1} 时，继电器衔铁释放，输出电流 I_y 从 I_{y2} 减小到 0，此后，I_x 再减小，I_y 保持为 0 不变。

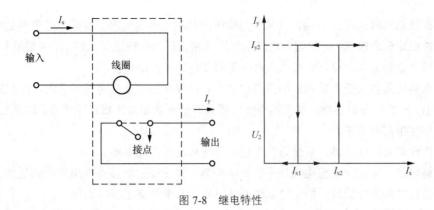

图 7-8　继电特性

4. 继电器的作用

继电器具有继电特性，能以极小的电信号来控制执行电路中相当大功率的对象，能控制数个对象和数个回路，能控制远距离的对象。由于继电器的这种性能，给自动控制和远程控制创造了便利的条件，所以，它广泛应用于国民经济各部门的生产过程控制和国防系统的自动化和远动化之中，也广泛应用于铁路信号的各个方面。

随着电子技术的迅速发展，电子器件尤其是微型计算机以其速度快、体积小、容量大、功能强等技术优势，在相当大程度上逐渐取代继电器，构成自动控制和远程控制系统，使技术水准大大提高。但是，继电器与电子器件相比，仍具有一定的优势，如开关性能好（闭合时阻抗小、断开时阻抗大），有故障-安全（发生故障时导向安全）性能，能控制多个回路，抗雷击性能强，无噪声，不受周围温度影响等。因此，它仍然具有广阔的应用空间，仍将长期存在。

目前，信号继电器在以继电技术构成的系统中，如继电集中联锁、继电半自动闭塞等，起着核心作用。而信号继电器在以电子元件和微型计算机构成的系统中，如计算机联锁、多信息自动闭塞、通用机车信号、驼峰自动化等系统中，作为其接口部件，将系统主机与信号机、轨道电路、转辙机等执行部件结合起来。虽然已出现全电子化的系统，但要全部取消继电器仍然需要相当长的时期。信号继电器在铁路信号领域始终起着重要的作用。

5. 信号继电器分类

继电器类型多，信号继电器种类也不少，可按不同方式分类如下。

（1）按动作原理分类，可分为电磁继电器和感应继电器。

电磁继电器是通过继电器线圈中的电流在磁路的气隙（铁芯与衔铁之间）中产生电磁力，吸引衔铁，带动接点动作的。此类继电器数量多。感应继电器是利用电流通过线圈产生的交变磁场与另一交变磁场在翼板中所感应的电流相互作用产生电磁力，使翼板转动而动作的。

（2）按动作电流分类，可分为直流继电器和交流继电器。

直流继电器是由直流电源供电的，它按所通电流的极性，又可分为无极、偏极和有极继电器，直流继电器都是电磁继电器。交流继电器是由交流电源供电的，它按动作原理，可分为电磁继电器和感应继电器。整流式继电器虽然用于交流电路中，但它用整流元件将交流电整流为直流电，所以其实质上是直流继电器。

（3）按输入量的物理性质分类，可分为电流继电器和电压继电器。

电流继电器反映电流的变化，它的线圈必须串联在所反映的电路中。该电路中必有被反映的器件，如电动机绕组、信号灯泡等。电压继电器反映电压的变化，它的线圈由励磁电路单独构成。

（4）按动作速度分类，可分为正常动作继电器和缓动继电器。

正常动作继电器衔铁动作时间为 $0.1\sim0.3\mathrm{s}$。大部分信号继电器属于此类，一般无须加此称呼。

缓动继电器衔铁动作时间超过 0.3s，其又分为缓吸型和缓放型继电器。缓吸型继电器是利用脉冲延时电路或软件设定使之缓吸。缓放型继电器则利用短路铜环产生磁通使之缓动，主要取其缓放特性。

（5）按接点结构分类，可分为普通接点继电器和加强接点继电器。

普通接点继电器具有开断功率较小接点的能力，以满足一般信号电路的要求，多数继电器为普通接点继电器，一般不加此称呼。加强接点继电器具有开断功率较大接点的能力，以满足电压较高、电流较大的信号电路的要求。

（6）按工作可靠程度分类，可分为安全型继电器和非安全型继电器。

安全型继电器（N 型）是无须借助于其他继电器，亦无须对其接点在电路中的工作状态进行监督检查，其自身结构即能满足一切安全条件的继电器。安全型继电器特点如下。

① 当线圈断电时，衔铁可借助于自身重力释放，从而使前接点可靠断开。

② 选用合适的接点材料，构成非熔接性前接点，或采用能防止接点熔接的特殊结构（例如接熔断器、接点串联）。

③ 当一组不应闭合的后接点闭合时，结构上能防止所有前接点闭合。

非安全型继电器（C 型）是必须监督检查接点在电路中的工作状态，确保继电器在安全的条件下运行。非安全型继电器特点如下。

① 由于继电器在使用时已检查了衔铁的释放，因此不必采用非熔接性接点材料。

② 当一组不应闭合的前接点仍然闭合时，结构上能保证所有后接点不闭合。反之，当一组不应闭合的后接点仍然闭合时，结构上能保证所有前接点不闭合。

N 型继电器主要依靠衔铁自身重力释放，故又称重力式继电器。C 型继电器主要依靠弹簧弹力释放衔铁，故又称弹力式继电器。一般说来，N 型继电器的安全性、可靠性高于 C 型继电器。

7.2.4　中间继电器

中间继电器（intermediate relay）用于继电保护与自动控制系统中，以增加触点的数量及容量。它用于在控制电路中传递中间信号。中间继电器的结构和原理与交流接触器基本相同，与接触器的主要区别在于：接触器的主触头可以通过大电流，而中间继电器的触头只能通过小电流。所以，中间继电器只能用于控制电路中。中间继电器一般是没有主触点的，因为它的过载能力比较小。中间继电器用的全部都是辅助触头，数量比较多。中间继电器实物如图 7-9 所示。

中间继电器在继电保护和自动控制系统中是一个多用的自动远动电器。中间继电器因为有良好的电隔离，致使控制方和被控方无电器上的连接，而达到安全控制目的。

图 7-9　中间继电器实物

1. 中间继电器的结构

中间继电器实质上是一种电磁式电压继电器，在控制电路中起逻辑变换和状态记忆的功能，当其他继电器的触点数或触点容量不够时，可借助中间继电器来扩大它们的触点数或触点容量，从而起到中间转换的作用。中间继电器的电磁线圈属于电压线圈，但它触点数量较多（一般有 4 对动合触点，4 对动开触点），触点容量较大（额定电流为 5～10A），动作灵敏。

（1）线圈装在 U 形导磁体上，导磁体上面有一个活动的衔铁，导磁体两侧装有两排触点弹片。在非动作状态下触点弹片将衔铁向上托起，使衔铁与导磁体之间保持一定的间隙。当气隙间的电磁力矩超过反作用力矩时，衔铁被吸向导磁体，同时衔铁压动触点弹片，使常闭触点断开，常开触点闭合，完成继电器工作。当电磁力矩减小到一定值时，由于触点弹片的反作用力矩使触点与衔铁返回到初始位置，准备下次工作。

（2）中间继电器工作原理和交流接触器一样，都是由固定铁芯、动铁芯、弹簧、动触点、静触点、线圈、接线端子和外壳组成。

2. 中间继电器分类

（1）静态型中间继电器。

静态型中间继电器用于各种保护和自动控制线路中。此类继电器由电子元器件和精密小型继电器等构成，是电力系统中间继电器更新换代首选产品。

静态型中间继电器的特点如下。

① 静态型中间继电器采用线圈电压较低的多个优质密封小型继电器组合而成，防潮、防尘、不断线，可靠性高，克服了电磁型中间继电器导线过细易断线的缺点。

② 功耗小，温升低，不需外附大功率电阻，可任意安装及接线方便。

③ 静态型继电器触点容量大，工作寿命长。

④ 静态型继电器动作后有发光管指示，便于现场观察。

⑤ 延时只需用面板上的拨码开关整定，延时精度高，延时范围可在 0.02～5.00s 任意整定。

（2）电磁型中间继电器。

当继电器线圈施加激励量等于或大于其动作值时，衔铁被吸向导磁体，同时衔铁压动触点弹片，使触点接通、断开或切换被控制的电路。当继电器的线圈被断电或激励量降低到小于其返回值时，衔铁和接触片返回到原来的位置。

当在继电器线圈上加电压，且等于或大于动作电压时，衔铁就被电磁吸力吸靠在铁芯上，而接触片在衔铁顶板的推动下，触点接通、断开或转换被控制的电路，当继电器线圈被断电或电压降低到小于返回电压时，衔铁在接触片的作用下返回到原来的位置。

电磁型中间继电器的特点如下。

① 电磁型中间继电器动作电压不大于额定电压的 70%。

② 电磁型中间继电器返回电压不小于额定电压的 5%。

③ 电磁型中间继电器的动作时间不大于 60ms。

④ 功率消耗在额定电压下不大于 4kW。

⑤ 热性能：当环境温度为 40℃时，继电器线圈长期耐受 110%额定电压值，温升不超过 65℃。

3. 中间继电器的选用

根据中间继电器在控制电路中的作用，选用中间继电器时应遵循以下原则。

（1）触点的额定电压及额定电流应大于控制电路所使用的额定电压及控制电路的工作电流。

（2）触点的种类和数量应满足控制电路的需要。

（3）电磁线圈的电压等级应与控制电路电源电压相同。

（4）使用过程中的操作频率不超过继电器允许的操作频率。

一般情况下，选用可根据中间继电器的触点数量、种类及吸引线圈的额定电压来确定型号。

7.2.5　时间继电器

时间继电器是一种按照时间原则工作的继电器，根据预定时间来接通或分断电路。时间继电器的延时类型有通电延时型和断电延时型两种形式；结构分为空气式、电动式、电磁式、电子式（晶体管、数字式）等类型。

常用 JS 系列时间继电器的外形如图 7-10 所示。

图 7-10　常用 JS 系列时间继电器的外形

1. 空气式时间继电器

空气式时间继电器由电磁系统、触点系统（两个微动开关）、空气室和传动机构等部分组成。它是通过利用空气的阻尼作用来实现延时的（即利用空气通过小孔节流的原理来获得延时动作）。其中，电磁系统包括线圈、衔铁、铁芯、反力弹簧及弹簧片等；触点系统包括两对瞬时触点（一对瞬时闭合，另一对瞬时分断）和两对延时触点；空气室内有一块橡皮膜和活塞，随空气量的增减而移动，气室有调节螺钉可以调节延时的长短；传动机构包括推板、推杆、杠杆及塔形弹簧等。常用空气式时间继电器 JS7-A 系列有通电延时和断电延时两种类型。图 7-11 所示为 JS7-A 型空气阻尼式时间继电器及工作原理与结构图。

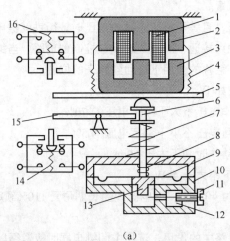

（a）

1—线圈；2—固定铁芯；3—衔铁；4—反力弹簧；5—推板；6—活塞杆；

7—塔形弹簧；8—弱弹簧；9—橡皮膜；10—空气室壁；11—调节螺钉；

12—进气孔；13—活塞；14—微动开关 SQ1；15—杠杆；16—微动开关 SQ2

图 7-11　JS7-A 型空气阻尼式时间继电器工作原理与结构图

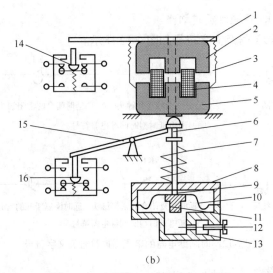

(b)

1—推板；2—衔铁；3—反力弹簧；4—线圈；5—铁芯；6—活塞杆；

7—塔形弹簧；8—空气室壁；9—弱弹簧；10—橡皮膜；11—活塞；

12—调节螺钉；13—进气孔；14—微动开关 SQ1；15—杠杆；16—微动开关 SQ2

图 7-11　JS7-A 型空气阻尼式时间继电器工作原理与结构图（续）

图 7-11（a）所示为通电延时型时间继电器，其工作原理如下。

当线圈（1）通电时，衔铁（3）克服反力弹簧（复位弹簧）（4）的阻力与固定铁芯（2）立即吸合活塞杆（6）在塔形弹簧（7）的作用下向上移动，使与活塞（13）相连的橡皮膜（9）也向上运动，但受到进气孔（12）进气速度的限制，这时橡皮膜下面形成空气稀薄的空间，固定铁芯（2）立即吸到进气孔（12），与橡皮膜上面的空气形成压力差，对活塞的移动产生了阻尼作用。空气由气孔进入气囊，经过一段时间后，活塞才能完成全部行程而压动微动开关 SQ1（14），使常闭触点延时断开，常开触点延时闭合。延时时间的长短决定于节流孔的节流程度，进气越快，延时越短，旋动调节螺钉（11）可调节进气孔的大小，从而达到调节延时时间长短的目的。延时范围分为 0.4～180s 和 0.4～60s 两种规格。微动开关 SQ2（16）在衔铁吸合后，通过推板（5）立即动作，使常闭触点瞬时断开，常开触点瞬时闭合。

当线圈（1）断电时，衔铁（3）在反力弹簧（4）的作用下，通过活塞杆（6）将活塞（13）推向最下端，这时橡皮膜（9）下方气室内的空气通过橡皮膜、弱弹簧（8）和活塞的局部迅速从橡皮膜上方气室缝中排掉，使得微动开关 SQ1（14）的常闭触点瞬时闭合，常开触点瞬时断开，而微动开关 SQ2（16）的触点也立即复位。

空气式断电延时型时间继电器与空气式通电延时型时间继电器的原理与结构均相同，只是将其电磁机构翻转 180°安装，即为断电延时型。

图 7-11（b）所示为断电延时型时间继电器，其工作原理如下。

当线圈（4）通电时，衔铁（2）被吸合，带动推板（1）压合微动开关 SQ2（16），使常闭触点瞬时断开，常开触点瞬时闭合。与此同时，衔铁（2）压动活塞杆（6），使活塞杆（6）克服反力弹簧（3）的阻力向下移动，通过杠杆（15）使微动开关 SQ2（16）也瞬时动作，常闭触点断开，常开触点闭合，没有延时作用。

当线圈（4）断电时，衔铁（2）在反力弹簧（3）的作用下瞬时释放，通过推板（1）使微动开关 SQ1（14）的触点瞬时复位。与此同时，活塞杆在塔形弹簧（7）及气室各部分元件作用下延时复位，使微动开关 SQ1（14），各触点延时动作。

时间继电器的电气图形符号及文字符号如图 7-12 所示。

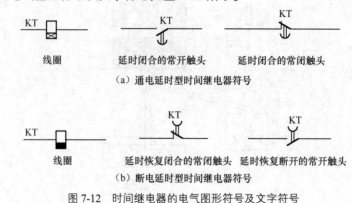

图 7-12　时间继电器的电气图形符号及文字符号

2. 电动式时间继电器

电动式时间继电器由同步电动机、齿轮减速机构、电磁离合系统及执行机构组成，电动式时间继电器延时时间长，可达数十小时，延时精度高，但结构复杂，体积较大，常用产品有 JS10、JS11 系列和 7PR 系列。

3. 电子式时间继电器

电子式时间继电器有晶体管式（阻容式）和数字式（又称计数式）等两种不同的类型。晶体管式时间继电器是基于电容充、放电工作原理延时工作的。数字式时间继电器由脉冲发生器、计数器、数字显示器、放大器及执行机构组成，具有定时精度高、延时时间长、调节方便等优点，通常还带有数码输入、数字显示等功能，应用范围广，可取代阻容式、空气式、电动式等时间继电器。常用的晶体管式时间继电器有 JSJ、JS14、JS20、JSF、JSCF、JSMJ、JJSB、ST3P 等系列。常用的数字式时间继电器有 JSS14、JSS20、JSS26、JSS48、JS11S、JS14S 等系列。

4. 时间继电器的选用

时间继电器的选用主要是延时方式和参数配合的问题，选用时要考虑以下几个方面。

（1）延时方式的选择：时间继电器有通电延时或断电延时两种，应根据控制电路的要求来选用。动作后复位时间要比固有动作时间长，以免产生误动作，甚至不延时，这在反复延时电路和操作频繁的场合，尤其重要。

（2）类型选择：对延时精度要求不高的场合，一般采用价格较低的电磁式或空气阻尼式时间继电器；反之，对延时精度要求较高的场合，可采用电子式时间继电器。

（3）线圈电压选择：根据控制电路电压来选择时间继电器吸引线圈的电压。

（4）电源参数变化的选择：在电源电压波动大的场合，采用空气阻尼式或电动式时间继电器比采用晶体管式好；在电源频率波动大的场合，不宜采用电动式时间继电器；在温度变化较大处，则不宜采用空气阻尼式时间继电器。

5. 时间继电器调整和使用注意事项

（1）JS7-A 系列时间继电器通电延时和断电延时可在规定时间范围内自行调整，但由于此时间继电器无刻度，要准确调整延时时间就比较困难。平时应经常清除灰尘和油污，以免增大延时的误差。

（2）JS11 系列时间继电器通电延时范围调节后，如需精确延时，应首先接通同步电动机电源，以减少电动机启动引起的误差。对通电延时时间继电器，调节整定延时时间必须在断开离合电磁铁线圈电源后才能进行；对断电延时时间继电器，调节整定延时时间必须在接通离合电磁铁线圈电源后才能进行。

（3）JS20 系列晶体管时间继电器在使用前必须核对额定工作电压与将接入的电源电压是否相符，直流型的不要将电源的正负极性接错；接线时，必须按接线端子图正确接线，触点电流不允许超过额定电流；继电器与底座间有扣攀锁紧，在拔出继电器本体前要先扳开扣攀，然后缓慢地拔出继电器。

7.2.6　零序保护装置

零序保护是指在大短路电流接地系统中发生接地故障后，出现零序电流、零序电压和零序功率，利用这些电气量构成保护接地短路的装置称为零序保护装置，如图 7-13 所示。

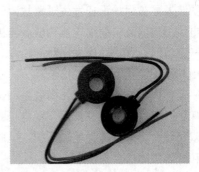

图 7-13　零序电流保护装置

零序电流互感器就是实现零序保护的，它的一次侧为被保护线路（如三根相线），铁芯套在电缆上，二次绕组接至电流继电器，电缆相线必须对地绝缘，电缆头的接地线也必须穿过零序电流互感器。

基尔霍夫电流定律指出：流入电路中任一节点的电流的代数和等于零。零序电流互感器保护的基本原理是基于这一定律。在线路与电气设备正常的情况下，各相电流的矢量和等于零，因此，零序电流互感器的二次侧绕组无信号输出，执行元件不动作。当发生接地故障时的各相电流的矢量和不为零，故障电流使零序电流互感器的环形铁芯中产生磁通，零序电流互感器的二次侧感应电压使执行元件动作，带动脱扣装置，切换供电网络，达到接地故障保护的目的。

7.2.7　瓦斯继电器

瓦斯保护主要是用于油浸式变压器，所用继电器称为瓦斯继电器，如图 7-14 所示。瓦斯继电器装在变压器的储油柜和油箱之间的管道内，它的工作原理是当变压器内部发生故障时，短路电流所产生的电弧使变压器油和其他绝缘物受热分解，并产生不同的气体（瓦斯），利用气体压力或冲力使气体继电器动作。一般容量在 800kV·A 以上的油浸式变压器均有瓦斯继电器。

图 7-14　瓦斯继电器

根据变压器故障的性质，瓦斯继电器的动作原因可分为轻瓦斯动作和重瓦斯动作，轻瓦斯动作主要反映在运行或者轻微故障时由油分解的气体上升入瓦斯继电器，气压使油面下降，继电器的开口杯随油面落下，轻瓦斯弹簧触点接通发出信号，当轻瓦斯内气体过多时，可以由瓦斯继电器的气嘴将气体放出。重瓦斯动作主要反映在变压器严重内部故障（特别是匝间短路等其他变压器保护不能快速动作的故障）时产生的强烈气体推动油流冲击挡板，挡板上的磁铁吸引重瓦斯弹簧触点，（重瓦斯）气体继电器触点动作，使断路器跳闸并发出报警信号。

7.2.8　差动保护装置

差动保护装置是被保护设备发生短路故障时，利用产生的差电流而动作的一种保护装置，由差动继电器或电流继电器及辅助继电器构成。当被保护元件内部故障或出现不正常状态，使各端电流相量差达到一定值时，保护动作发出跳闸指令，控制断路器跳闸，使被保护的故障元件从电路中切除，或仅发出与不正常状态相应的信号。

反映并联元件同端电流差的称为横联差动保护；反映同一元件或串联元件出、入端电流差的称为纵联差动保护。横联差动保护常用作发电机的短路保护和并联电容器的保护，一般设备的每相均为双绕组或双母线时，采用这种差动保护。纵联差动保护一般常用作主变压器的保护，是专门保护变压器内部和外部故障的主保护。

7.2.9　固态继电器

固态继电器（Solid State Relay，SSR）是 20 世纪 70 年代后期发展起来的一种新型无触点继电器，可以取代传统的继电器和小容量接触器。固态继电器与通常的电磁继电器不同：无触点、输入电路与输出电路之间光（电）隔离，由分立元件、半导体微电子电路芯片和电力电子器件组装而成，实物如图 7-15 所示。

图 7-15　固态继电器实物

以阻燃型环氧树脂为原料，采用灌封技术将其封闭在外壳中，使其与外界隔离，具有良好的耐压、防腐、防潮、抗震动性能。固态继电器可以实现用微弱的控制信号（几毫安到几十毫安）控制0.1 安直至几百安电流负载，进行无触点接通或分断。

由于固态继电器接通和断开负载时，不产生火花，又具有高稳定、高可靠、无触点、寿命长、与 TTL 和 CMOS 集成电路有着良好的兼容性等优点，广泛应用在电动机调速、正反转控制、调光、家用电器、烘箱加温控温、输变电电网的建设与改造、电力拖动、印染、塑料加工、煤矿、钢铁、化工和军用等方面。

固态继电器由输入电路、驱动电路和输出电路 3 部分组成。根据输出电流类型的不同，固态继电器分为交流固态继电器和直流固态继电器两种类型。交流固态继电器（AC-SSR）以双向晶闸管为输出开关器件，用来通、断交流负载；直流固态继电器（DC-SSR）以功率晶体管为开关器件，用来通、断直流负载。从外部接线来看，固态继电器是一种四端器件，两个输入端，两个输出端（AC-SSR 对应双向晶闸管的阴阳两极，DC-SSR 对应晶体管的集电极和发电极）。输入端接控制信号，输出端与负载、电源串联，SSR 实际是一个受控的电力电子开关，其等效电路如图 7-16（a）所示。当输入端给定一个控制信号时，输出端导通；当输入端无控制信号时，输出端关断截止。图 7-16（b）所示为固态继电器图形符号。

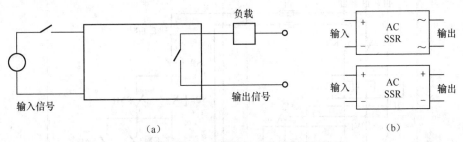

图 7-16　固态继电器的等效电路图和图形符号

交流固态继电器根据触发信号方式不同，分为过零型触发（Z 型）和非过零型或随机型（P 型）触发两种，过零型和非过零型之间的区别主要在于负载交流电流导通的条件。若过零型在施加输入信号时，电源电压处在非过零区，其输出端不导通，只有当电源电压到达过零区时，输出端负载中才有电流流过；非过零触发型不管电源电压处在什么状态，输入端施加信号电压时，输出端负载立刻导通。非过零型触发在输入端控制信号撤销时，输出端负载立即截止；过零触发型要等到电源电压到达过零区时，输出端负载才关断（复位）。即过零型触发具有电压过零时开启，负载电流过零时关断的特性。常用的交流 AC-SSR 有 GTJ6 系列，JGC-F 系列，JGX-F 和 JGX-3/F 系列等。

固态继电器输入电路采用光耦隔离器件，抗干扰能力强。输入信号电压 3V 以上，电流 100mA 以下，输出点的工作电流达到 10A，故控制能力强。当输出负载容量很大时，可用固态继电器驱动功率管，再去驱动负载。使用时，还应注意固态继电器的负载能力随温度的升高而降低。其他使用注意事项请参阅固态继电器的产品使用说明。

7.3　二次回路的基本知识

7.3.1　二次回路的概念

变配电所的电气设备通常分为一次设备和二次设备，其控制接线又可分为一次接线和二次接线。一次设备是指直接输送和分配电能的设备，如变压器、断路器、隔离开关、电力电缆、母线、输电线、电抗器、避雷器、高压熔断器、电流互感器、电压互感器等。

一次接线又称主接线，是一次设备及其相互间的连接电路。二次设备是指对一次设备起控制、保护、调节、测量等作用的设备。二次接线又称二次回路，是二次设备及其相互间的连接电路。二次回路是一个具有多种功能的复杂网络，其内容包括高压电气设备和输电线路的控制、调节、信号、测量与监察、继电保护与自动装置、操作电源等系统。

在用电设备的电气原理图中（见图 7-17），一般一次回路指的是主电路（图中红色虚线框内），控制电路属于二次回路（图中蓝色虚线框内）。描述二次回路的图纸称为二次接线图或二次回路图。

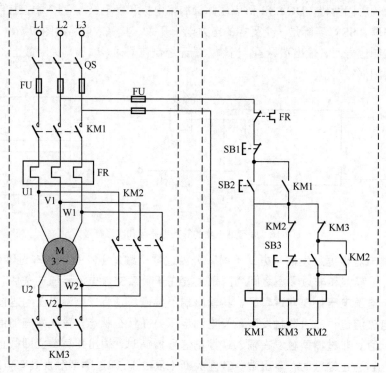

图 7-17　电气原理图

7.3.2　二次回路图的符号

二次回路图的符号包括图形符号、文字符号、回路标号，相应的二次设备和线路，它们都用国家规定的统一图形符号和文字符号来表示。其中，图形符号和文字符号用以表示和区别二次回路图中的电气设备；回路标号用以区别电气设备间相互连接的不同回路。在二次回路图中，所有断路器和继电器的触点是按照断路器和继电器的线圈未通电也无外力时触点所处的状态。

常用开关的图形符号如表 7-1 所示，常用按钮和继电器的图形符号如表 7-2 所示。

表 7-1　常用开关图形符号

类别	名称	图形符号	文字符号	类别	名称	图形符号	文字符号
开关	单极控制开关	或	SA	开关	低压断路器		QF
	手动开关一般符号		SA		控制器或操作开关		SA

续表

类别	名称	图形符号	文字符号	类别	名称	图形符号	文字符号
开关	三极控制开关	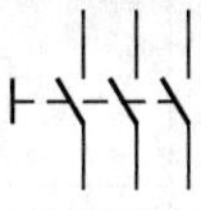	QS	位置开关	常开触点		SQ
	三极隔离开关	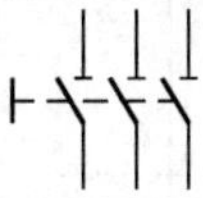	QS		常闭触点		SQ
	三极负荷开关	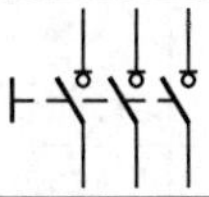	QS		复合触点		SQ
	组合旋转开关	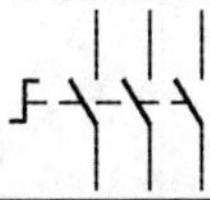	QS				

表 7-2　常用按钮和继电器图形符号

类别	名称	图形符号	文字符号	类别	名称	图形符号	文字符号
按钮	常开按钮开关	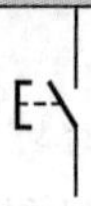	SB	时间继电器	延时闭合的常开触点	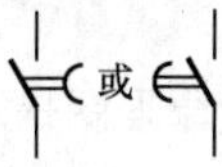	KT
	常闭按钮开关	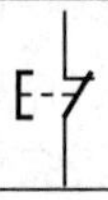	SB		延时断开的常闭触点	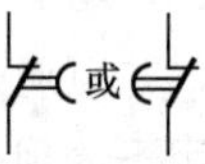	KT
	复合按钮开关	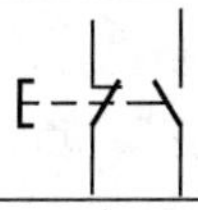	SB		延时闭合的常闭触点	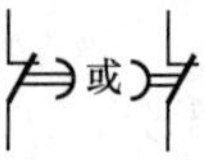	KT
热继电器	热元件	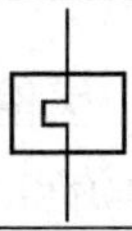	FR		延时断开的常开触点	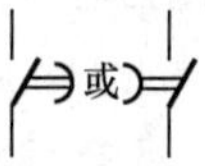	KT
	常闭触点	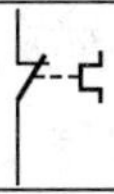	FR	中间继电器	线圈	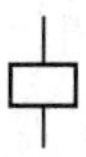	KA
接触器	线圈操作器件	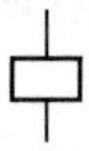	KM		常开触点		KA
	常开主触点	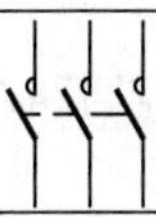	KM		常闭触点		KA
	常开辅助触点		KM	电流继电器	过电流线圈	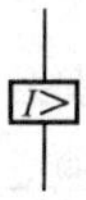	KA

续表

类别	名称	图形符号	文字符号	类别	名称	图形符号	文字符号
接触器	常闭辅助触点		KM	电流继电器	欠电流线圈		KA
时间继电器	通电延时吸附线圈		KT		常开触点		KA
	断电延时缓放线圈		KT		常闭触点		KA
	瞬时闭合的常开触点		KT	电压继电器	过电压线圈		KV
	瞬时断开的常闭触点		KT				

7.3.3 二次回路图的分类

二次回路图按不同的绘制方法，分为原理图、展开图和安装接线图。

1. 原理图

二次回路的原理图是表述二次回路的构成、互相动作顺序和工作原理的图纸。原理图是将二次部分的电流回路、电压回路、直流回路和一次回路图绘制在一起，能使读图者对整个装置的构成有一个整体的概念，并可清楚地了解二次回路中各设备间的电气联系和动作原理。

原理图主要用于体现继电保护和自动装置的一般工作原理和装置设备的构成，但是存在着一些局限性，比如对二次接线的某些细节表示不全面，没有元件的内部接线。端子排号码和回路编号、导线的表示仅一部分，并且只标出直流电源的极性且标注的直流"正""负"极比较分散等。因此，以二次回路原理图为基础绘制展开图和安装接线图。

例如，10kV 的过电流保护原理图如图 7-18 所示。当负荷侧发生短路故障时，电流互感器二次侧电流迅速增大，使电流继电器 3 及 4 的线圈吸合，其触点闭合，直流电源加到时间继电器 5 的线圈上。经过一定时间后，延时触点闭合，使信号继电器 6 的线圈得电而吸合，发出跳闸信号。同时，直流电源经压板 7 将直流电源加到断路器的跳闸线圈 9 上，断路器跳闸。断路器跳闸后，常开辅助触点打开，切断跳闸线圈的电流。当被保护的线路故障排除后，电流继电器和时间继电器触点返回到图中的原始位置，信号继电器则需要人工复位。

2. 展开图

电气二次回路展开图是在原理图的基础上绘制的，是将交流电流回路、交流电压回路和直流回路分开来绘制，组成多个独立回路。

电气二次回路展开图接线清晰，附有设备表，便于施工人员了解整套装置的设备情况、接线方式和动作程序，是安装、调试和检修的重要技术图纸，也是绘制安装接线图的主要依据。

（1）展开图的独立回路按电源的不同可分为交流电流回路、电压回路和直流回路。直流回路根据其作用可分为控制回路、合闸回路、测量回路、保护回路和信号回路等。

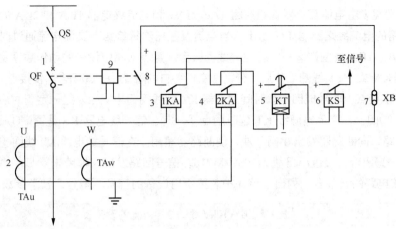

图 7-18　10kV 的过电流保护原理图

（2）展开图的画图原则是能够清楚地表达继电器的动作顺序及同类回路的连接次序。例如，继电器可根据其在电路中不同的作用把各部分的组成拆分展开表示，其线圈属于二次电流回路，其部分触点属于直流回路，触点状态是未通电、未动作的状态。

（3）继电器和每一个独立回路的作用都在展开图的右侧注明。同一继电器在不同的展开图中时，图纸上要标明连接去向，任何引进触点或回路也说明来处。

（4）各导线、端子都有统一规定的回路编号和标号，便于分类查找、施工和维修。常用的回路都给予固定的编号，如跳闸回路用 33、133、233、333 等，合闸回路用 3、103 等。

（5）直流正极回路按奇数顺序编号，负极回路则按偶数顺序编号。回路经过元件（如线圈、电阻、电容等）后，其编号也随着改变。

（6）展开图中与配电屏外有联系的回路编号，均应在端子排图上占一个位置。

阅读展开图时，应先读交流回路，后读直流回路，从左到右，从上到下，依次阅读。图 7-19 所示为 10kV 线路的过电流保护展开图。

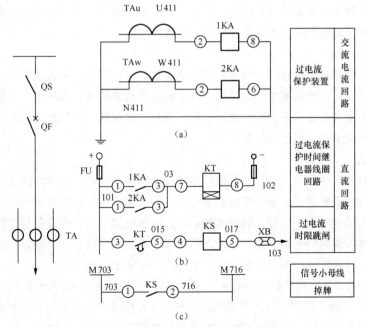

图 7-19　10kV 线路的过电流保护展开图

由图 7-19 可见，由电流互感器次级绕组 TAu、TAw 和电流继电器 1KA 和 2KA 的线圈组成交流回路。直流回路的电流经熔断器 FU 引出。当电流互感器次级绕组有交流电流通过时，电流继电器 1KA 线圈②—⑧、2KA 线圈端②—⑥得电，线圈吸合。直流回路中设备的动作顺序是由上至下，由左至右。即当 1KA 或 2KA 线圈动作后，分别使它们各自的触点①—③闭合，使接点 101-1KA 触点-接点 03-KT 线圈-接点 102 形成回路，时间继电器 KT 的线圈通电吸合。经一定延时后，时间继电器 KT 的触点③—⑤闭合，直流电源经 KT 延时触点③—⑤、信号继电器 KS 线圈端④—⑤、压板 XB 接通 "103" 回路，向断路器发出跳闸脉冲，使断路器跳闸。在信号继电器 KS 线圈④—⑤得电吸合后、其触点①—②闭合，接通小母线 M703、M716，信号回路发出 "掉牌未复归" 的灯光信号。

表 7-3 为该电路的设备表，列出了该保护装置所用设备的符号、型号、技术参数和数量等。

表 7-3 6～10kV 线路馈电屏上的设备表

符号	名称	型号	技术参数	数量
1KA、2KA	电流继电器	DL-10/10	10A	2
KT	时间继电器	DS-113	220V	1
KS	信号继电器	DX-11/1	1A	1
XB	压板	YY1/D		1

3. 安装接线图

安装接线图是根据工作原理，按仪表、继电器、连接导线及端子的实际排列位置绘制的，用于配电屏制造厂生产加工和现场安装施工用的图纸，它是运行、试验、检修等的主要参考图。在安装接线图中，所有仪表、继电器、各类电气设备、端子排等，都是按照它们的实际图形及位置绘制的，并用编号表示连接关系。安装接线图包括屏面布置图、屏背面接线图、端子排图。

（1）屏面布置图。

屏面布置图是指从屏的正面看到的屏中各设备实际布置，按一定比例绘制的实际安装布置图。图上按比例画出了屏上各设备的安装位置、外形尺寸，并应附有设备明细表，列出屏中各设备的名称、型号、技术数据及数量等，以便备料和安装加工。

（2）屏背面接线图。

屏背面接线图表示各个设备在屏背面的实际连接情况，是以屏面布置图为基础，并以展开图为依据而绘制成的接线图。接线图中注明了屏上各个设备的代表符号、顺序号，设备与端子排之间的连接情况以及每个设备引出端子之间的连接情况。它是生产制造厂进行配电屏配线和接线的依据，也是施工单位现场安装二次设备的依据。

（3）端子排图。

端子排图是表示端子数目、类型、排列顺序以及它与屏上的设备及屏外设备连接情况的图纸。

端子排的设置以节省导线、便于查线和维修为原则，端子排位置应与屏内设备相对应；屏内设备与屏外设备之间的连接以及需经本屏转接的回路，应经过端子排；两设备相距较远或接线不方便时，应经过端子排；屏内设备与直接接至小母线的设备（如熔断器、小刀闸或附加电阻）连接，一般应经过端子排；接线端子的一侧一般只接一根导线，最多不超过两根。

为配线方便，各设备和端子排一般都采用相对编号法来表示设备间的相互连线。所谓"相对编号法"就是，如果甲、乙两个端子应该用导线相连，那么就在甲端子旁标上乙端子的编号，而在乙端子旁标上甲端子的编号。这样，在接线和维修时就可以根据图纸，对屏上每个设备的任一端子，都能找到与其连接的对象。如果某个端子旁没有编号，就说明该端子是空着的；如果一个端子旁标有两个编号，则说明该端子有两条连线，有两个连接对象。

7.3.4　二次回路图的识图方法

二次回路的设备、元件的动作按照设计的先后顺序进行，因此二次回路图的逻辑性很强，识图时按照一定的规律进行，条理清晰，易于掌握。

1. 先一次，后二次

首先读图了解一次设备如断路器、隔离开关、电流、电压互感器、变压器等的功能及常用的保护方式。比如，变压器的保护方式一般有过电流保护、电流速断保护、过负荷保护等，掌握各种保护的基本原理；然后再查找一、二次设备的转换、传递元件，一次变化对二次变化的影响等。

2. 先交流，后直流

首先读二次接线图的交流回路，以及电参数变化的特点，然后找到交流量所对应的直流回路。

3. 交流回路看电源、直流回路找线圈

交流回路一般从电源入手，包含交流电流、交流电压回路两部分；先找出由哪个电流互感器或哪一组电压互感器供电（电流源、电压源），变换的电流、电压量所起的作用，它们与直流回路的关系，相应的电气量由哪些继电器反映出来。

4. 线圈对应查触头，触头连成一条线

线圈对应查触头，触头连成一条线指找出继电器的线圈后，再找出与其相应的触头所在的回路，一般由触头再连成另一回路；此回路中又可能串联接有其他的继电器线圈，由其他继电器的线圈又引起它的触头接通另一回路，直至完成二次回路预先设置的逻辑功能。

5. 先上后下

这种方法主要针对展开图、端子排图及屏后设备安装图。原则上从上向下、从左向右看，同时结合屏外的设备一起看。

7.3.5　二次回路的常见故障

二次回路的故障常会破坏或影响电力生产的正常运行，因此了解二次回路的常见故障并及时排除非常重要。二次回路的故障分为两大类，一是二次回路的断路故障，二是二次回路的短路故障。

1. 电流互感器二次回路断路

电流互感器二次回路断路常见的现象有：零序、负序电流启动的保护装置频繁动作，或启动后不能复归；差动保护启动或误动作；电流表、功率表等指示不正常；开路点可能有火花或冒烟等现象，电流互感器有较大的嗡嗡声等。

电流互感器一次绕组直接接在一次电流回路中，当二次回路开路时，二次电流为零，而一次电流不变，使铁芯中的磁通急剧增加达到饱和程度，这个剧增的磁通在开路的二次绕组中产生高电压，直接危及人身和设备的安全。

发现有以上现象时，首先根据故障现象判断故障回路的位置。如果是保护用的二次绕组开路，应立即申请将可能误动作的保护装置停用。观察对应的二次回路设备（继电器、仪表、端子排等）有无放电、冒烟等明显的开路现象，如果没有发现明显的故障，可用绝缘工具（如验电器等）轻轻碰触、按压接线端子等部位，观察有无松动、冒火或信号动作等异常现象。在进行检查时，必须使用电压等级相符且试验合格的绝缘安全用具（如戴绝缘手套等）。

2. 电压互感器二次侧断路

电压互感器二次回路断路常见的现象或产生的信号有：距离（或低阻抗）保护断线闭锁装置动作发出断线、装置闭锁或故障信号；二次回路开关跳闸告警信号；电压表指示为零，功率表指示不正常，电能表走慢或停转等。

电压互感器二次回路断线的原因，可能是接线端子松动、接触不良，回路断线，断路器或隔离开关辅助触点接触不良，熔断器熔断，二次回路开关断开或接触不良等。

首先根据故障现象判断故障回路的位置，若为保护二次电压断线时，立即申请停用受到影响的继电保护装置，断开其出口回路压板，防止断路器误跳闸。如仪表回路断线，应注意对电能计量的影响。然后可用万用表电压挡沿断线的二次回路测量电压，根据电压有无找出故障点并予以处理。

3. 直流回路断路

直流回路断路可能导致设备失去保护，断路器不能跳闸，操作不能正常进行或运行失去监视，严重威胁安全运行。发生直流回路断路时，可测量电压（电位）来检查直流回路断路点。

4. 直流系统接地

直流系统接地常见有单点接地、多点接地、多分支接地等几种，无论哪种接地故障，都会导致接地电阻的降低，当低于 25kΩ 时，直流系统绝缘监察装置会发出接地报警，需要进行接地点的排查，防止造成由于直流系统接地引起的误动、拒动。

第8章

倒闸操作

电气设备从一种状态转换为另一种状态或系统改变运行方式时都要进行倒闸操作。倒闸操作是电气运行中一项基本而重要的工作，规范电气设备倒闸操作行为，养成良好的操作习惯，是实现安全生产的坚实基础。本章主要介绍倒闸操作的基本原则、操作步骤及注意事项，并结合生产实际给出了变配电系统常见的倒闸操作供读者参考。

8.1 倒闸操作的基本知识

8.1.1 倒闸操作的定义

1. 倒闸操作相关的术语

（1）运行：指设备的断路器及隔离开关都在合闸位置，接地刀闸在断开位置，电源端至受电端的电路接通（包括辅助设备，如电压互感器、避雷器等），继电保护及二次设备按规定投入，如图8-1（a）所示。

（2）备用：备用分为热备用和冷备用，热备用是指设备的断路器及相关的接地刀闸在断开位置，断路器两侧相应的隔离开关仍在合闸位置。此状态下如无特殊要求，设备继电保护均应在运行状态，线路高抗、电压互感器等无单独断路器的设备为热备用状态，如图8-1（b）所示；冷备用是指断路器及隔离开关都在断开位置，接地刀闸在断开位置，如图8-1（c）所示。

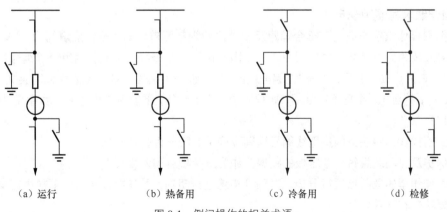

| （a）运行 | （b）热备用 | （c）冷备用 | （d）检修 |

图 8-1 倒闸操作的相关术语

（3）检修：指设备的所有断路器、隔离开关均断开，并挂好接地线或合上接地隔离开关，并做好其他安全措施的状态，如图8-1（d）所示。

（4）充电：指设备的电源被接通，但不带负载或设备仅带有电压而无电流流过（忽略少量的充电电流或励磁电流）。

（5）合上或拉开：是指操作断路器、隔离开关（接地隔离开关）、二次空气开关等设备时采用的专用术语。

（6）装上或取下：是指操作熔断器（保险）等设备时采用的专用术语。

（7）装设或拆除：装拆接地线时采用的专用术语。

（8）拉至或推至：操作小车、中置开关等设备时采用的专用术语。

（9）合环：将非环状运行的电网改为环状运行状态。

（10）解（开）环：将环状运行的电网解开为非环状运行状态。

（11）解（并）列：发电机、调相机、电网、系统。

（12）投入或退出：投退二次保护压板时采用的专用术语。

（13）启用或停用：操作继电保护及自动装置时采用的专用术语。

（14）保护相关术语：保护投跳闸是将保护由停用或信号改成跳闸。此种情况下，保护的功能压板和出口压板均投入；保护投信号是将保护由停用或跳闸改成信号。此种情况下，保护的功能压板投入，出口压板退出；保护停用是将保护由跳闸或信号改成停用。此种情况下，保护的功能压板和出口压板均退出。

2. 倒闸操作的定义

倒闸操作就是通过操作隔离开关、断路器以及挂、拆接地线将电气设备从一种状态转换为另一种状态或使系统改变运行方式的操作。

倒闸操作方式有监护操作、单人操作。监护操作是由两人进行同一项倒闸任务的操作，一人操作一人监护，特别重要和复杂的倒闸操作采取这种方式，由熟练的运行人员操作，运行值班负责人监护。单人值班的变电站操作时，运行人员根据发令人传达的操作指令填用操作票，复诵无误后进行操作。实行单人操作的设备、项目及运行人员需经设备运行管理单位批准，人员应通过专项考核。

8.1.2 操作票制

倒闸操作必须执行操作票制。操作票包括操作任务、发令人、受令人、下令时间、操作时间、操作项目的顺序及名称、操作完成情况等内容。

1. 操作票填写通用规定

（1）倒闸操作票字符填写应符合国网及本单位的规范要求，如：千伏应填写为"kV"；线路名称中的序号应填为用罗马全角数字"Ⅰ、Ⅱ、Ⅲ、Ⅳ"等；母线、主变、站用变等编号统一为编号在前，"号"在后，如"1号、2号"；编号中的"×"统一为乘号"×"，不能为大写英文字母"X"或小写"x"；字符全角、半角不得混用，如编号中"-"用半角，不能用全角"－"；数字用"123……"，不能用"123……"。

（2）倒闸操作票中装拆的接地线编号填写应确保其唯一性，如"1号"。

（3）保护及自动装置每一个压板的投退应作为一个项目列入操作票。

（4）对操作票的危险点进行分析，对预控措施进行明确，并在操作票对应项前进行重点标注，标注符号要统一和一致。

（5）操作票中操作任务必须与操作票内容一致。当调度指令与变电站实际操作内容不一致的，应根据调度指令中变电站的实际操作内容拟写操作任务。

（6）如果是间接验电，应按实际进行的操作项目填写，不得笼统填写"……验明确无电压"。

2. 操作票的填写规范

（1）一份倒闸操作票只能填写一个操作任务，明确设备由一种状态转为另一种状态，或者系统由一种运行方式转为另一种运行方式。

（2）在操作任务中应写明设备电压等级和设备双重名称，如"**号主变由运行转为检修"。

（3）由值班负责人（工作负责人）指派有权操作的值班员填写操作票。操作票按照操作任务进行边操作边打"√"，操作完毕在编号上方加盖"已执行"印章。

（4）倒闸操作票由各单位统一编号，每年从 1 开始编号，使用时应按编号顺序依次使用，编号不能随意改动，不得出现空号、跳号、重号、错号。

（5）发令单位、发令人、受令人、操作任务、值班负责人、监护人、操作人、票面所涉及时间必须手工填写，每字后面连续填写，不准留有空格，不得电脑打印，不得他人代签。有多页操作票时，其中操作任务、发令单位、发令人、受令人、受令时间、操作开始时间、操作结束时间，只在第一页填写；值班负责人、监护人、操作人每页均分别手工签名，且操作结束后每张均应加盖"已执行"印章。

8.1.3 倒闸操作的一般规定

1. 倒闸操作的基本条件

（1）具有与现场一次设备和实际运行方式相符的一次系统模拟图（包括各种电子接线图）。

（2）操作设备应具有明显的标志，包括命名、编号、分合指示，旋转方向、切换位置的指示及设备相色等。

（3）站内有有权接收和汇报调度指令的调度对象。

（4）有值班调控人员、运维负责人正式发布的指令，并使用经事先审核合格的操作票。

（5）高压电气设备都应安装完善的防误操作闭锁装置。

2. 倒闸操作的基本原则

（1）电气设备的倒闸操作必须严格遵守安规、调规、运规和本单位的补充规定等要求进行。

（2）发生以下情况不宜进行倒闸操作：交接班时；系统高峰负荷时段；系统发生事故时；雷雨、大风、大雾等恶劣天气时；通信中断或调度自动化设备异常影响操作时。

（3）停电操作时，继电保护及自动装置应进行相应切换，原则上先操作一次设备，再退出相应的继电保护、自动装置；送电操作时，先投入相应的继电保护、自动装置，最后操作一次设备。

（4）停电拉闸操作，必须按照先断开断路器（开关）再操作隔离开关（刀闸）的顺序依次进行。送电合闸操作应按与上述相反的顺序进行，严禁带负荷拉闸。

（5）设备送电前，必须将有关继电保护先送电。无保护或不能自动跳闸的开关不能送电。

（6）油断路器不允许带电压手动合闸，运行中的小车开关不允许打开机械闭锁手动分闸。

（7）变压器两侧（或三侧）开关的操作顺序规定如下：停电时，先拉开负荷侧开关，后拉开电源侧开关；送电时，顺序与此相反（即不能带负载切断电源）。

（8）变压器停电前必须转移负荷后再停电。

（9）单极隔离开关及跌落式开关的操作顺序规定如下：停电时，先拉开中相，后拉开两边相；送电时顺序与此相反。

（10）双回路母线供电的变电所，当出线开关由一段母线倒换至另一段母线供电时，应先断开待切换母线的电源侧负荷开关，再合母线联络开关。

（11）倒闸操作后要进行位置检查，检查应以设备实际位置为准，无法看到实际位置时，可通过设备机械位置指示、电气指示、带电显示装置、仪表及各种遥测、遥信等信号的变化来判断。判断时，至少应有两个不同原理或非同源的指示发生对应变化，且所有这些确定的指示均已同时发生对应变化，才能确认该设备已操作到位。检查中若发现其他任何信号有异常，均应停止操作，查明原因。

8.1.4 倒闸操作的步骤

1. 接受调度预发指令

系统调度员下达操作任务时，预先将操作目的和项目下达给值班长。值班长接受操作任务时，应将下达的任务复诵一遍。值班长下达操作任务时，要说明操作目的、操作项目、设备状态。接受任务者接到操作任务后，复诵一遍，并记入操作记录本中。

2. 填写操作票

值班长接受操作任务后，立即指定监护人和操作人填写操作票。

3. 审核操作票

审票人应认真检查操作票的填写是否有漏项，操作顺序是否正确，内容是否简单明了，各审核人审核无误后在操作票上签字，操作票经值班负责人签字后生效。

4. 接受操作命令

接受调度正式操作指令，发、受令双方应互报单位和姓名，发令应准确、清晰，使用规范的调度术语和设备双重名称，受令人应复诵无误，对发、受令全过程进行录音并做好记录。

5. 模拟操作

正式操作之前，监护人、操作人应先在模拟图板上按照操作票上所列项目和顺序进行预演，无误后，再进行操作。

6. 正式操作

操作前，应先核对设备名称、编号及其运行状态（位置）；操作中，应认真执行监护复诵制度，即监护人高声唱票，操作人高声复诵（单人操作时也应高声唱票）；操作过程中，应按操作票填写的顺序逐项操作，每操作完一步，应检查无误后打钩；操作中，当对所进行的操作存有疑问时，应立即停止操作并向值班调度员或运行值班长报告，待弄清楚后再进行操作。

7. 复查设备

操作完毕后，操作人、监护人应全面复查一遍，检查操作过的设备是否正常，仪表指示、信号指示、联锁装置等是否正常。

8. 操作汇报、盖章和记录

操作结束后，监护人立即向发令人汇报操作情况和结果，操作起始时间和终结时间，经发令人认可后，由操作人在操作票上盖"已执行"图章，监护人将操作任务、起始时间和终结时间记入操作记录本中。

倒闸操作的步骤流程图如图 8-2 所示。

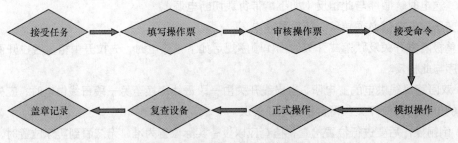

图 8-2 倒闸操作的步骤流程图

8.1.5 倒闸操作的注意事项

（1）操作人员必须使用必要的合格的绝缘安全用具和防护用具，应戴绝缘手套和穿绝缘靴，配备高压验电器，如图 8-3 所示。

图 8-3　绝缘安全用具

（2）倒闸操作必须执行操作票制度。监护倒闸操作必须由两人执行，一人唱票、监护，一人复诵命令，重要和复杂的倒闸操作必须由熟悉的运行人员进行操作，值班长进行监护。

（3）操作前必须仔细核对操作设备的名称和编号，防止误拉、误合开关；防止带负荷拉、合隔离开关；防止带电挂接地线或合接地隔离开关；防止带接地线或接地隔离开关合闸；防止误入带电间隔。

（4）装设接地线或合接地刀闸前，应先验电。电气设备停电后，即使是事故停电，在断开有关隔离开关和做好安全措施前，不得触及设备进入遮拦，以防突然来电。装设接地线要遵循先停电，再验电，最后挂接地线的顺序。接地线和接地刀开关如图 8-4 所示。

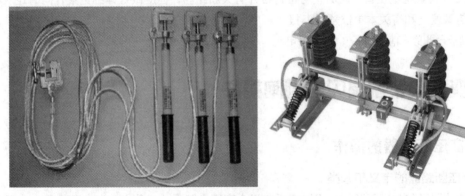

图 8-4　接地线和接地刀开关

（5）雷电时，严禁进行倒闸操作或更换熔丝（保险丝）工作。

（6）工作中遇有异常和事故时，应立即停止操作，待异常和事故处理结束后，再继续执行。执行一个倒闸操作任务，中途严禁换人。在操作过程中，监护人应自始至终认真执行。

（7）在电气设备或线路送电前必须收回并检查所有工作票，拆除安全措施，拉开接地刀闸或拆除临时接地线及警示牌，然后测量绝缘电阻合格后方可送电。

① 倒闸操作应尽量避免在交接班、高峰负荷、异常运行和恶劣天气等情况时进行；雷电时，一般不进行倒闸操作，禁止就地进行倒闸操作。

② 变电站运维人员，必须明确所管辖变电站电气设备的调度管辖范围，其倒闸操作应按值班调度员的指令进行。变电站自行调度设备的投入或退出，应根据值班负责人的指令进行。

③ 倒闸操作过程因故中断不能进行的，汇报调度后，按其要求进行。操作票可在已操作的最后一项下方盖"已执行"章，并在备注栏内注明原因。

④ 倒闸操作过程若因故中断，在恢复操作时，运维人员必须重新进行"三核对"（核对设备名称、编号、实际位置）工作，确认操作设备、操作步骤正确无误。

⑤ 运维人员应将本班受理的操作指令记入调度命令记录，并立即向当班的值班负责人汇报，由值班负责人指定监护人和操作人，并交代操作任务和安全注意事项。

⑥ 对特别重要和复杂的倒闸操作，应组织操作人员进行讨论，由熟练的运维人员操作，值班负责人或值长监护。

⑦ 操作中产生疑问时，应立即停止操作并向发令人报告，并禁止单人滞留在操作现场。弄清问题后，待发令人再行许可后方可继续进行操作。不准擅自更改操作票，不准随意解除闭锁装置进行操作。

⑧ 在操作过程中，现场运维人员听到调度电话，应立即停止操作，并迅速接听电话，如电话内容与操作无关则可继续操作。

⑨ 用绝缘棒拉合隔离开关（刀闸）或经传动机构拉合断路器（开关）和隔离开关（刀闸），均应戴绝缘手套。雨天操作室外高压设备时，绝缘棒应有防雨罩，还应穿绝缘靴。接地网电阻不符合要求的，晴天也应穿绝缘靴。雨天不得进行直接验电。雷电时，一般不进行倒闸操作，禁止在就地进行倒闸操作。

⑩ 装卸高压保险器，应先拉中相，再拉边相，应戴护目眼镜和绝缘手套，必要时使用绝缘夹钳，并站在绝缘垫或绝缘台上。

⑪ 下列操作可不经调度许可自行进行操作：

a. 发生人身触电或设备危险时，可自行拉开有关断路器，但应做好详细记录，同时还应将事故情况向当值调度员和有关本单位领导汇报；

b. 不属于调度管辖的设备（如站用电）。

8.2 变配电系统常见的倒闸操作

8.2.1 高压断路器的操作

1. 高压断路器的定义和分类

高压断路器又称为高压开关，用以切断或闭合高压电路中的空载电流和负荷电流。当系统发生故障时可以通过继电器保护装置的作用，切断过负荷电流和短路电流。高压断路器具有完善的灭弧结构和足够的断流能力，结构包括导流部分、灭弧部分、绝缘部分、操作机构部分。根据断路器使用的灭弧介质，高压断路器可分为油断路器（多油断路器、少油断路器）、六氟化硫断路器（SF_6断路器）、压缩空气断路器、真空断路器等；根据操作方式不同，高压断路器可分为手车式（俗称小车）断路器和固定式断路器。图8-5所示为手车式和固定式真空断路器。

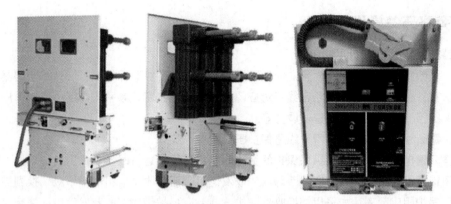

图 8-5　手车式和固定式真空断路器

2. 高压断路器的型号表示

高压断路器的型号用字母和数字来表示，各部分的意义如图 8-6 所示。其他标志还有Ⅰ、Ⅱ、Ⅲ……的表示方法，表示同型系列中不同规格或派生品种，Ⅰ型的断流容量 300MV·A；Ⅱ型的断流容量 500MV·A；Ⅲ型断流容量 750MV·A。

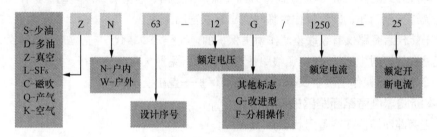

图 8-6　高压断路器的型号

例如，一款高压断路器型号为 ZN63-12G/1250-25，表示户内真空断路器，设计序号为 63、额定电压为 12kV、额定电流为 1250A、额定开断电流为 25kA。

3. 高压断路器的操作

（1）断路器一般有运行位置、试验和检修三个位置。检修后，调节杆应推至试验位置，进行传动试验，试验良好后方可投入运行。

（2）操作中应同时监视有关电压、电流、功率等指示及红绿灯的变化是否正常。

（3）断路器无论在工作位置还是在试验位置，均应用机械联锁把手车锁定。

（4）停运的断路器在投入运行前，应对该断路器本体及保护装置进行全面、细致的检查，必要时进行保护装置的传动试验，保证分、合良好，信号正确，方可投入运行。

（5）当手车式断路器推入柜内时，应保持垂直并缓缓推进。处于试验位置时，必须将二次插头插入二次插座，断开合闸电源，释放弹簧储能。

（6）固定式断路器可通过摇把缓慢地摇入到相应的位置。

（7）电动分、合闸后，若发现分、合闸未成功，应立即取下控制保险或跳开控制电源开关，以防烧坏分、合闸线圈。

（8）断路器动作后，应查看有关的信号及测量仪表的指示，并到现场检查断路器实际分、合闸位置。

（9）需要紧急手动操作高压断路器时，必须经调度同意后方可操作。远方操作的断路器不允许带电手动合闸，以免合上故障回路，使断路器损坏或引起爆炸。

8.2.2 旁路开关操作

1. 旁路转带线路操作原则

（1）旁路断路器带线路运行，带送的线路应该至少有一套纵联保护运行。旁路断路器带线路运行，旁路保护、重合闸定值应按所带线路对应的定值通知单整定，频率（专用）或通道应与线路对侧对应的保护相一致，且保护通道对调完好。

（2）旁路断路器保护压板与所带线路保护压板投退一致。

（3）当配置电力载波闭锁式纵联保护的旁路断路器带线路运行时，如采用通道切换方式，应将被带线路闭锁式纵联通道切换到旁路断路器的收发信机，而该收发信机的频率应切换到被带线路的闭锁式纵联保护相应频率；如采用切换收发信机方式，应将被带线路的收发信机切换至旁路断路器保护屏。旁路保护屏收发信机不运行时，应切换至"本机-负荷"位置。

（4）非专用旁路开关转代时，母差保护等应提前对主变间隔的电流回路、出口回路进行必要的切换，投入或退出必要的功能压板。

（5）对于转代后旁路至少有一套纵联距离（方向）作为主保护的，实行原有的"热转代"（合上旁路开关，再拉开线路开关），纵联距离（方向）保护不退出，若另有纵联差动保护作为主保护，为防止差动电流造成误动作，转代操作中临时退出纵联差动保护。

（6）对于转代后旁路仅有纵联差动作为主保护的，实行"冷转代"（先拉开线路开关，再合上旁路开关，线路潮流短时中断），单电源线路情况下，为避免损失负荷而实行"热转代"。无论"热转代"还是"冷转代"，操作过程中仅有的纵联差动保护一直在投入状态。

2. 由本断路器倒旁路断路器的操作顺序

（1）检查旁路断路器在冷备用状态。

（2）根据调度命令停用所带线路的纵联保护和重合闸。

（3）将旁路断路器保护定值切至被带断路器相应定值区，并核对定值无误（有关保护压板的投、退应与被带线路的规定相同）。

（4）投入旁路断路器保护，切换旁路高频通道，交信正常。

（5）投入母差跳旁路断路器压板。

（6）合上旁路断路器两侧隔离开关。

（7）合上旁路断路器对旁路母线充电。

（8）旁路母线充电正常后，拉开旁路断路器。

（9）合上所带线路的旁路隔离开关。

（10）合上旁路断路器，并检查负荷分配正确。

（11）拉开所带线路断路器。

（12）拉开所带线路断路器的两侧隔离开关。

（13）根据调度命令投入所带线路的纵联保护和重合闸。

（14）合上所带线路断路器两侧的接地隔离开关或装设接地线。

3. 配置专用载波闭锁式纵联的旁路保护转代线路时，一般投停顺序

（1）核对旁路断路器转代定值，投入旁路断路器保护，包括纵联保护、重合闸功能，注意切换旁路收发信机频率。

（2）两侧同时退出不能切换至旁路断路器运行的纵联保护功能。

（3）用旁路断路器向旁路母线充电，充电成功后拉开旁路断路器。

（4）合上被转代断路器的旁路隔离开关。

（5）用旁路断路器合环，拉开被转代断路器。

（6）切换线路保护通道至旁路保护，进行通道试验正常。

（7）被转代断路器转冷备用或检修。

（8）停止转代操作时，拉开旁路断路器后，应随即进行纵联通道切换，再进行其他操作。

4. 配置纵联差动的旁路保护转代线路时，有条件时，尽量按如下顺序操作

（1）核对旁路断路器转代定值，投入旁路断路器保护。

（2）用旁路断路器向旁路母线充电，充电成功后拉开旁路断路器。

（3）合上被转代断路器的旁路隔离开关。

（4）拉开被转代的线路断路器（线路空充运行）。

（5）切换纵联差动保护通道，检查保护正常（两套纵差保护通道均可切至旁路时，应分别进行切换）。

（6）两侧退出不能切至旁路断路器运行的纵联保护功能。

（7）用旁路断路器恢复线路运行。

（8）被转代断路器转冷备用（或检修）。

5. 如果线路不允许短时停电，可按如下顺序操作（操作过程中，线路可能失去保护，也可能保护误动）

（1）核对旁路断路器转代定值，投入旁路断路器保护。

（2）两侧退出不能切至旁路断路器运行的纵联保护功能。

（3）用旁路断路器向旁路母线充电，充电成功后拉开旁路断路器。

（4）合上被转代断路器的旁路隔离开关。

（5）用旁路断路器合环，拉开被转代断路器（断路器合环期间线路可能失去可靠保护，也可能保护误动。拉开被转代断路器后，通道切换前，保护可能误动；通道切换过程中，线路无纵联保护，靠其他保护切除故障）。

（6）切换纵联差动保护通道，检查保护正常。

（7）被转代断路器转冷备用（或检修）。

6. 旁路转带主变操作原则

（1）旁路断路器的电流、电压回路应切至相应主变保护。切换过程中，应将主变差动保护临时停用，但不得将所有保护同时停用，严禁同时退出两套差动保护。

（2）被转代变压器断路器运行时，应将变压器被转代侧差动保护电流互感器电流回路由本断路器电流互感器切换至旁路断路器或变压器套管电流互感器。恢复本断路器运行时，应切换回本断路器电流互感器。

7. 旁路转带主变断路器操作顺序

（1）检查旁路断路器在冷备用状态。

（2）投入主变跳旁路断路器压板，投入母差跳旁路压板。

（3）投入旁路断路器保护。

（4）合上旁路断路器两侧隔离开关。

（5）合上旁路断路器对旁路母线充电。

（6）旁路母线充电正常后，拉开旁路断路器。

（7）退出旁路断路器保护。

（8）合上主变的旁路隔离开关。

（9）退出切换至套管 TA 的一套主变差动保护，将主变断路器 TA 切换至主变套管 TA 后，再投入差动保护。

（10）退出切换至旁路 TA 的一套差动保护，将主变断路器 TA 切至旁路断路器 TA。

（11）合上旁路断路器，并检查负荷分配正确。

（12）拉开主变断路器。

（13）投入切换至旁路 TA 的一套差动保护。

（14）拉开主变断路器两侧的隔离开关。

（15）合上所带主变断路器两侧的接地隔离开关或装设接地线。

8. 旁路兼母联、母联兼旁路操作原则

（1）母联兼旁路断路器作为母联断路器运行时，旁路保护应退出。

（2）母联兼旁路断路器作为旁路断路器运行，应在倒母线操作后，退出其他元件保护（主变保护、充电保护等）联跳母联断路器的压板，投入旁路保护。

（3）用母联兼旁路断路器对旁路母线充电前，应先投入旁路保护，母线充电保护不需投入。

9. 线路经旁路母线串供操作原则

线路经旁路母线串供时，先拉开两条线路断路器控制电源后再合上串供线路旁路隔离开关，防止断路器跳闸后带负荷合隔离开关。

10. 线路经旁路母线串供操作程序

（1）检查旁路母线正常。

（2）拉开两条线路断路器的控制电源。

（3）合上串供线路旁路的隔离开关。

（4）合上两条线路断路器的控制电源。

（5）拉开串供线路断路器。

（6）拉开串供线路断路器两侧的隔离开关。

（7）合上串供线路断路器两侧的接地隔离开关或装设接地线。

8.2.3 隔离开关的操作

1. 隔离开关的定义和分类

旁路隔离开关按其安装方式可分为户外隔离开关与户内高压隔离开关；按其绝缘支柱结构的不同可分为单柱式隔离开关、双柱式隔离开关、三柱式隔离开关；按电压等级的不同可分为低压隔离开关和高压隔离开关。

户外双柱式高压隔离开关如图 8-7 所示，户内三柱式高压隔离开关如图 8-8 所示。

图 8-7　户外双柱式高压隔离开关

图 8-8　户内三柱式高压隔离开关

2. 隔离开关的型号表示

隔离开关的型号用字母和数字来表示，各部分的意义如图 8-9 所示。其他标志表示同型系列中不同规格或派生品种，K—带快分装置，D—带接地刀闸，G—改进型，T—统一设计产品，C—瓷套管出线，S—手力操作机构等。

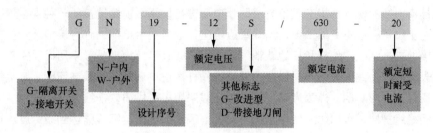

图 8-9　隔离开关的型号表示

例如，一款隔离开关的型号为 GN19-12S/630-20，表示户内隔离开关，设计序号为 19，额定电压为 12kV，额定电流为 630A，额定短时耐受电流为 20kA。

3. 允许隔离开关操作的范围

（1）拉、合无异常的电压互感器和非雷雨天气的避雷器。

（2）拉、合 220kV 及以下空载母线，但在用隔离开关给母线充电时，应先用断路器给母线充电无问题后进行。

（3）拉、合系统没有接地故障时的变压器中性点。

（4）拉、合经开关或刀闸闭合的旁路电流（在断、合经开关闭合的旁路电流时，先将开关操作电源退出）。

（5）拉、合 3/2 结线方式的母线环流。

4. 隔离开关的操作

（1）操作时，应戴好安全帽、绝缘手套，穿好绝缘靴。

（2）在操作隔离开关前，应先检查相应回路的断路器确实在断开位置，以防止带负荷拉、合隔离开关。

（3）线路停、送电时，必须按顺序拉、合隔离开关。停电操作时，必须先断开断路器，然后断开线路侧的隔离开关，最后断开母线侧的隔离开关。送电时，首先合上母线侧的隔离开关，其次合上线路侧的隔离开关，最后合上断路器，停电操作则与上述操作顺序相反。

（4）操作中，如发现绝缘子严重破损、隔离开关传动杆严重损坏等时，不得进行操作，应根据规定拉开相应断路器；如隔离开关有声音，应查明原因，不得硬拉、硬合。

（5）隔离开关操作时，应有值班人员在现场逐相检查其分、合闸位置，同期情况，触头接触深度等项目，确保隔离开关动作正确、位置正确。

（6）对具有远方控制操作功能的隔离开关进行操作，一般应在主控室进行；若在远控电气操作失灵时，需征得所长和所技术负责人许可，并有现场监督的情况下就地进行电动或手动操作。

（7）隔离开关、接地刀闸和断路器之间安装有防止误操作的电气、电磁和机构闭锁装置。倒闸操作时，一定要按顺序进行。如果闭锁装置失灵或隔离开关和接地刀闸不能正常操作时，必须严格按闭锁的要求检查相应的断路器、刀闸位置状态，只有核对无误后，才能解除闭锁进行操作。

（8）解除闭锁后应按规定方向迅速、果断地操作，即使发生带负荷合隔离开关，也禁止再返回原状态，以免造成事故扩大，但也不要用力过猛，以防损坏隔离开关；对于单极刀闸，合闸时先合两边相，后合中间相，拉闸时，操作顺序相反。

（9）操作隔离开关后，要将防误闭锁装置锁好，以防下次发生误操作。

8.2.4 挂接地线的操作

本小节挂接地线的操作是指在设备或线路断电后进行检修之前要挂接的一种安全短路装置，接地线是用于防止设备、线路突然来电，消除感应电压，放尽剩余电荷的临时接地装置。临时接地线由导线夹、接地夹、绝缘操作杆和接地软铜线组成，导线夹和接地夹一般采用优质铝合金压铸，强度高，再经表面处理使线夹表面不易氧化；绝缘操作杆用进口环氧树脂精制而成，其绝缘性能好、强度高、重量轻、色彩鲜明、外表光滑；接地软铜线采用多股优质软铜线绞合而成，并外覆柔软、耐高温的透明绝缘护层，可以防止使用过程中对接地铜线的磨损，铜线需达到疲劳度测试的需求。临时接地线的构成如图 8-10 所示。

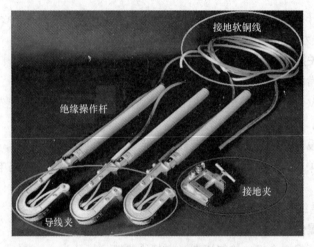

图 8-10 临时接地线的构成

1. 临时接地线的分类

临时接地线是一种安全防护用具，一般按照携带型短路接地线的电压等级可以分为：0.4kV、10kV、35kV、110kV、220kV、500kV；按照接地线横截面面积可以分为 $10mm^2$、$16mm^2$、$25mm^2$、$35mm^2$、$50mm^2$、$70mm^2$、$95mm^2$、$120mm^2$、$130mm^2$、$150mm^2$。变电站常用临时接地线的规格如表 8-1 所示。

表 8-1 变电站常用临时接地线的规格

序号	电压等级（kV）	横截面面积（m^2）	接地线长度（m）
1	0.4	25	12
2	10	25	10
3	35	25	18
4	110	35	15
5	220	35	15
6	500	50	15

2. 挂接地线的操作

（1）做好准备工作。选择在有效期内、电压等级合适的绝缘靴、绝缘手套、验电器；选择电压等级合适的接地线，如 10kV、20kV、500kV，检查接地线的外观有无破损，接地端、导体段是否完好，是否在有效期内，并在带电的地方验证其可靠性。

（2）验电。操作人员戴上绝缘手套，穿上绝缘靴，在设备停电后，用验电器验明无电压。使用验电器时，一定要将杆子完全拉出来，保证安全距离，确保无电后才能进行后续操作。

（3）将接地线的接地端挂在设备接地桩或接地铜排上，一定要挂牢固。

（4）用导体段对设备进行放电，如是三相设备，逐相放电。

（5）放电后将导线夹夹在设备的导体或铜排上，要夹接牢固。

3. 挂接地线的注意事项

（1）装设接地线必须由两人进行。若为单人值班，只允许使用接地刀闸接地或使用绝缘棒合接地刀闸。

（2）装设接地线前，要注意对电容器等能够储存电荷的装置进行放电，防止电荷释放造成事故；然后进入装设接地线程序。

（3）挂（拆）接地线前必须验电，验明设备确无电压后，立即将停电设备接地并三相短路，使工作点始终在"地电位"的保护之中，同时还可将停电设备上残余电荷放尽。

（4）装设接地线必须先接接地端，后接导体端，必须接触良好；拆接地线的顺序与此相反。为确保操作人员的人身安全，装、拆接地线均应使用绝缘棒或戴绝缘手套。

（5）所装接地线应与带电设备保持足够的安全距离。

（6）必须使用合格的接地线，其截面应满足要求且无断股，严禁将地线缠绕在设备上或将接地端缠绕在接地体上。

8.2.5 母线的倒闸操作

在电力系统中，母线是指多个设备以并列分支的形式接在其上的一条共用的通路。母线将配电装置中的各个载流分支回路连接在一起，作用是汇集、分配和传送电能。

母线倒闸操作是指母线的停电和送电以及母线上的设备在两条母线间的倒换。双母线的倒闸操作是指双母线接线方式的变电站，将一组母线上的部分或全部开关倒换到另一组母线上运行或热备用的操作。通常在一条母线停电检修时需要进行母线倒闸的操作。

1. 母线倒闸的操作要求

（1）母线倒闸操作时，应考虑对母差保护的影响和二次回路相应的切换，各组母线电源与负荷分布是否合理，应避免在母差保护退出的情况下进行母线倒闸操作。

（2）母线倒闸操作前，应先投入母差保护屏手动互联（单母线运行）压板，然后拉开母联断路器操作电源，倒闸完毕后应检查电压切换良好，母差及失灵保护刀闸辅助接点位置与一次设备状态对应，母差保护无异常告警信号，再合上母联断路器操作电源并退出手动互联（单母线运行）压板。

（3）进行母线倒闸操作时，母联断路器须合上，并拉开母联断路器的 Ⅰ、Ⅱ 直流控制电源小开关，使之变为"死开关"。然后操作需倒换的单元间隔，先合上待合的母线侧隔离开关，再拉开待拉的母线侧隔离开关。事故情况下，当母联断开时，须先拉开待拉的母线侧隔离开关，再合上待合的母线侧隔离开关。

（4）双母线分段接线段方式进行母线倒闸操作时，应逐段进行。一段操作完毕，再进行另一段的倒母线操作。不得将与操作无关的母联、分段断路器改非自动。

（5）母线倒闸操作中，须认真检查母线保护屏、失灵屏、线路保护屏、主变保护屏所显示的各间隔母线隔离开关的位置指示灯的指示是否与所在运行母线的实际位置相对应；电能表屏电压切换是否正常。

（6）母线倒闸操作中，"切换继电器同时动作"光字牌发讯不能复归时不得拉开母联断路器，严防 TV 二次回路反送电。

2. 母线倒闸的操作步骤

例如，某供电系统为双母线供电方式，双母线所带负荷的接线方式如图 8-11 所示。

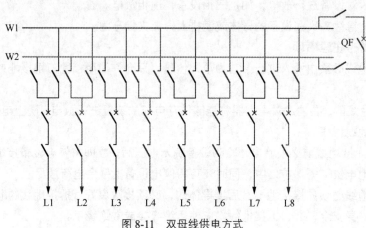

图 8-11　双母线供电方式

正常运行时，L1、L3、L5、L7 位于母线 W1 上，L2、L4、L6、L8 位于母线 W2 上，两段母线通过母联断路器 QF 连接，QF 处于闭合状态，双母线并列运行时，如图 8-12 所示。

倒闸操作要求：将待停电母线 W1 上所带负荷 L1、L3、L5、L7 倒至母线 W2 上，将双母线的并列运行改为一组母线运行。

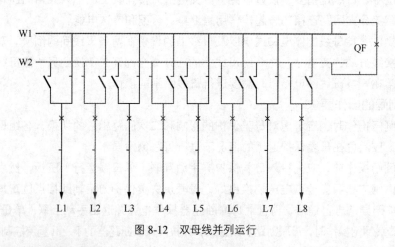

图 8-12　双母线并列运行

母线停电的倒闸操作步骤如下：

（1）投两母线保护互联压板，将母线保护置于非选择方式；合上保护装置屏上的"投互联"压板；

（2）确认母联断路器 QF 在合闸状态，取下控制熔断器（保险），防止操作过程中跳闸；

（3）合上待停电母线 W1 所连 L1、L3、L5、L7 线路的另一侧的隔离开关，使各线路与不停电母线 W2 连通，如图 8-13 所示圆圈中的隔离开关；

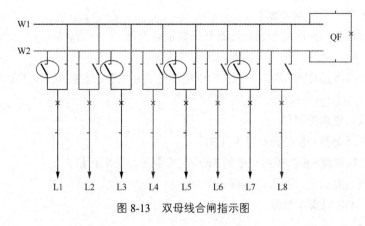

图 8-13 双母线合闸指示图

（4）断开待停电母线 W1 与所连 L1、L3、L5、L7 线路相连的隔离开关，如图 8-14 所示；

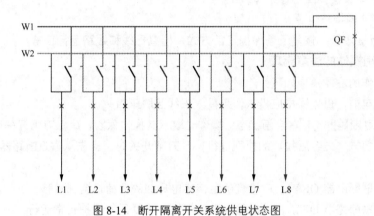

图 8-14 断开隔离开关系统供电状态图

（5）进一步确认负荷 L1、L3、L5、L7 已全部转移到母线 W2，断路器 QF 电流为零；

（6）退出两母线保护互联压板；

（7）安装上断路器 QF 的操作保险，断开母联断路器 QF；

（8）取下 QF 操作保险，拉开 QF 两侧刀闸；

（9）退出停电母线上的 TV；

（10）对已停电母线验电后，投母线地刀，布置安全措施。

倒闸操作完成后各开关的状态如图 8-15 所示。

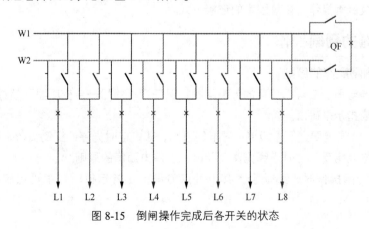

图 8-15 倒闸操作完成后各开关的状态

母线检修完恢复送电的步骤如下：

（1）母线检修结束，拆除安全设施，断开母线接地刀闸；

（2）母线 PT 投入运行，先投一次侧，后投二次侧；

（3）合上母联断路器 QF 的动力电源、操作电源、信号电源、测控电源，"远方/就地"把手置于远方控制方式；

（4）投入母线充电保护回路；

（5）合上母联断路器 QF 两侧的刀闸开关；

（6）合上母联断路器 QF，母线充电约 5min，检查母线充电正常；

（7）退出母线充电保护，投入母线保护；

（8）断开母联 QF 的操作电源；

（9）投互联压板；

（10）将各线路负荷倒至检修前母线上；

（11）投入 QF 的操作电源；

（12）退出互联压板，恢复母差保护正常方式，检查母线和线路运行正常。

3. 母线倒闸操作的注意事项

母线停电操作的注意事项如下：

（1）母线停电前，母差保护应投入，且投入母线互联压板；

（2）确定母联断路器 QF 在合闸状态，操作时取下其操作保险，确保刀闸开关在等电位下操作，切换刀开关时，要按"先合后拉"的原则进行，合刀闸开关时，应先从靠近断路器 QF 处开始，断开时相反；

（3）断开母联断路器 QF 前，应检查确定待停电母线的负荷已全部转移；

（4）断开母联断路器 QF 前，退出母线互联压板，恢复母差保护正常运行；

（5）停运 TV 应先断开其二次侧负荷，后断开一次侧刀闸开关，并在验电后投入 TV 接地刀闸。

母线恢复送电的操作注意事项如下：

（1）母线检修后送电前，应检查 WB2 母线上所有检修过的母线隔离开关准确的断开位置，防止向其他设备误充电。

（2）经母联开关向另一条母线充电，应使用母线充电保护，即要检查母联开关跳闸出口压板在投入位置且投入充电保护压板，若母线配两套母差保护，则两套母差的充电保护压板均应投入。

（3）充电良好后，应立即解除充电保护压板。

（4）进行母线倒闸操作，恢复固定的连接方式。

8.2.6 变压器的倒闸操作

1. 变压器倒闸操作的原则

（1）变压器停电前，应考虑负荷的分配问题，保证运行的另一台变压器不超过负荷，可通过主变电源侧的电流表指示来确定。

（2）变压器停、送电要遵循逐级停、送电的原则，即停电时先停低压侧负荷，后停高压侧负荷，送电时操作顺序与此相反，同时遵循先停负荷侧、后停电源侧的原则。

（3）变压器倒闸操作时，必须合上其中性点刀闸；正常运行时，中性点应按调度令决定其投、停。

（4）主变压器投、停时，要注意中性点消弧线圈的运行方式。主变压器停电检修，在主变压器消弧线圈中性点刀闸主变侧挂一组单相接地线。

（5）变压器投入运行时，应该选择励磁涌流较小的带有电源的一侧充电，并保证有完备的继电保护。现场规程没有特殊规定时，禁止由中压、低压向主变压器充电，以防主变压器故障时保护灵敏度不够。

（6）主变压器检修后恢复送电时，应核对变压器有载调压分接头位置，确保与运行变压器的一致。

（7）主变压器停电检修应考虑相应保护的变动，如停用主变保护切母联、分段开关压板等。防止继电人员做保护试验时误跳母联及分段。

（8）停电检修主变压器后恢复送电，主变充电前，应退出停用运行变压器中性点间隙保护过流压板，充电良好后再投入。这样，防止充电时电压不平衡，中性点产生环流导致运行变压器误跳闸。

2. 变压器倒闸操作的步骤

如某供电系统由两个主变压器分两段供电，如图 8-16 所示。

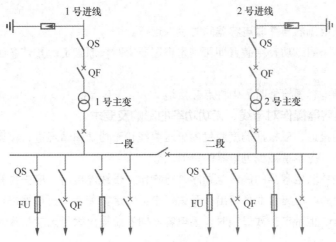

图 8-16 双主变压器供电系统图

（1）1 号主变压器由运行转检修倒闸操作步骤如图 8-17 所示。

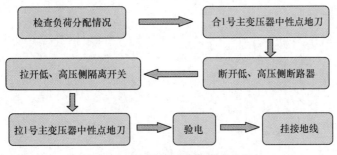

图 8-17 运行转检修倒闸操作步骤

（2）1 号主变压器由检修后转运行倒闸操作步骤如图 8-18 所示。

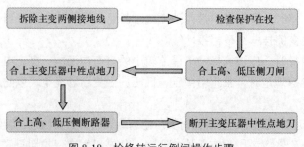

图 8-18　检修转运行倒闸操作步骤

8.2.7　电抗器、电容器操作

1. 电抗器、电容器操作要求

（1）电容器跳闸后不得连续合闸，须经充分放电（不少于 5min）后再进行合闸；事故处理亦不得例外。

（2）电容器的投入与退出必须用断路器操作，不允许使用隔离开关操作。电容器开关禁止加装重合闸。

（3）不允许并联电抗器与并联电容器同时投入运行。

（4）在只需投入一组无功补偿装置即可满足电压要求时，原则上尽量使各组无功补偿装置轮换运行。

（5）星形接线的电容器检修时，中性点应接地。

2. 电抗器、电容器操作对母线、无功功率的影响及要求

（1）电容器组的投退，应根据调度颁发的电压曲线和无功功率情况进行投退，为延长电容器的寿命和防止设备损坏，应尽量减少电容器的投退次数。

（2）应严格按照并联电容器的停送电顺序进行操作，母线停电时，应先拉开电容器开关，后拉其他开关；母线送电后，应先合上各路出线开关，带上一定负荷后，再根据母线电压的高低，决定是否投入电容器，以防止带电空载母线时，因电容器向系统输出大量无功功率而致使母线电压过度升高或发生谐振现象。

（3）为防止过电压和当空载变压器投入时可能引起与电容器发生铁磁谐振产生的过电流，在投入变压器前不应投入电容器组。

第 9 章

电工电路的识图

电工电路包含电力的传输电路、变换电路和分配电路，以及电气设备的供电电路和控制电路，这种电路将线路的连接分配及电路器件的连接和控制关系用文字符号、图形符号、电路标记等表示出来。线路图及电路图是电气系统中的各种电气设备、装置及元器件的名称、关系和状态的工程语言，它是描述一个电气功能和基本构成的技术文件，是指导各种电工电路的安装、调试、维修必不可少的技术资料。学习电工电路识图是电工应掌握的一项基本技能。本章首先介绍电工电路的识图方法和步骤，然后以典型电路为例，分别介绍高压、低压供配电电路、照明控制电路及电动机控制电路的识图和分析过程。

9.1 电工电路的识图方法和识图步骤

9.1.1 电工电路的识图基本要求

识读电工电路图的基本要求有以下几点。

1. 由浅入深、循序渐进地识图

初学识图要本着从易到难、从简单到复杂的原则。一般来讲，照明电路比电气控制电路简单，单项控制电路比系列控制电路简单。复杂的电路都是简单电路的组合，从识读简单的电路图开始，理清每一种电气符号的含义，明确每一种电气元件的作用，理解其在电路中的工作原理，为识读复杂的电气图打下基础。

2. 应具有电工电路的基础知识

在实际生产的各个领域中，所有电路如输变配电、建筑电气、电气控制、照明、电子电路、逻辑电路等，都是建立在电工电子技术理论基础之上的。因此，要想准确、迅速地读懂电气图，必须具备一定的电工电路基础知识，这样才能运用这些知识分析电路，理解图纸中所含的内容。如三相笼型感应电动机的正转和反转控制，就是利用电动机的旋转方向是由三相电源的相序来决定的原理，用倒顺开关或两个接触器进行切换，改变输入电动机的电源相序，来改变电动机的旋转方向。而 Y-△启动则是应用电源电压的变动引起电动机启动电流及转矩变化的原理。

3. 掌握电气图用图形符号和文字符号

电气图用图形符号和文字符号以及项目代号、电气接线端子标志等是电气图的"象形文字"，是"词汇""句法"及"语法"，相当于看书识字、识词，还要懂得一些句法、语法。图形、文字符号很多，必须能熟记会用。可以根据个人所从事的工作和专业出发，识读各专业共用和本专业专用的电气图形符号，然后再逐步扩大，并且可以通过多看，多画来加强大脑的印象和记忆。

4. 熟悉各类电气图的典型电路

典型电路一般是常见、常用的基本电路。如供配电系统中电气主电路图中最常见、常用的是单母线接线，由此典型电路可导出单母线不分段、单母线分段接线，单母线分段区别是隔离开关分段还是断路器分段。再如，电力拖动中的启动、制动、正反转控制电路，联锁电路，行程限位控制电路。

不管多么复杂的电路，总是由典型电路派生而来的，或者由若干典型电路组合而成的。因此，熟练掌握各种典型电路，在识图时有利于对复杂电路的理解，能较快地分清主次环节及其他部分的相互联系，抓住主要矛盾，从而能读懂较复杂的电气图。

5. 掌握各类电气图的绘制特点

各类电气图都有各自的绘制方法和绘制特点。掌握了电气图的主要特点及绘制电气图的一般规则，如电气图的布局、图形符号及文字符号的含义、图线的粗细、主副电路的位置、电气触头的画法、电气网与其他专业技术图的关系等，并利用这些规律，就能提高识图效率，进而自己也能设计制图。由于电气图不像机械图、建筑图那样直观形象和比较集中，因而识图时应将各种有关的图纸联系起来，对照阅读。可以通过系统图、电路图找联系；通过接线图、布置图找位置，交错识读会收到事半功倍的效果。

6. 把电气图与其他图对应识读

电气施工往往与主体工程及其他工程如工艺管道、蒸汽管道、给排水管道、采暖通风管道、通信线路、机械设备等安装工程配合进行。电气设备的布置与土建平面布置、立面布置有关；线路走向与建筑结构的梁、柱、门窗、楼板的位置有关，还与管道的规格、用途、走向有关；安装方法又与墙体结构、楼板材料有关；特别是一些暗敷线路、电气设备基础及各种电气预埋件更与土建工程密切相关。因此，识读某些电气图还要与有关的土建图、管路图及安装图对应起来看。

7. 掌握涉及电气图的有关标准和规程

电气识图的主要目的是用来指导施工、安装、运行、维修和管理。有一些技术要求不可能都——在图样上反映出来，也不能一一标注清楚，由于这些技术要求在有关的国家标准或技术规程、技术规范中已作了明确的规定。因而，在识读电气图时，还必须了解这些相关标准、规程、规范，这样才能真正读懂图。

9.1.2 电工电路的识图方法

1. 掌握理论知识

变配电所、电力拖动系统、各种照明电路、各种电子电路、仪器仪表及家用电器等能够正常运行或工作，都是建立在一定理论知识上的。要了解和掌握其工作原理，必须看懂电气原理图，具有相应的理论知识。因此，要想看懂电气原理图，必须具备一定的电工、电子技术理论知识。如三相电动机的正反转控制，就是利用电动机的旋转磁场方向是由三相交流电的相序决定的原理，采用倒顺开关或两个接触器实现切换，从而改变接入电动机的三相交流电相序，实现电动机正反转的。

2. 熟悉电气元器件结构

电路是由各种电气设备、元器件组成的，如电力供配电系统中的变压器、各种开关、接触器、继电器、熔断器、互感器等，电子电路中的电阻器、电感器、电容器、二极管、三极管、晶闸管及各种集成电路等。因此，熟悉这些电气设备、装置和控制元件、元器件的结构、动作工作原理、用途和它们与周围元器件的关系以及在整个电路中的地位和作用，熟悉具体机械设备、装置或控制系统的工作状态，有利于电气原理图的识读。

3. 根据电气制图要求识读图

电气图的绘制有一定的基本规则和要求，按照这些规则和要求画出的图，具有规范性、通用性和示意性。例如，电气图的图形符号和文字符号的含义、图线的种类、主辅电路的位置、表达形式和方法等，都是电气制图的基本规则和要求。掌握熟悉这些内容对识读图有很大的帮助。

4. 结合文字符号、图形符号等识图

电工电路主要利用各种电气图形符号来表示其结构和工作原理。因此，结合电气图形符号进行识图，可快速对电路中包含的物理部件进行了解和确定。例如，图 9-1 所示为某车间的供配电线路电气图。当我们知道变压器符号和隔离开关的符号，对该电气图进行识读就很容易了。

图形符号和文字符号很多，做到熟记、会用，可从个人专业出发，先熟读、背会各专业共用的和本专业的图形符号，然后逐步扩大，掌握更多的其他相关符号，识读更多不同专业的电气图。

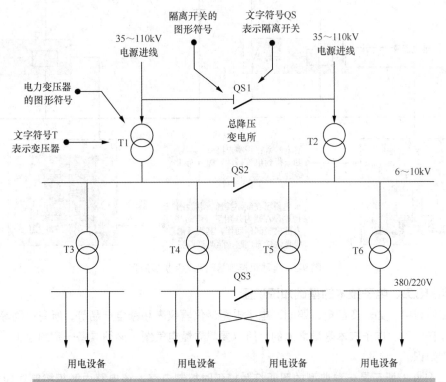

图 9-1 某车间的供配电线路电气图

5. 结合电气或电子元件的结构和工作原理识图

各种电工电路图都是由各种电气元件或电子元件和配线等组成的，只有了解了各种元器件的结构、工作原理、性能及相互之间的控制关系，才能帮助电工技术人员尽快读懂电路图。

例如，图 9-2 所示为电动机控制基础电路及扩展应用，了解电路中按钮开关、继电器的内部结构和不同的工作状态后，识读电路十分简单。

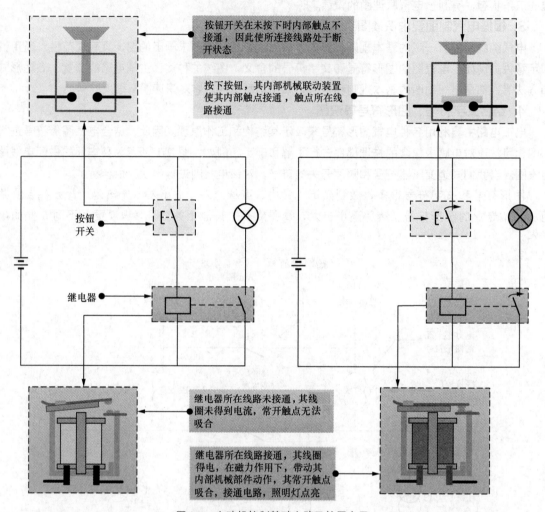

图 9-2　电动机控制基础电路及扩展应用

6. 结合电工、电子技术的基础知识识图

在电工领域中，如输变配电、照明、电子电路、仪器仪表和家电产品等，所有电路等方面的知识都是建立在电工、电子技术基础之上的，所以要想看懂电气图，必须具备一定的电工、电子技术方面的基础知识。

例如，图 9-3 所示是一种典型的照明灯触摸延时控制电路，该电路中触摸控制功能由 NE555 定时器电路、电阻器、电容器、稳压二极管、晶闸管、整流二极管等电子元件构成的电路实现；电路中线路的通断、照明功能则由断路器、触摸开关、照明灯实现。只有了解了上述各电子元件和电工器件的功能特点，才能根据线路关系理清电路中信号的处理过程和供电关系，从而完成电路的识读。

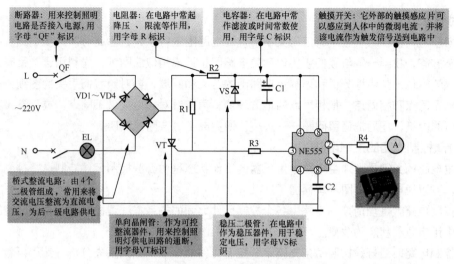

图 9-3　典型的照明灯触摸延时控制电路

电路分析：用手触摸开关 A，手的感应信号经电阻 R4 加到 NE555 定时器芯片的 2 脚和 6 脚，定时器电路得到感应信号后，内部触发器翻转，其 3 脚输出高电平，单向晶闸管的控制极有高电平输入，触发晶闸管 VT 导通，照明灯供电回路被接通，照明灯 EL 被点亮。需要熄灭照明灯时，用手再次触碰触摸开关 A，手的感应信号送到定时器芯片的 2 脚和 6 脚，定时器内部的触发器再次翻转，其 3 脚输出低电平，单向晶闸管控制极为低电平，VT 截止，照明灯供电回路被切断，照明灯 EL 熄灭。

7. 总结和掌握各种电工电路，并在此基础上灵活扩展

电工电路是电气图中最基本也是最常见的电路，这种电路的特点是既可以单独应用，也可以应用于其他电路作为关键点扩展后使用。许多电气图都是由很多集成电路组合而成的。

例如，电动机的启动、制动、正反转、过载保护等均为基础电路。在读图过程中，应抓准基础电路，注意总结并完全掌握这些基础电路的机理。

图 9-4（a）所示为一种简单的电动机启、停控制电路，图 9-4（b）所示为一种典型的电动机点动、连续控制电路，可以看出，图 9-4（b）的功能是在图 9-4（a）的基础上添加了点动控制按钮来实现的。

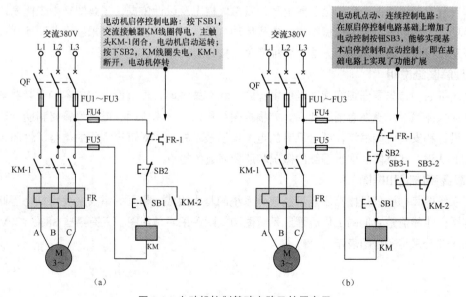

图 9-4　电动机控制基础电路及扩展应用

8. 对照学习识图

作为初学者，很难对一张没有任何文字解说的电路图进行识读，因此可以先参照一些技术资料或书刊、杂志等，找到一些与我们所要识读的电路图相近或相似的图纸，先利用这些带有详细解说的图纸，跟随解说一步步地分析和理解该电路图的含义和原理，再对照我们手头的图纸进行分析、比较，找到不同点和相同点，把相同点的地方理清，再有针对性地突破不同点，或再参照其他与该不同点相似的图纸，最后把遗留问题——解决，便完成了对该图的识读。

9. 分清控制线路的主辅电路

分析主电路的关键是理清主电路中用电器的工作状态是由哪些控制元件控制。将控制与被控制关系理清，可以说电气原理图基本读懂了。

分析控制电路就是理清控制电路中各个控制元件之间的关系，理清控制电路中哪些控制元件控制主电路中用电负载状态的改变。

分析控制电路时最好是按照每条支路串联控制元件的相互制约关系去分析，然后再看该支路控制元件动作对其他支路中的控制元件有什么影响。采取逐渐推进法分析是比较好的方法。

控制电路比较复杂时，最好是将控制电路分为若干个单元电路，然后将各个单元电路分别进行分析，以便抓住核心环节，使复杂问题简单化。

9.1.3　电工电路的识图步骤

识读电路图，首先需要区分电路类型及用途或功能，从整体认识后，再通过熟悉各种电器元件的图形符号建立对应关系，然后结合电路特点寻找该电路中的工作条件、控制部件等，结合相应的电工、电子电路中电子元器件、电器元件功能和原理知识，理清信号流程，最终掌握电路控制机理或电路功能，完成识图过程。

识读电工电路可分为 7 个步骤，即区分电路类型，明确用途，建立对应关系及划分电路，寻找工作条件，寻找控制部件，确立控制关系，理清供电及控制信号流程，最终掌握控制机理和电路功能。

1. 了解说明书

了解电气设备说明书，目的是了解电气设备总体概况及设计依据，了解图纸中未能表达清楚的各有关事项。了解电气设备的机械结构、电气传动方式、对电气控制的要求、设备和元器件的布置情况，以及电气设备的使用操作方法，各种开关、按钮等的作用。

2. 理解图纸说明

拿到图纸后，首先要仔细阅读图纸的主标题栏和有关说明，理清设计的内容和安装要求，就能了解图纸的大体情况，抓住看图的要点。如根据图纸目录、技术说明、电气设备材料明细表、元件明细表、设计和安装说明书等，结合已有的电工电子技术知识，对该电气图的类型、性质、作用有一个明确的认识，从整体上理解图纸的概况和所要表述的重点。

3. 掌握系统图和框图

由于系统图和框图只是概略表示系统或分系统的基本组成、相互关系及主要特征，因此就要详细看电路图，才能清楚它们的工作原理。系统图和框图多采用单线图，只有某些 380 / 220V 低压配电系统图才部分采用多线图表示。

4. 熟悉电路图

电路图是电气图的核心，也是内容最丰富但最难识读的电气图。识读电路图时，首先要识读图中的图形符号和文字符号，了解电路图各组成部分的作用，分清主电路和辅助电路、交流回路和直流回路，其次按照先看主电路，后看辅助电路的顺序进行识读图。看主电路时，通常要从下往上看，即从用电设备开始，经控制元件依次往电源端看；也可按绘图顺序由上而下，即由电源经开关设备及导线向负载方向看，也就是清楚电源是怎样给负载供电的。识读辅助电路时，从上而下、从左向右看，即先识读电源，再依次识读各条回路，分析各条回路中元件的工作情况及其对主电路的控制关系。

通过识读主电路，要理清电气负载是怎样获取电能，电源线都经过哪些元件到达负载，以及这些元件的作用、功能。通过识读辅助电路，则应理清辅助电路的回路构成、各元件之间的相互联系和控制关系及其动作情况等。同时还要了解辅助电路与主电路之间的相互关系，进而理清整个电路的工作原理和来龙去脉。

5. 区分电路类型

电工电路的类型有很多，根据其所表达的内容、包含的消息及组成元素的不同，一般可分为电工接线图和电工原理图。不同类型电路的识读原则和重点不相同，因此当遇到电路图时，首先要看它属于哪种电路。

接线图是以电路为依据的，因此要对照电路图来看接线图。看接线图时，要根据端子标志、回路标号从电源端依次查下去，理清线路走向和电路的连接方法，理清每个回路是怎样通过各个元件构成闭合回路的。识读安装接线图时，先识读主电路后识读辅助回路。识读主电路是从电源引入端开始，顺序经开关设备、线路到负载（用电设备）。识读辅助电路时，要从电源的一端到电源的另一端，按元件连接顺序对每一个回路进行分析。接线图中的线号是电气元件间导线连接的标记，线号相同的导线原则上都可以接在一起。由于接线图多采用单线表示，因此对导线的走向应加以辨别，还要理清端子板内外电路的连接。配电盘内外线路相互连接必须通过接线端子板，因此识读接线图时，要把配电盘内外的线路走向理清，就必须注意理清端子板的接线情况。

图 9-5 所示为一张简单的电工接线图。从图中可以看出，该电路图中用中文符号和图形符号标示出了系统中所使用的基本物理部件，用连接线和连接端子标示出了物理部件之间的实际连接关系和接线位置，该类图为电工接线图。

6. 明确用途

明确电路中的用途是指导识图的总纲领，即先从整体上把握电路的用途，明确电路最终实现的结果，并以此作为指导识读的总体思路。例如，在电动机的点动控制电路中，抓住其中的"点动""控制""电动机"等关键信息，作为识图时的主要信息。

7. 建立对应关系及划分电路

根据电路中的文字符号和图形符号标识，将这些简单的符号信息与实际物理部件建立起一一对应关系，进一步明确电路所表达的含义，对读通电路关系十分重要。

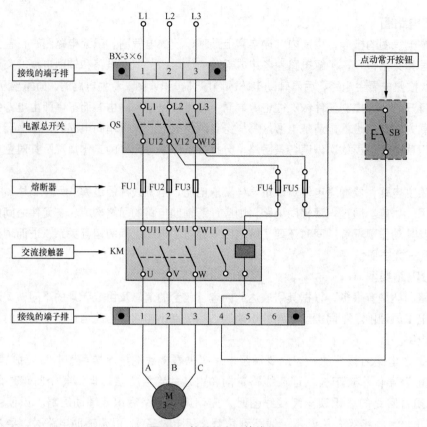

图 9-5　简单的电工接线图

图 9-6 为简单的电工电路中符号与实物的对应关系。

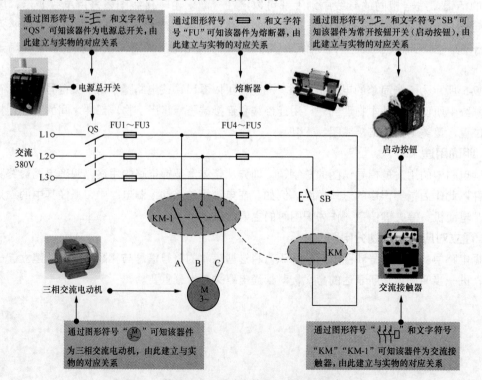

图 9-6　简单的电工电路中符号与实物的对应关系

8. 寻找工作条件

如图 9-7 所示，当建立好电路中各种符号与实物的对应关系后，接下来则可通过了解器件的功能寻找电路中的工作条件，当工作条件具备时，电路中的物理部件才可以进入工作状态。

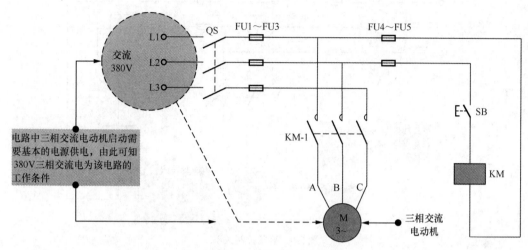

图 9-7　寻找基本工作条件

9. 寻找控制部件

如图 9-8 所示，控制部件通常称为操作部件，电工电路中就是通过操作该类部件对电路进行控制的，它是电路中的关键部件，也是控制电路中是否将工作条件接入电路或控制电路中的被控制部件执行所需要动作的核心部件。识图时，准确找到控制部件是识读过程的关键。

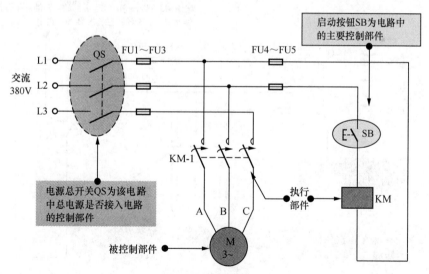

图 9-8　寻找控制部件

10. 确立控制关系

如图 9-9 所示，找到控制部件后，接下来根据线路连接情况确立控制部件与被控制部件之间的控制关系，并将该控制关系作为理清该电路信号流程的主线。

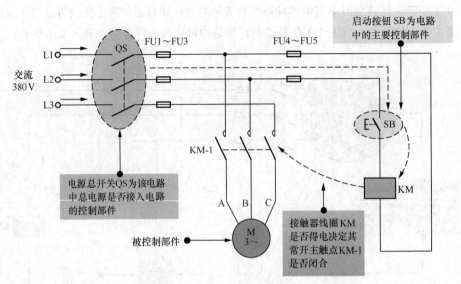

图 9-9　确定控制关系

11. 理清供电及控制信号流程

如图 9-10 所示，确立控制关系后，则可操作控制部件来实现其控制功能，同时理清每操作一个控制部件后，被控制部件所执行的动作和结果，从而理清整个电路的信号流程，最终掌握其控制机理和电路功能。

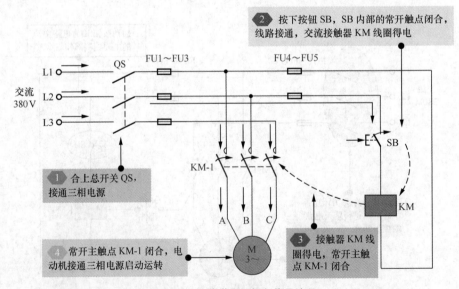

图 9-10　理清供电及控制信号流程

识读图纸的顺序没有统一规定，可以根据需要自己灵活掌握，并应有侧重点。有时一幅图纸需要识读多遍。实际读图时，要根据图纸的种类做相应调整。

9.2 电工电路的识图分析

9.2.1 高压供配电电路的识图分析

1. 高压供配电系统图

高压供配电系统图分为主电路图（也称一次系统图、一次回路图）和辅助电路图（也称二次系统图、二次回路图）。

实现电能转换与传输的发电、供电、用电设备，如发电机、变压器、电动机、电热器、开关输电线等，通常称为主设备。为了保证这些主设备运行的安全可靠与使用的方便，还需要有许多附属的辅助设备为之服务。这些辅助设备主要如下。

（1）信号装置：一台设备是否已带电工作，工作是否正常，一个开关是否已合闸送电，在许多情况下从外表是分辨不清的，这就需要设置各种信号，如灯光信号、音响信号等。

（2）测量设备：灯光与音响信号能表明设备的大致工作状态，如果要详细监视电源的质量与设备的工作状态，还要借助仪表对各种电气参量进行测量，如测量电压频率的高低，电流、功率的大小，电能的多少等，这就要安装各种电工仪表，如电压表、频率表、电流表、功率表、相位表、电能表等，以及各种附属设备。

（3）保护设备：电气设备与线路在运行的过程中，有时会超过其允许的工作能力，有时会产生故障，这就需要有一套发现故障和其他不正常状态后发出故障与不正常工作状态的信号并对电路与设备工作状态进行调整（断开、切换）的保护设备。

（4）自动控制系统：小型开关，如普通低压闸刀，可以手动进行操作，但是控制高电压或大电流的开关设备，有的体积很大，手动是不行的，尤其是当系统出了故障需要迅速断开开关时，手动更是不行的，这就需要有一套电气自动控制与电气操作系统。

上述这些对主设备与系统进行监视测量、保护及自动控制的设备，称为辅助设备。将辅助设备按一定顺序连接起来，用来说明电气工作原理的，称为辅助电路图；用来说明电气安装接线的，称为辅助接线图。如果主要用于电气控制，又可称为控制电路图和控制接线图。

辅助电路图是电气图中的重要组成部分，与其他电气图相比较，往往显得比较复杂。其复杂性主要表现在以下几个方面。

（1）辅助设备数量多：辅助设备比主设备要多。随着主设备电压等级的升高，容量的增大，要求的自动化操作与保护系统也越来越复杂，辅助设备的数量与种类也越来越多。

（2）辅助电路连线复杂：由于辅助设备数量多，连接辅助设备之间的连线也很多，而且辅助设备之间的连线不像主设备之间的连线那么简单。

为了表示辅助电路的原理和接线，辅助电路图和接线图有以下几种：

（1）辅助电路图包括集中式电路图、半集中式电路图、分开式电路图；

（2）辅助接线图包括单元接线图或接线表、端子接线图或接线表、辅助电缆配置图或配置表、辅助设备平面布置图等。

实际上，辅助电路图和辅助接线图不是一类单独的图，因此，其表示方法并没有更多特殊的地方，其中的辅助电路图必须遵守电路图的有关规定，辅助接线图、接线表必须遵守接线图和接线表的有关规定。但鉴于辅助电路图和接线图的复杂性以及某些特点，仍有必要专门阐述，其中侧重于怎样阅读和使用辅助电路图和接线图。

综上所述，由主设备构成的主回路以输送电能为主要目的，而由辅助设备构成的辅助回路以保证主回路的用电安全、可靠、优质、经济为目的。

2. 高压供配电电路的识图分析

图 9-11 所示为典型高压供配电电路。该电路主要由高压隔离开关 QS1～QS12、高压断路器 QF1～QF6、电力变压器 T1 和 T2、避雷器 F1～F4、高压熔断器 FU1 和 FU2、电压互感器 TV1 和 TV2 构成。

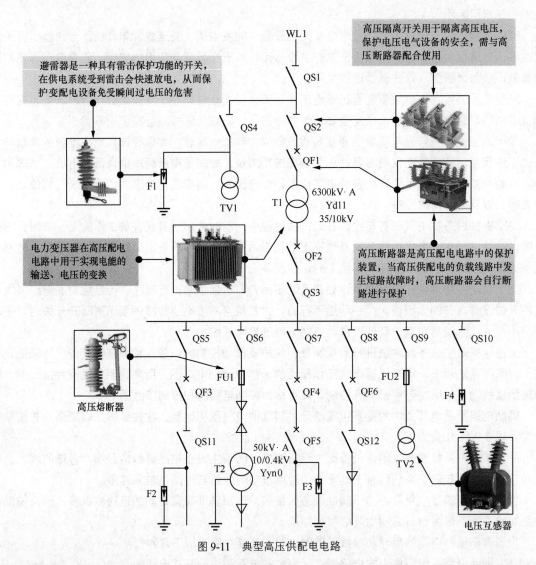

图 9-11　典型高压供配电电路

根据供配电电路的连接特点，为了便于对供配电电路进行识读分析，我们可以将上述的高压供配电电路划分成供电电路和配电电路两部分。其中，供电电路承担输送电能的任务，直接连接高压电源，通常以一条或两条通路为主线。图 9-12 所示为高压供电电路的识读分析过程。

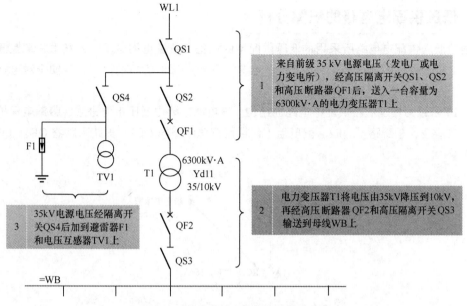

图 9-12　高压供电电路的识读分析过程

高压配电电路承担分配电能的任务，一般指高压供配电电路中母线另一侧的电路，通常有多个分支，分配给多个用电电路或设备。高压配电电路的识读分析过程如图 9-13 所示。

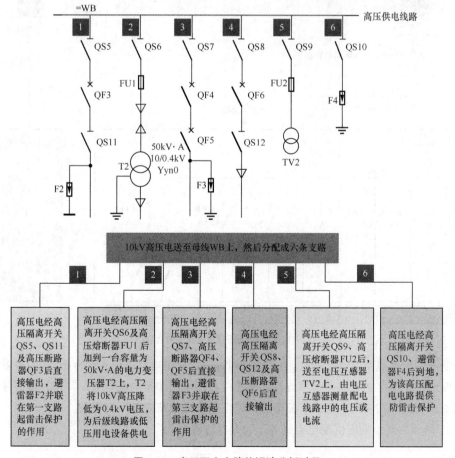

图 9-13　高压配电电路的识读分析过程

9.2.2 低压供配电电路的识图分析

不同的低压供配电电路所采用的低压供配电的设备和数量也不尽相同，熟悉和掌握低压供配电电路中主要部件的图形符号和文字符号的含义，了解各部件的功能特点，以便于对电路进行分析识读。

图 9-14 所示为典型低压供配电电路的结构。该电路主要由低压电源进线、带漏电保护的断路器 QF1、电能表、总断路器 QF2、配电盘（包括用户总断路器 QF3、支路断路器 QF4～QF11）等构成。

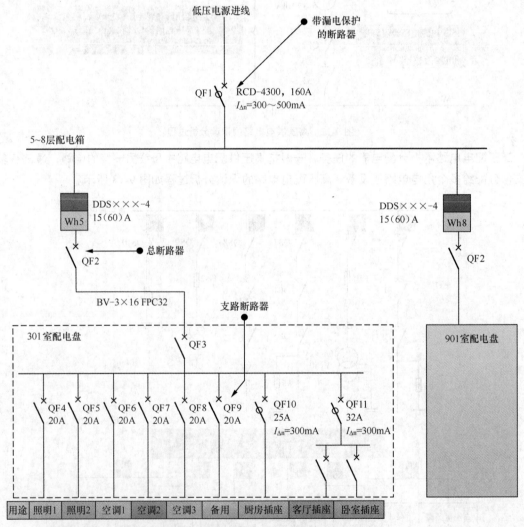

图 9-14 典型低压供配电电路的结构

根据低压供配电线路的连接特点，为了便于对低压供配电电路进行识读分析，我们可以将图 9-14 所示的低压供配电电路划分成两个部分，即楼层住户配电箱和室内配电盘。其中，楼层住户配电箱属于低压供电部分，室内配电盘属于配电部分，用于分配给室内各用电设备。

图 9-15 所示为典型低压供配电电路的识读分析过程。

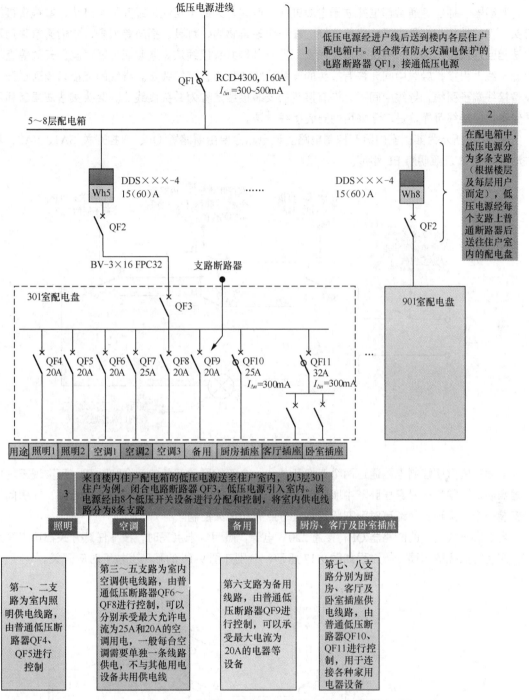

图 9-15　典型低压供配电电路的识图分析过程

9.2.3　照明控制电路的识图分析

对照明设备进行控制与保护的电路图称为照明控制电路。照明控制电路包括电路图和安装接线图。电路图比较清楚地表明了开关、照明器的连接、控制关系，但不具体表示照明设备与线路的实际位置。在电气照明平面图上表示的照明设备连接关系图都是安装接线图。安装接线图清楚地表明了照明电器开关、线路的具体位置和安装方法，但对同一方向、同一标高的导线只用一根线条表示。

照明器、插座等通常都是并联于电源进线的两端，火线（相线）经开关至灯头，零线直接接入灯头，保护地线与灯具金属外壳相连接。在一个建筑物内，灯具、插座等很多，它们通常采用两种方法相互连接在一起，一种是直接接线法，另一种是共头接线法。各照明电器插座、开关等直接从电源干线上引接，导线中间允许有接头的安装接线法称为直接接线法。导线的连接只能通过开关、设备接线端子引线，导线中间不允许有接头的安装接线法称为共头接线法。共头接线法虽然耗用导线较多，但接线可靠，是广泛采用的安装接线方法。

图 9-16 所示为典型室内照明控制电路。该电路主要由断路器 QF、双控开关 SA1、SA2、双控联动开关 SA3 及照明灯 EL 组成。

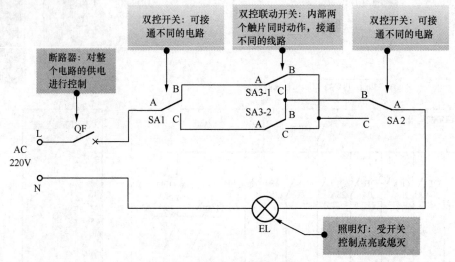

图 9-16　典型室内照明控制电路

上述室内照明控制电路通过两个双控开关和一个双控联动开关的闭合和断开，可实现三地控制一盏照明灯，常用于对家居卧室中照明灯进行控制，一般可在床头两边各安一个开关，在房间门口处安装一个，实现三处都可对卧室照明灯进行点亮和熄灭控制。

合上供电线路中的断路器 QF，接通 220V 电源，照明灯未点亮时，按下任意开关都可点亮照明灯。照明灯点亮的识读分析过程如图 9-17 所示，分别在图 9-16 的基础上按下对应开关。

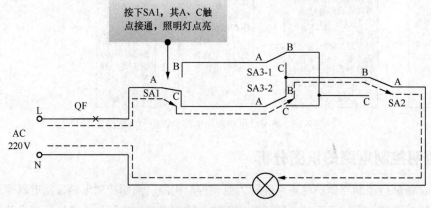

图 9-17　照明灯点亮的识读分析过程

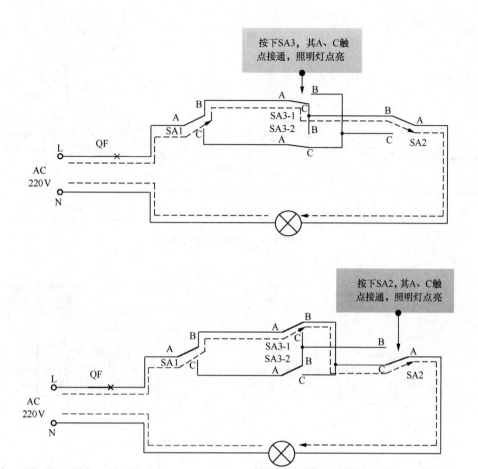

图 9-17 照明灯点亮的识读分析过程（续）

　　照明灯点亮时，按下任一开关都可熄灭照明灯。图 9-18 给出了按下 SA1 使得照明灯点亮情况下，再次按下任一开关使照明灯熄灭的识读分析过程。

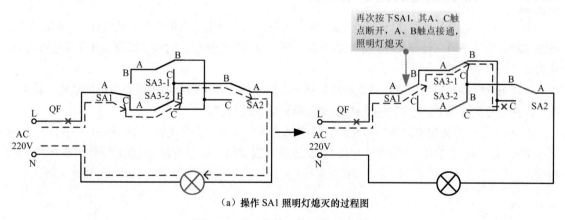

（a）操作 SA1 照明灯熄灭的过程图

图 9-18 照明灯熄灭的识读分析过程

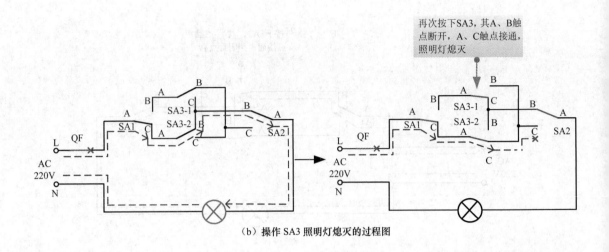

（b）操作 SA3 照明灯熄灭的过程图

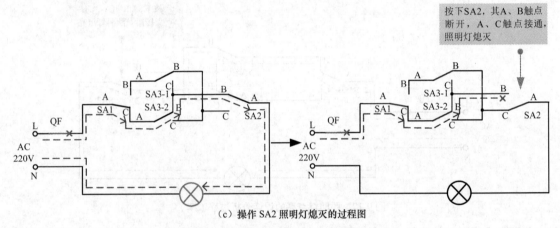

（c）操作 SA2 照明灯熄灭的过程图

图 9-18　照明灯熄灭的识读分析过程（续）

9.2.4　电动机控制电路的识图分析

电动机控制电路是依靠按钮、接触器、继电器等部件来对电动机的启停、运转进行控制的电路。通过控制部件的不同组合以及不同的接线方式，可对电动机的运转、时间、转速、方向等进行控制，从而满足一定的需求。

识读电动机控制电路，需要对该电路的特点有所了解，在了解电动机控制电路的功能、结构、电气部件作用的基础上，才能对电动机控制电路进行快速识读。

图 9-19 所示为典型电动机控制电路。该电路主要由电源总开关 QS、熔断器 FU1～FU5、热继电器 FR、启动按钮 SB1、停止按钮 SB2、交流接触器 KM、运行指示灯 HL1 和停机指示灯 HL2 构成。

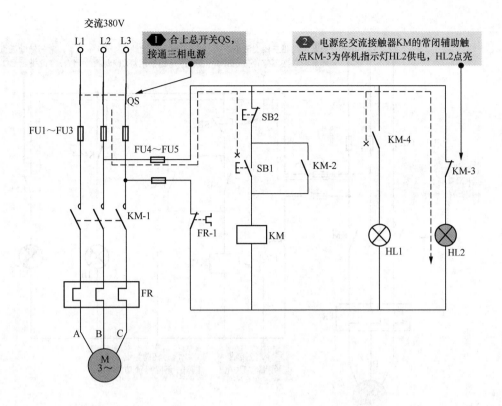

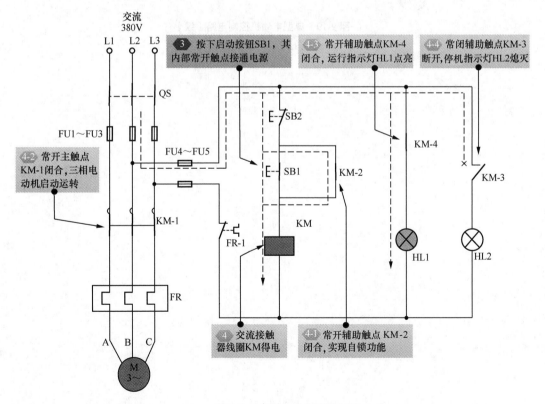

图 9-19　典型电动机控制电路

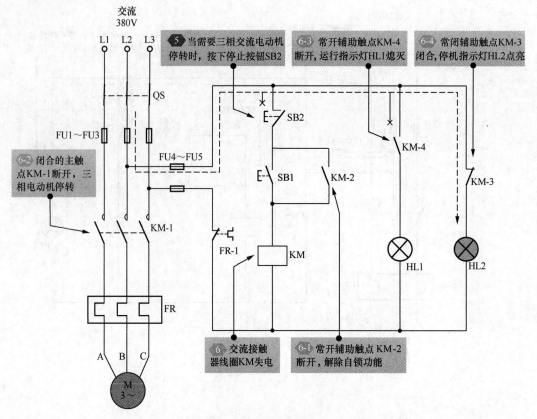

图 9-19 典型电动机控制电路（续）

第 10 章

电气控制设计

电气控制设计包括原理设计和工艺设计两部分。原理设计就是根据设备的控制要求，设计设备控制系统电路的构成和控制方式、计算电路的主要参数、电气设备和元器件的选型和使用方法以及编制设备维护中所需要的图样和资料等，包括电气原理图、元器件清单、设备清单、设备说明书等。电气原理图是整个设计的核心，它是工艺设计、操作规程制订、其他图绘制的依据。工艺设计是根据原理设计的原理图和选定的电气元器件设计电气设备的总体配置，绘制总装配图和总接线图，还包括各组成部分的电气装配图与接线图，控制面板图等。工艺设计主要依据电气原理图来制定，还需要考虑设备所处空间的具体情况等现场因素。本章内容主要讲解电气控制系统原理部分的设计。

本章介绍了电气控制系统设计的原则、控制系统的内容和设计步骤，并通过具体的案例说明了电气控制的设计步骤和相关内容，为进行电气控制设计工作提供依据。

10.1　电气控制系统的基本知识

10.1.1　电气控制系统的作用与发展概况

1. 电气控制系统在生产设备中的作用

随着生产机械自动化程度的不断提高，现代化的生产设备，特别是由若干设备组成的自动化生产系统，不仅有工作机构、传动机构和动力源等，而且一般还设计有自动控制系统。传统的自动控制系统相对比较简单，实现的功能也比较单一，主要是由继电器和接触器等低压电气元件构成。例如，三相异步电动机的正反转控制，从电动机的工作原理可知，交换任意两相电源线均可使电动机改变转向，但如果采取人工"倒相"，不仅效率低，而且安全性差，在许多场合是难以实现的。

在图 10-1 中使用了复合按钮 SB2、SB3，它们有两组触点，一组为动断触点（常闭触点），另一组为动合触点（常开触点）。按下反转按钮 SB3，复合按钮 SB3 的动断触点先打开，使正转接触器 KM1 线圈断电。在正转电源切断的同时，正转自锁和正转对反转的互锁都解除。SB3 的动合触点闭合后，接通反转接触器 KM2 线圈，电动机实现反转。

如果设计图 10-1 所示的异步电动机正反转控制系统，则只需进行简单操作就能够实现反转。图 10-1 中的 KM1 为正转接触器，KM2 为反转接触器。在主电路中，KM1 的主触点和 KM2 的主触点可分别接通电动机的正转和反转电路。显然，KM1 和 KM2 的主触点不能同时闭合，否则会引起电源短路。QF 为断路器，熔断器 FU 起短路保护作用，热继电器 FR 起过载保护作用。

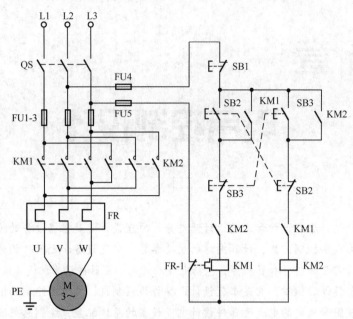

图 10-1 按钮正反转控制线路

从这一简单的应用实例，可以总结出电气控制系统在生产设备中的重要作用。

（1）提高生产设备的自动化水平。就上例而言，有了电气控制系统，操作人员仅仅简单按一下按钮即可实现电动机自动换向，避免了人工"倒相"的复杂操作过程。

（2）简化设备的机械结构。生产过程中的动作是由生产工艺决定的，是必须要完成的。实现自动控制的方式是多种多样的，可以用电气的方式来实现，也可以用机械的、液压的、气动的等方式来实现。但采用机械的或其他方式时，往往会导致设备的机械结构复杂化。如采用电气控制，则其机械结构可以大大简化，其加工的尺寸范围也可显著扩大。

（3）实现远距离安全操作。通过电气控制很容易实现远距离安全操作，不仅能够保证安全生产，而且有利于提高产品质量和生产效率。

2. 电气控制技术的发展概况

电气控制技术与电力拖动有密切关系。电气控制技术经历了手动控制、继电器接触器控制、顺序控制器控制、可编程控制器控制、数字控制、自适应控制、柔性制造系统（FMS）和计算机集成控制系统等发展阶段。

（1）逻辑控制系统。

逻辑控制系统也称为开关量或断续控制系统。其数学基础是逻辑代数，一般采用具有两个稳定工作状态的电气元件构成控制系统。手动控制、继电器接触器控制、顺序控制器控制、可编程控制器控制、数字控制等都是逻辑控制系统。

（2）连续控制系统。

对物理量（如位移、速度等）进行连续自动控制的系统，称为连续控制系统（或称模拟控制系统）。如直流电动机驱动机床主轴实现无级调速的系统；交、直流伺服电动机拖动数控机床进给机构和工业机器人的系统均属连续控制系统。

同时采用数字控制和模拟控制的系统成为混合控制系统，数控机床、机器人的控制驱动系统多属于这类控制系统。

10.1.2　电气控制系统基本知识

电气控制系统是由电气设备及电气元件按照一定的要求连接而成的，为了表达电气控制系统的组成结构及工作原理，同时也为了方便电气系统的安装、调试和检修，必须用统一的工程图形来表达，这种工程图称为电气控制系统图。常用的电气控制系统图有 3 种，即电路图（或称原理图）、电器位置图、安装接线图。电气控制系统图是根据国家标准，用规定的文字符号、图形符号及规定的画法绘制而成的。

1. 图形符号及文字符号

在绘制电气系统原理图时，电气元件的图形符号和文字符号必须符合国家标准的规定，不能采用任何非标准符号。图形符号中的主要结构一般要用粗实线绘制，机械连接用虚线绘制，文字符号要用仿宋体。为了便于掌握引进的先进技术和先进设备，便于国际交流和满足国际市场的需要，我国制定了一些电气设备有关的国家标准或行业标准，包括 JB/T 2626—2004《电力系统继电器、保护及自动化装置常用电气技术的文字符号》、JB/T 6524—2004《电力系统继电器、保护及自动化装置电气简图用图形符号》、GB/T 4728.1—2018《电气简图用图形符号　第 1 部分：一般要求》，电气控制线路中的图形和文字符号必须符合最新的国家标准。

2. 电气控制系统图的画法

电气控制系统图中的电路图、电器位置图和安装接线图等，以不同的表达方式反映同一工程问题的不同侧面，它们之间有一定的对应关系，一般情况下需要对照起来阅读。

（1）电路图。

电路图习惯称为电气原理图，是电气控制系统图中最重要的工程图。国家标准规定，在绘制电气控制系统的电路图时，必须按其工作顺序排列，用图形和文字符号详细表示控制装置、电路的基本构成和连接关系，并不反映电气元件的实际尺寸和安装位置。绘制电气控制电路图是为了便于阅读和分析电路，按照简明、清晰、易懂的原则，根据电气控制系统的工作原理进行绘制。

电气控制系统的电路图一般分为主电路和辅助电路两个部分。主电路是电气控制电路中强电流通过的部分，是由电动机以及与它相连接的电气元件（如组合开关、接触器的主触点、热继电器的热元件、熔断器等）所组成的电路图。辅助电路包括控制电路、照明电路、信号电路及保护电路。辅助电路中通过的电流较小。控制电路是由按钮、接触器、继电器的电磁线圈和辅助触点以及热继电器的触点等组成。

在实际的电气控制电路图中，主电路一般比较简单，电气元件数量较少；而辅助电路比主电路要复杂，电气元件也较多，有的辅助电路是很复杂的，由多个单元电路组成。每个单元电路中又有若干个小支路，每个小支路中有 1 个或几个电气元件。

在电气控制系统的电路图中，主电路图与辅助电路图是相辅相成的，其控制作用实际上是由辅助电路控制主电路。对于不太复杂的电气控制电路，主电路和辅助电路可绘制在同一张图上。

下面结合某机床的电气控制系统电路图（见图 10-2），说明电路图的绘制原则和特点。

① 在电气控制系统的电路图中，主电路和辅助电路应分开绘制。电路图可水平或垂直布置。水平布置时，电源线垂直画，其他电路水平画，控制电路中的耗能元件（如线圈、电磁铁、信号灯等）画在电路的最右端。垂直布置时，电源线水平画，其他电路垂直画，控制电路中的耗能元件画在电路的最下端。当电路垂直（或水平）布置时，电源电路一般画成水平（或垂直）线，三相交流电源相序 L1、L2、L3 由上到下（或由左到右）依次排列画出，中线 N 和保护地线 PE 画在相线之下（或之右）。直流电源则按正端在上（或在左）、负端在下（或在右）画出。电源开关要水平（或垂直）画出。

主电路即每个受电的动力装置（如电动机）及保护电器（如熔断器、热继电器的热元件等）应垂直电源线画出。主电路可用单线表示，也可用多线表示。控制电路和信号电路应垂直（或水平）画在两条或几条水平（或垂直）电源线之间。电器的线圈、信号灯等耗电元件直接与下方（或右方）PE水平（或垂直）线连接，而控制触点连接在上方（或左方）水平（或垂直）电源线与耗电元件之间。

无论主电路还是辅助电路，均应按功能布置，各电气元件一般应按生产设备动作的先后顺序从上到下或从左到右依次排列，可水平布置或垂直布置。看图时，要掌握控制电路编排上的特点，也要一列列或一行行地进行分析。

② 电路图涉及大量的电气元件（如接触器、继电器开关、熔断器等），为了表达控制系统的设计意图，便于分析系统工作原理，在绘制电气控制电路图时，所有电气元件不画出实际外形，而采用统一的图形符号和文字符号来表示。同一电气元件的不同部分（如线圈、触点）分散在图中，如接触器主触点画在主电路中，接触器线圈和辅助触点画在控制电路中，为了表示是同一电气元件，要在电器的不同部分使用同一文字符号来标明。对于几个同类电气元件，在表示名称的文字符号后面加上一个数字序号，以示区别。如图 10-2 中的接触器 KM 和热继电器 FR，按钮 SB1 和 SB2、熔断器 FU1、FU2、FU3 等。

主回路			控制电路		照明电路	
电源开关	电动机 M1	电动机 M2	M1 启停控制电路	M2 控制电路	变压器	灯

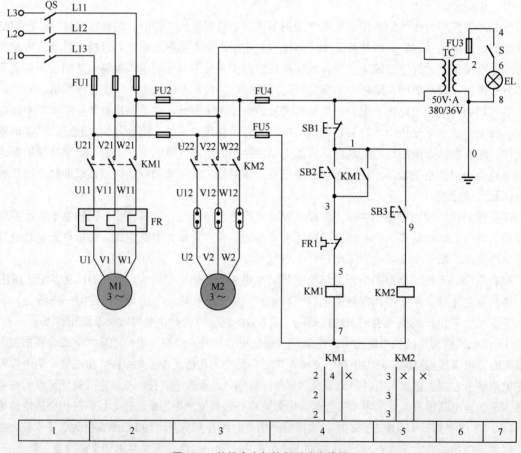

图 10-2　某机床电气控制系统电路图

③ 在电路图中，所有电器的可动部分均按原始状态画出，即对于继电器、接触器的触点，应按其线圈不通电时的状态画出；对于手动电器，应按其手柄处于零位时的状态画出；对于按钮、行程开关等主令电器，应按其未受外力作用时的状态画出。

具有循环运动的机械设备应在电路图上绘出工作循环图。转换开关、行程开关等应绘出动作程序及触点工作状态表。由若干元件组成的具有特定功能的环节，可用虚线框起来，并标注出环节的主要作用，如速度调节器、电流继电器等。

对于电路和电气元件完全相同并重复出现的环节，可以只绘出其中一个环节的完整电路，其余相同环节可用虚线方框表示，并标明该环节的文字符号或环节的名称。该环节与其他环节之间的连线可在虚线方框外面给出。

对于外购的成套电气装置，如稳压电源、电子放大器、晶体管、时间继电器等，应将其详细电路与参数标在电路图上。

④ 应尽量减少线条数量和避免线条交叉。各导线之间有电气连接时，应在导线交叉处画实心圆点。根据图面布置需要，可以将图形符号旋转绘制，一般按逆时针方向旋转，但其文字符号不可倒置。

根据电路图的简易或复杂程度，既可完整地画在一起，也可按功能分块绘制，但整个电路的连接端应统一用字母或数字加以标识，这样可以方便查找和分析其相互关系。

⑤ 在电气控制系统的主电路中，线号由文字符号和数字标号构成。文字符号用来标明主回路中电气元件和电路的种类和特征，如三相电动机绕组用 U、V、W 表示。数字标号由两位数字构成，并遵循回路标号的一般原则，即三相交流电源的引入线采用 L1、L2、L3 来标记，1、2、3 分别代表三相电源的相别，中性线用 N 表示。经电源开关后，标号变为 L11、L12、L13，由于电源开关两端属于不同的线段，因此加一个十位数 "1"。电源开关之后的三相交流电源主电路分别按 U、V、W 顺序标记，分级三相交流电源主电路采用文字代号 U、V、W 的前面加阿拉数字 1、2、3 等标记，如 1U、1V、1W 及 2U、2V、2W 等。各电动机分支电路各接点采用三相文字代号后面加数字来表示，数字中的个位数字表示电动机代号，十位数字表示该支路各接点的代号，U21 为电动机 M1 支路的第二个接点代号，以此类推。电动机定子 3 组首端分别用 U、V、W 标记，尾端分别用 U'、V'、W'标记，双绕组的中点则用 U"、V"、W"标记。

电动机动力电路应从电动机绕组开始自下而上标号。对图 10-2 所示的双电动机控制电路中，以电动机 M1 的电路为例，电动机定子绕组的标号为 U1、V1、W1（或首端用 U1、V1、W1 表示，尾端用 U1'、V1'、W1'表示），在热继电器 FR 的上触点的另一组线段，标号为 U11、V11、W11，再经接触器 KM1 的上触点，标号为 U21、V21、W21，经过熔断器 FU1 与三相电源线相连，并分别与 L1、L2、L3 同电位，因此不再用标号。电动机 M2 回路的标号可以此类推。这个电路的各回路因共用一个电源，省去了标号中的百位数字。

若主电路是直流回路，则按数字标号的个位数的奇偶性来区分回路的极性。正电源侧用奇数，负电源侧用偶数。

辅助回路的标号采用阿拉伯数字编号，一般由三位或三位以下的数字组成。标注方法按 "等电位" 原则进行，在垂直绘制的电路中，标号顺序一般由上而下编号，凡是被线圈、绕组、触点或电阻、电容等元件所间隔的线段，都应标以不同的电路标号。无论是直流还是交流的辅助回路，标号的标注都有以下两种方法。

一种是先编好控制回路电源引线线号，"1" 通常标在控制线的最上方，然后按照控制回路从上到下、从左到右的顺序，以自然序数递增，每经过一个触点，线号依次递增，电位相等的导线线号相同，接地线作为"0"号线，如图 10-2 所示。

　　另一种是以压降元件为界，其两侧的不同线段分别按标号的个位数的奇偶性来依序标号。若回路中的不同线段较多，标号可连续递增到两位奇偶数，如"11、13、15""12、14、16"等。压降元件包括接触器线圈、继电器线圈、电阻、照明灯和电铃等。在垂直绘制的回路中，线号采用自上而下或自上至中、自下至中的方式编号，这里的"中"指压降元件所在位置，线号一般标在连接线的右侧。在水平绘制的电路中，线号采用自左而右或自左至中、自右至中的方式，这里的"中"同样是指压降元件所在位置，线号一般标注于连接线的上方。

　　无论哪种标号方式，电路图与接线图上相应的线号应一致。

　　⑥ 在电路图中，一般将图分成若干个图区，以便阅读查找。在电路图的下方（或右方）沿横坐标（或纵坐标）方向划分图区，并用数字 1、2、3、……（或字母 A、B、C、……）标明，同时在图的上方（或左方）沿横坐标（或纵坐标）方向划分图区，分别用文字标明该图区电路的功能和作用，使读者能清楚地知道某个电气元件或某部分电路的功能，以便于理解整个电路的工作原理。如图 10-2 所示，1 区对应的为"电源开关"QS。

　　电路图中的接触器、继电器的线圈与受其控制的触点的从属关系（即触点位置）应按下述方法标明。

　　在每个接触器线圈的文字符号 KM 的下面画两条竖直线（或水平线），分成左、中、右（或上、中、下）3 栏，把受其控制而动作的触点所处的图区号数字，按表 10-1 规定的内容填上。对备用的触点，在相应的栏中用记号"×"标出在每个继电器线圈的文字符号；每个继电器下面画一条竖直线（或水平线），分成左、右（或上、下）两栏，把受其控制而动作的触点所处的图区号数字，按表 10-1 规定的内容填上，备用的触点在相应的栏中用记号"×""标出。

　　⑦ 在电路图上，一般还要标出各个电源电路的电压值、极性或频率及相数。对某些元器件还应标注其特性，如电阻、电容的数值等。不常用的电器，如位置传感器、手动开关等，还要标注其操作方式和功能等。在完整的电路图中，有时还要标明主要电气元件的型号、文字符号、有关技术参数和用途。例如，电动机的用途、型号、额定功率、额定电压、额定电流、额定转速等。全部电气元件的型号、文字符号、用途、数量、安装技术数据，均应填写在元件明细表内。

表 10-1　线圈符号下的数字标志

类别	左（上栏）	中栏	右（下）栏
接触器	主触头所处的图区号	辅助动合（常开）触头所处的图区号	辅助动断（常闭）触头所处的图区号
继电器	动合（常开）触头所处的图区号		动断（常闭）触头所处的图区号

（2）电器位置图

　　电器位置图规定各电器元件的实际安装位置，电器位置图的设计依据是电路图，是按电气元件的实际安装位置绘制的，根据电气元件布置最合理、连接导线最经济等原则来安排。电器位置如图 10-3 所示，它为电气设备、电气元件之间的配线及检修电气故障等提供必要的依据。按照复杂程度可集中绘制在一张图上，也可分别绘制。但图中各电气元件的文字符号应与电路图和电气元件清单上的文字符号相同。在电器位置图中，机械设备的轮廓线用细实线或点画线表示，所有可见的和需要表达清楚的电气元件、设备，用粗实线绘出其简单的外形轮廓。电气元件的布置应注意以下问题。

　　① 体积大和较重的电气元件应安装在电器板的下面，而发热元件应安装在电器板的上面。

　　② 强电、弱电分开并注意弱电信号的屏蔽，防止干扰。

③ 需要经常维护、检修、调整的电气元件的安装位置，不宜过高或过低，要保证日常维护的方便性。

④ 电气元件的布置应考虑整齐、美观、对称。外形尺寸与结构类似的电器安放在一起，以利加工、安装和配线。

⑤ 电气元件布置不宜过密，要留有一定的空间，若采用板前走线槽配线方式，应适当加大各排电器间距，以利布线和维护。

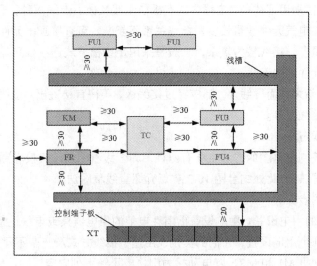

图 10-3　电器位置图

（3）安装接线图。

电气安装接线图是按照电气元件的实际位置和实际接线绘制的，是表示电气元件、部件、组件或成套装置之间的连接关系的图纸，是电气安装接线、线路检查及维修的依据。为表明电气设备各单元之间的接线关系，要标出所需的数据，如接线端子号，连接导线参数等，以便于安装接线、线路检查、线路维修和故障处理。安装接线图与电路图在绘图上有很大区别。电气控制电路图以表明电气设备、装置和控制元件之间的相互控制关系为出发点，使人能明确地分析出电路工作过程为目标。电气安装线图以表明电气设备、装置和控制元件的具体接线为出发点，以接线方便、布线合理为目标。

电气安装接线图常与电气控制电路图、电器位置图配合使用。它有以下特点。

① 图中表示的电气元件、部件、组件成套装置都尽量用简单的外形轮廓表示（如圆形、方形、矩形等），必要时可用图形符号表示。各电气元件位置应与电器位置图中基本一致。

在电气安装接线图中，电气设备、装置和电气元件都是按照国家规定的电气图形符号绘出，而不考虑其真实结构。各电气元件的图形符号、文字符号等均与电气控制电路图一致。

② 电气安装接线图必须标明每条线所接的具体位置，每条线都有具体明确的线号。

③ 每个电气设备、装置和电气元件都有明确的位置，并应与实际安装位置一致，而且将每个电气元件的不同部件都画在一起，并用虚线框起来，如一个接触器是将其线圈、主触点、辅助触点都绘制在一起，并用虚线框起来。有的电气元件用实线框图表示出来，其内部结构全部略去，只画出外部接线，如半导体集成电路在电路图中只画出集成块的外部接线，在实线框内只标出电气元件的型号。

④ 不在同一控制箱和同一配电板上的各电气元件的连接是经接线端子板连接的，电气互连关系

以线束表示，连接导线应标明导线参数（型号、规格、数量、截面面积、颜色等），一般不标注实际走线途径。各电气元件的文字符号及端子板编号应与电气控制电路图一致，并按电气控制电路图和穿线管尺寸的接线进行连接。在同一控制箱或同一块配电板的各电气元件之间的导线可直接连接。

⑤ 走线相同的多根导线可用单线表示。

⑥ 用连续的实线表示端子之间实际存在的导线。当穿越图面的连接线较长时，可将其中断，并在中断处加注相应的标记。

⑦ 电气接线图一律采用细线条，走线方式有板前走线及板后走线两种，一般采用板前走线。对于简单电气控制部件，电气元件数量较少，接线关系不复杂，可直接画出元件间的连线。但对于复杂部件，电器元件数量多，接线较为复杂，一般是采用走线槽方式连线，只需在各电气元件上标出接线号，不必画出各元件间的连线。

⑧ 部件的进出线除大截面导线外，都应经过接线板，不得直接进出。接线图又可分为单元接线图、互连接图、端子接线图等。

3. 电路图的阅读方法

阅读和分析电气控制电路图的方法主要有两种，即查线看图法（直接看图法或跟踪追击法）和逻辑代数法（间接读图法）。此处结合图 10-2 重点介绍查线看图法。

（1）识读主电路的步骤。

① 理清主电路中的用电设备。用电设备指消耗电能的用电器具或电气设备，如电动机等，识读电路图首先要清楚有几个用电设备，它们的类别、用途、接线方式及一些不同要求等。图 10-2 中的用电设备就是两台电动机 M1 和 M2，以电动机为例，应了解下列内容。

➢ 类别。有交流电动机（感应电动机、同步电动机）、直流电动机等。一般生产机械中所用的电动机以交流笼型感应电动机为主。

➢ 用途。有的电动机是带动油泵或水泵的，有的电动机是带动塔轮再传到某种生产机械上。

➢ 接线。有的电动机是 Y（星）形接线或 YY（双星）形接线，有的电动机是 △（三角）形接线，有的电动机是 Y-△（星-三角）形即 Y 形启动、△形运行接线。

➢ 运行要求。有的电动机要求始终一个速度，有的电动机则要求具有两种速度（低速和高速），还有的电动机是多速运转的，也有的电动机有几种正向转速和一种反向转速，正向做功，反向为空载返回等。

对启动方式、正反转、调速及制动的要求，各电动机之间是否相互有制约的关系还可通过控制电路来分析。

图 10-2 中有 2 台电动机 M1 和 M2。M1 是油泵电动机，通过它带动高压油泵，再经液压传动使主轴做功；M2 是工作台快速运动电动机。2 台电动机的接线方法均为 Y 形。

② 要理清用电设备是用什么电气元件控制的。控制电气设备的方法很多，有的直接用开关控制，有的用各种启动器控制，有的用接触器或继电器控制。图 10-2 中的电动机是用接触器控制的。当接触器 KM1 得电吸合时，电动机 M1 启动；当 KM2 得电吸合时，电动机 M2 启动。

③ 了解主电路中所用的控制电器及保护电器。这里的控制电器是指除常规接触器以外的其他电气元件，如电源开关（转换开关及断路器）、万能转换开关等。保护电器是指短路保护器件及过载保护器件，如断路器中电磁脱扣器及热过载脱扣器的规格；熔断器、热继电器及过电流继电器等元件的用途及规格。一般来说，对主电路作如上内容的分析以后，即可分析辅助电路。

在图 10-2 中，2 条主电路中接有电源隔离开关 QS、热继电器 FR 和熔断器 FU1，分别对电动机 M1 起过载保护和短路保护作用。FU2 对电动机 M2 和控制电路起短路保护作用。

④ 识读电源。要了解电源电压等级是 380V 还是 220V,是配电屏供电还是从发电机组接出来的。一般生产机械所用电源通常均是三相 380V、50Hz 的交流电源,对需采用直流电源的设备,往往都是采用直流发电机供电或采用整流装置供电。随着电子技术的发展,特别是大功率整流管及晶闸管的出现,一般情况下都由整流装置来获得直流电。

在图 10-2 中,电动机 M1、M2 的电源均为三相 380V。主电路由三相电源 L1、L2、L3、电源开关 QS、熔断器 FU1、接触器 KM1、热继电器 FR、笼型感应电动机 M1 组成。另一条支路为接在熔断器 FU1 端头 U21、V21、W21 上的熔断器 FU2、接触器 KM2、笼型感应电动机 M2。

（2）识读辅助电路的步骤

辅助电路一般包含控制电路、信号电路和照明电路。分析控制电路的最基本的方法是"查线看图"法。

① 识读电源。首先确认电源的种类是交流的还是直流的。其次,要理清辅助电路的电源的选取位置以及电压等级。一般是与主电路的两条相线相连接,其电压为单相 380V,也有与主电路的一条相线和零线相连接,电压为单相 220V。此外,也可以与专用隔离电源变压器相连接,电压有 127V、110V、36V、6.3V 等。

② 了解控制电路中所采用的各种继电器、接触器的用途。如果采用了一些特殊结构的继电器,还应了解它们的动作原理。只有这样,才能理解它们在电路中如何动作和具有何种用途。

③ 根据控制电路来研究主电路的动作情况。控制电路总是按动作顺序画在两条水平线或两条垂直线之间的。因此,也就可以从左到右或从上到下进行分析。对复杂的辅助电路,在电路中整个辅助电路构成一条大支路,这条大支路又分成几条独立的小支路,每条小支路控制一个用电器或一个动作。当某条小支路形成闭合回路有电流流过时,在支路中的电气元件(接触器或继电器)则动作,把用电设备接入或切除电源。在控制电路中一般是靠按钮或转换开关把电路接通的,必须随时结合主电路的动作对控制电路进行分析,只有全面了解主电路对控制电路的要求以后,才能真正掌握控制电路的动作原理,要注意各个动作之间是否有互相制约的关系,不可孤立地看待各部分的动作原理。

在图 10-2 中,控制电路有 2 条支路,即接触器 KM1 和 KM2 支路,其动作过程如下。

① 合上隔离开关 QS,主电路和辅助电路均有电压,辅助电路由线段 U22、W22 和 W22、V22 引出。

② 当按下启动按钮 SB2 时,即形成一条支路,电流经线段 W22、停止按钮 SB1、启动按钮 SB2、接触器 KM1 线圈、热继电器 FR、线段 U22 形成回路,使接触器 KM1 得电吸合。接触器 KM1 在主电路中的主触点闭合,电动机 M1 得电运转。同理,按下启动按钮 SB3,电动机 M2 开始运转。

在启动按钮 SB2 两端并联接入一个接触器 KM1 的辅助动合触点 KM1（1~3）。其作用是,在松开启动按钮 SB2 时,SB2 触点断开,由于此时 KM1 已启动,其辅助动合触点 KM1（1~3）已闭合,电流经辅助触点 KM1（1~3）流过,电路不会因启动按钮 SB2 的松开而失电,辅助触点 KM1（1~3）起到自保持作用。对于接触器 KM2,由于不需要自保持,当 SB3 松开,电动机 M2 即停转。

③ 由于按钮 SB1 串联在接触器 KM1 和 KM2 的回路中,只要按下停车按钮 SB1,接触器 KM1 和 KM2 的电路即被切断,接触器 KM1 和 KM2 失电释放,使主电路中的接触器主触点 KM1 和 KM2 断开,电动机失电停车。若要再启动,必须重新按下启动按钮 SB1 和 SB2。

④ 研究电气元件之间的相互关系。电路中的所有电气元件都不是孤立存在的,而是相互联系、相互制约的。这种互相控制的关系有时存在于一条支路中,有时存在于几条支路中。图 10-2 的电路比较简单,没有相互控制的电气元件,识图时可省略这一步。

⑤ 研究其他电气设备和电气元件。对于整流设备、照明灯等这些电气设备和电气元件,只要知道它们的线路走向、电路的来龙去脉即可。图 10-2 中 EL 是局部照明灯,TC 是提供 36V 安全电压

的 380/36V 照明变压器。照明灯开关 S 闭合时，照明灯 EL 点亮。

（3）查线看图法的要点

① 从主电路入手，根据各台电动机和执行电器的控制要求分析控制内容，要注意找出电动机启动、转向控制、调速、制动等基本控制电路。

② 根据主电路中各电动机和执行电器的控制要求，逐一找出控制电路中的控制环节，将控制电路"化整为零"，按功能不同划分成若干个局部控制电路进行分析。如果辅助电路较复杂，则可先排除照明、显示等与控制关系不密切的电路。

③ 控制电路中执行元件的工作状态显示、电源显示、参数测定、故障报警以及照明电路等，大部分由控制电路中的元件控制，因此要对照控制电路中这部分电路进行分析。

④ 分析连锁与保护环节。生产机械对于安全性、可靠性有很高的要求，为实现这些要求，除合理选择拖动和控制方案外，在控制电路中一般要设置电气保护和必要的电气连锁。在电气控制电路图的分析过程中，电气连锁与电气保护环节是重要内容，不能遗漏。

⑤ 在某些控制电路中，会设置一些与主电路、控制电路关系不密切、相对独立的特殊环节。如产品计数装置、自动检测系统、晶闸管触发电路、自动调温装置等。这些环节往往自成系统，要运用电子技术、交流技术、自控系统、检测与转换等知识逐一分析。

⑥ 通过"化整为零"，逐步分析各局部电路的工作原理以及各部分之间的控制关系后，要"集零为整"，检查整个辅助电路，消除错漏。要从整体的角度进一步检查和理解各控制环节之间的联系，充分理解电路图中各个电气元件的作用、工作过程及主要参数。

10.2 电气控制系统设计的功能与组成

10.2.1 电气控制系统设计的功能

为了保证一次设备运行的可靠与安全，需要有许多辅助电气设备为之服务，能够实现某项控制功能的若干个电器组件的组合，称为控制回路或二次回路。这些设备要有以下功能。

（1）自动控制功能。高压和大电流开关设备的体积是很大的，一般都采用操作系统来控制分、合闸，特别是当设备出了故障时，需要开关自动切断电路，要有一套自动控制的电气操作设备，对供电设备进行自动控制。

（2）保护功能。电气设备与线路在运行过程中会发生故障，电流（或电压）会超过设备与线路允许工作的范围与限度，这就需要一套检测这些故障信号并对设备和线路进行自动调整（断开、切换等）的保护设备。

（3）监视功能。电是眼睛看不见的，一台设备是否带电或断电，从外表看无法分辨，这就需要设置各种视听信号，如灯光和音响等，对一次设备进行电气监视。

（4）测量功能。灯光和音响信号只能定性地表明设备的工作状态（有电或断电），如果想定量地知道电气设备的工作情况，还需要有各种仪表测量设备，测量线路的各种参数，如电压、电流、频率和功率的大小等。

在设备操作与监视中，传统的操作组件、控制电器、仪表和信号等设备大多可被电脑控制系统及电子组件所取代，但在小型设备和就地局部控制的电路中仍有一定的应用范围。这都是电路实现微机自动化控制的基础。

10.2.2　电气控制系统的组成

　　狭义的电气控制系统一般指设备的控制回路部分，包括电源供电回路、保护回路、信号回路、自动和手动回路、制动停车回路、自锁及闭锁回路。

　　（1）电源供电回路。供电回路的供电电源有 AC380V 和 220V 等多种。

　　（2）保护回路。保护（辅助）回路的工作电源有单相 220V、36V 或直流 220V、24V 等多种。对电气设备和线路进行短路、过载和失压等各种保护，由熔断器、热继电器、失压线圈、整流组件和稳压组件等保护组件组成。

　　（3）信号回路。能及时反映或显示设备和线路正常与非正常工作状态信息的回路，如不同颜色的信号灯，不同声响的音响设备等。

　　（4）自动与手动回路。电气设备为了提高工作效率，一般都设有自动方式，但在安装、调试及紧急事故的处理中，控制线路中还需要设置手动方式，用于调试。通过组合开关或转换开关等实现自动与手动方式的转换。

　　（5）制动停车回路。制动停车回路是指切断电路的供电电源，并采取某些制动措施，使电动机迅速停车的控制环节，如能耗制动、电源反接制动、倒拉反接制动和再生发电制动等。

　　（6）自锁及闭锁回路。启动按钮松开后，线路保持通电，电气设备能继续工作的电气环节叫做自锁环节，如串联在线圈电路中的接触器的动合触点。当有两台或两台以上的电气装置和组件时，为了保证设备运行的安全与可靠，只能一台电气装置和组件通电启动，另一台电气装置和组件不能通电启动的保护环节称为闭锁环节。例如，两个接触器的动断触点分别串联在对方线圈电路中。

10.3　电气控制系统设计的内容和步骤

10.3.1　电气控制系统设计的原则

　　由于电气控制系统是整个生产机械的一部分，所以在设计前要收集相关的资料，进行必要的调查研究。应遵循的基本原则如下。

　　（1）最大限度地满足生产需求，了解生产机械的工作性能、结构特点、工艺要求以及使用维护，在此基础上进行设计，充分满足生产机械和生产工艺对电气控制系统的要求。

　　（2）在满足控制要求前提下，电气控制电路应力求安全、可靠、经济、实用，使用维护方便，不要盲目地追求自动化和高指标。尽量选用标准的、常用的或经过实际考验的电路和环节。

　　（3）妥善处理机械与电气关系。很多生产机械是采用机电结合控制方式来实现控制要求的，要从工艺要求、制造成本、结构复杂性、使用维护方便等方面，协调处理好二者关系。

　　（4）正确、合理地选用电气元件，经济合理的条件下优选元器件，控制电器选择要合理，尽量减少电器元件的品种和数量，同一用途的器件尽可能选用同品牌型号的产品。设计控制电路时，尽量缩短连接导线的长度和导线数量。

　　（5）为适应生产的发展和工艺的改进，在选择控制设备时，设备能力留有适当余量。

　　（6）谨慎积极地采用新技术、新工艺。

　　（7）设计中贯彻最新的国家标准。电路图中的图形符号及文字符号一律按国家标准绘制。

　　（8）在满足以上条件下，尽量做到造型美观、操作容易、维护方便。

10.3.2　电气控制系统设计的内容

电气控制系统设计的基本任务是根据电气控制要求设计、编制出设备制造和使用维修过程中所必需的图纸、资料等。图纸包括电气原理图、电气系统的组件划分图、元器件布置图、安装接线图、电气箱图、控制面板图、电器元件安装底板图和非标准件加工图等，另外还要编制外购件目录、单台材料消耗清单、设备说明书等资料。

电气控制系统设计的内容主要包含原理设计与工艺设计两个部分，以电力拖动控制设备为例，设计内容主要如下。

1. 原理设计内容

电气控制系统原理设计的主要内容包括以下几项。

（1）拟定电气控制系统设计任务书。

（2）确定电力拖动方案和控制方案。

（3）设计电气原理图。

（4）选择电动机、电气元件，并制订电气元件明细表。

（5）设计操作台、电气柜及非标准电气元件。

（6）设计机床电气设备布置总图、电气安装图以及电气接线图。

（7）编写电气说明书和使用操作说明书。

以上各项电气设计内容，必须以相关国家标准为纲领。根据实际的总体技术要求和控制线路的复杂程度不同，内容可增可减，某些图样和技术文件可适当合并或增删。其中，电气原理图是整个设计的中心环节，它为工艺设计和制订其他技术资料提供依据。

2. 工艺设计内容

进行工艺设计主要是为了组织电气控制系统的制造，从而实现原理设计提出的各项技术指标，并为设备的调试、维护与使用提供相关的图纸资料。工艺设计的主要内容如下。

（1）设计电气总布置图、总安装图与总接线图。

（2）设计组件布置图、安装图和接线图。

（3）设计电气箱、操作台及非标准元件。

（4）列出元件清单。

（5）编写使用维护说明书。

10.3.3　电气控制系统设计的方法与步骤

1. 电气控制系统的设计方法

当生产机械的电力拖动方案和控制方案确定后，就可以进行电气控制系统原理图的设计。电气控制系统原理图的设计方法有两种，即经验设计法（又称一般设计法）和逻辑设计法。

（1）经验设计法。

经验设计法是根据生产机械的工艺要求和加工过程，利用各种典型的基本控制环节，加以修改、补充、完善，最后得出最佳方案。若没有典型的控制环节可以采用，则按照生产机械的工艺要求逐步进行设计。

经验设计法的设计过程比较简单，灵活性较大，但设计人员必须熟悉基本控制电路，掌握多种典型电路的设计资料，同时具有丰富的实践经验。由于是依靠经验进行设计，故没有固定的模式，通常是先采用一些典型的基本控制电路，实现工艺基本要求，然后逐步完善其功能，并加上适当的联锁与保护环节。初步设计出来的电路可能有好几种，需加以分析比较，多次修改，甚至通过试验加以验证，检验电路的安全性和可靠性，最后确定比较合理、完善的设计方案。

用经验设计法一般应遵循以下几个原则：最大限度地实现生产机械和工艺对电气控制电路的要求；确保控制电路工作的可靠性和安全性；控制电路应力求简单、经济；尽可能操作简单、维修方便。

（2）逻辑设计法。

逻辑设计法即逻辑分析设计方法，是根据生产工艺要求，利用逻辑代数来分析、化简、设计控制电路的方法，这种设计方法能够确定实现一个开关量逻辑功能的自动控制电路所必需的、最少的中间继电器的数目，以达到使控制电路最简洁的目的。

逻辑设计法是利用逻辑代数这一数学工具来设计自动控制电路的，同时也可以用来分析简化电路。逻辑设计法是把自动控制电路中的继电器、接触器等电气元件线圈的通电和断电、触点的闭合和断开视为是逻辑变量，线圈的通电状态和触点的闭合状态设定为"1"，线圈的断电状态和触点的断开状态设定为"0"。首先根据工艺要求将这些逻辑变量关系表示为逻辑函数的关系式，再运用逻辑函数基本公式和运算规律，对逻辑函数式进行化简；然后根据简化的逻辑函数式画出相应的电气原理图；最后经进一步检查、完善，得到既满足工艺要求，又经济合理、安全可靠的最佳设计控制系统原理图。

用逻辑函数来表示控制元件的状态，实质上是以触点的状态作为逻辑变量，通过简单的"逻辑与""逻辑或""逻辑非"等基本运算得到运算结果，此结果就表示了电气控制系统的结构。

总的来说，逻辑设计法较为科学，设计的自动控制电路比较简洁、合理，但是当自动控制电路比较复杂时，设计工作量比较大，过程繁琐，容易出错，因此用于简单的自动控制系统设计。但如果将较复杂的、庞大的控制系统模块化，用逻辑设计方法完成每个模块的设计，然后用经验设计法将这些模块组合起来形成完整的自动控制系统，逻辑设计法也能表现出一定的优越性。

2. 电气控制系统设计的步骤

以电动机拖动为例，电气控制系统的设计步骤如下。

（1）根据设计要求制订设计任务。

（2）根据任务设计主电路。

① 确定电动机的启动方式，设计启动线路。根据电动机的容量及拖动负载性质选择适当的启动线路。对于容量小（一般 7.5kW 以下）、电网容量和负载都允许直接启动的电动机，可采用直接启动；对于大容量电动机应采用降压启动。降压启动有自耦降压启动电路、电动机 Y-△ 降压启动电路等方式。

② 根据设计任务的要求，确定电动机的旋转方向设计。电动机无论是正转还是正反转都必须设计，比如常用的车床、刨床、刻丝机、甩干机等都需要电动机能够正反转。

③ 电气保护设计。短路保护、过流保护等保护功能的设计。

④ 其他特殊要求设计。比如，主电路参数测量、信号检测等。

（3）根据主电路的控制要求设计控制回路。

① 确定控制电路电压的种类及大小。设计时，应尽量减少控制电路中的电流、电压种类。控制电压选用标准电压等级，一般根据电源提供的情况和所选择安装的接触器、继电器的线圈电压综合考虑来决定，有交流 220V、380V 或者安全电压 24V、36V。

② 根据电动机的启动、运行、调速、制动，依次设计各基本单元的控制线路。

③ 联锁设计，包括自锁、互锁和联锁。

a. 自锁是接触器通过自身的结构，保持动作后的状态不变。例如，通过其自身的常开辅助触头与启动按钮并联，即使启动按钮松开后线圈仍然处于得电的状态，并维持这种状态不变，如图 10-4 所示。

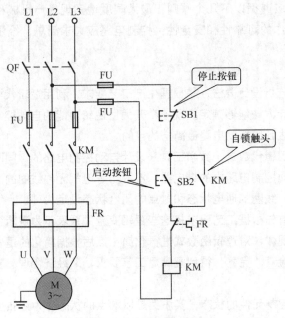

图 10-4 自锁设计案例

b. 互锁是通过接触器上的辅助触点在电气上的连接，使同一台电动机两个动作之间或者两台电动机之间不能同时动作，两个运行条件互相制约。比如，电动机的正反转电路，通过接触器的常闭触头实现互锁，防止同时通电造成电动机故障。如图 10-5 所示，接触器 KM1 与 KM2 的常闭触头接到线圈支路，能有效防止两个接触器同时接通，达到互锁的效果。

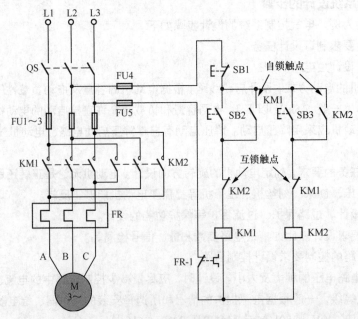

图 10-5 互锁设计案例

c. 联锁是指两台或两台以上的设备，其中部分设备的运行条件受其他设备是否运行的制约。比如 A 接触器动作后，后续的 B、C 接触器自动完成规定动作。

（4）保护电路设计。常见的保护电路有短路保护、电流保护、压力保护、温度保护和位置限制等。

（5）特殊要求和应急操作等的设计。

（6）其他辅助电路设计。报警功能、指示功能等的设计。

（7）审核和完善。检查动作是否满足要求，接触器、继电器等的触点使用是否合理，各种功能能否实现。出现问题应及时补充、修改和完善。

（8）经过电路参数的计算，合理选择开关、器件、导线等，编制材料目录表。

（9）按国家标准绘制电气原理图。

10.4 电气控制电路设计中的元器件选择

10.4.1 电动机的选择

正确选用电动机对机床的结构及整个拖动系统的设计具有重要的影响。合理选择电动机是从驱动机床的具体对象、加工规范，也就是要从机床的使用条件出发，经济、合理、安全等多方面考虑，使电动机能够安全可靠地运行。电动机的选择包括电动机结构形式、电动机的额定电压、额定转速、额定功率和电动机的容量等技术指标。

1. 电动机选择的基本原则

（1）电动机的机械特性应满足生产机械提出的要求，要与负载的负载特性相适应。保证运行稳定且具有良好的启动、制动性能。

（2）工作过程中，电动机容量能得到充分利用，使其温升尽可能达到或接近额定温升值。

（3）电动机结构形式满足机械设计提出的安装要求，并能适应周围环境的工作条件。

（4）在满足设计要求前提下，应优先采用结构简单、价格便宜、使用维护方便的三相笼型异步电动机。

2. 电动机结构形式的选择

（1）电动机的工作方式，根据不同工作制相应地选择连续、短时及断续周期性工作的电动机。

（2）电动机的安装方式上分为卧式和立式两种。卧式安装时，电动机的转轴处于水平位置；立式安装时，转轴垂直于地面。两种安装方式的电动机使用的轴承不同。

电动机的转轴伸出到端盖外面与负载连接的部分称为轴伸。电动机有单轴伸和双轴伸两种，通常情况下为单轴伸。

（3）按不同工作环境选择电动机的防护形式，开启式适用于干燥、清洁的环境；防护式适用于干燥和灰尘不多，没有腐蚀性和爆炸性气体的环境；封闭式分自扇冷式、他扇冷式和密封式三种，前两种多用于腐蚀性气体、多灰尘、多潮湿与侵蚀的环境，后一种用于浸入水中的机械；防爆式用于有爆炸危险的环境中。

按机床电气设备通用技术条件中规定，机床应采用全封闭自扇冷式电动机。机床上推荐使用的防护等级最低为 IP44 的交流电动机。在某些场合下，还必须采用强迫通风。

3. 电动机额定电压的选择

电动机的电压等级、相数、频率都要与供电电源一致。因此，电动机的额定电压应根据其运行场所的供电电源的电压等级来确定。

（1）我国的交流供电电源，低压电网电压为 380V，高压通常为 6kV 或 10kV。中等功率（约 200kW）以下的交流电动机，额定电压一般为 380V，也有额定电压为 220V；大功率的交流电动机，额定电压一般为 6kV；额定功率为 1000kW 以上的电动机，额定电压可以为 10kV。

（2）直流电动机的额定电压一般为 110V、220V、440V、660V 或 1000V，最常用的电压等级为 220V。直流电动机一般由单独的电源供电，选择额定电压时通常只要考虑与供电电源配合即可。

4. 电动机额定转速的选择

对电动机本身来说，额定功率相同的电动机，额定转速越高，体积就越小，造价就越低，效率也越高，转速较高的异步电动机的功率因数也较高。所以，选用额定转速较高的电动机可能是较好的。但是，如果生产机械要求的转速较低，那么选用较高转速的电动机时，就需要增加一套传动比较大、体积较大且价格昂贵的减速传动装置。因此，在选择电动机的额定转速时，应根据机械的要求和传动装置的具体情况加以选定。异步电动机的转速有 3000r/ min、1500r/ min、1000 r/ min、750r/ min、600r/ min 等几种。

5. 电动机容量的选择

电动机容量的选择有两种方法：分析计算法和调查统计类比法。

（1）分析计算法。

该方法是根据生产机械负载图，在产品目录上预选一台功率相当的电动机，再用此电动机的技术数据和生产机械负载图中的参数进行计算，求出电动机的负载图，最后按电动机的负载图从发热方面进行校验，并检查电动机的过载能力是否满足要求；如若不能满足要求，则重新计算直至合格为止。此方法计算工作量大，负载图绘制较难，实际使用此方法不多。

（2）调查统计类比法。

该方法是在不断总结经验的基础上，选择电动机容量的一种实用方法，此方法比较简单，对同类型设备的拖动电动机容量进行统计和分析，从中找出电动机容量与设备参数的关系，得出相应的计算公式。以下为典型机床的统计分析法公式（电动机容量用 P，单位为 kW）。

① 卧式车床主电动机的功率：$P= 36.5 \times D \times 1.54$

式中，P 为主拖动电机功率（kW），D 为工件最大直径（m）。

② 立式车床主电动机的功率：$P= 20 \times D \times 0.88$

式中，D 为工件最大直径（m）。

③ 摇臂钻床主电动机的功率：$P= 0.0646 \times D \times 1.19$

式中，D 为最大钻孔直径（mm）。

④ 卧式镗床主电动机的功率：$P= 0.004 \times D \times 1.7$

式中，D 为镗杆直径（mm）。

10.4.2　常用电器的选择

完成电气控制电路的设计之后，应开始选择所需要的控制电器。正确、合理地选用控制电器，是控制线路安全、可靠工作的重要条件。常用电器的选择，主要是根据电器产品目录上的各项技术指标（数据）来进行的。

1. 低压配电电器的选择

（1）刀开关的选择。

刀开关的主要作用是接通和切断长期工作设备的电源，也用于控制不频繁操作的小功率电动机。开启式负荷开关应用于控制不频繁操作的 5.5kW 以下异步电动机时，其额定电流不要小于电动机额定电流的 3 倍。封闭式负荷开关应用于控制不频繁操作的小功率异步电动机时，其额定电流可按大于电动机额定电流的 1.5 倍来选择。但不宜用于其额定电流超过 60A 以上负载的控制，以保证可靠灭弧及用电安全。

一般刀开关的额定电压不超过 500V，额定电流有 10A 到上千安培的多种等级。常见的 HK 系列、HH 系列刀开关附有熔断器，不带熔断器式刀开关主要有 HD 型及 HS 型，带熔断器式刀开关有 HR3 系列。

刀开关主要根据电源种类、电压等级、电动机容量、所需极数及使用场合来选用。现在工厂机床电气控制系统中已很少使用这种电器。

（2）组合开关的选择。

组合开关主要是作为电源引入开关，所以也称为电源隔离开关，它也可以启停 5kW 以下的异步电动机，但每小时的接通次数不宜超过 10～20 次，开关的额定电流一般取电动机额定电流的 1.5～2.5 倍。

组合开关主要根据电源种类、电压等级、所需触点数及电动机容量进行选用。常用的组合开关有 HZ5、HZ10、HZW 系列。其中，HZ10 系列的额定电流为 10A、25A、60A 和 100A 四种，适用于交流 50Hz、额定电压 380V、直流额定电压 220V、额定电流 60A 以下的电气设备中。

（3）断路器。

断路器又称自动空气断路器。断路器在机床上应用很广泛，这是因为断路器既能接通、断开正常工作电流，也能自动分断过载或短路电流，分断能力大，有欠电压、过载和短路保护作用。

选择断路器应考虑其主要参数：额定电压、额定电流和允许切断的极限电流等。断路器脱扣器的额定电流应等于或大于负载允许的长期平均电流；断路器的极限分断能力要大于，至少要等于电路最大短路电流。

断路器脱扣器电流整定应符合下面原则。

① 欠电压脱扣器额定电压应等于主电路额定电压。

② 热脱扣器的整定电流应与被控对象（负载）额定电流相等。

③ 电磁脱扣器的瞬时脱扣整定电流：

$$I_Z \geqslant KI_{PK}$$

式中，I_Z 为瞬时动作的整定电流；I_{PK} 为线路中的尖峰电流；K 为考虑整定误差和启动电流允许变化的安全系数。对于动作时间在 0.02s 以上的自动断路器，取 $K=1.35$；对于动作时间在 0.02s 以下的自动断路器，取 $K=1.7$。

机床常用的断路器产品有 DZ 系列，DW 系列。

④ 电源开关联锁机构。电源开关联锁机构与相应的断路器和组合开关配套使用，用于接通电源或断开电源和柜门开关联锁，以达到打开柜门后切断电源，将柜门关闭后才能接通电源的效果，以起到安全保护作用。电源开关联锁有 DJL 系列和 JDS 系列。

（4）熔断器的选择

熔断器的选择内容主要是熔断器种类、额定电压、额定电流等级和熔体的额定电流。熔断器的类型主要在设计电气控制系统时，总体考虑确定的，熔断器的额定电压应按大于或等于所保护电路的电压，确定熔体的额定电流和熔断器额定电流是选用熔断器的主要任务。

① 对于如照明线路等没有冲击电流的负载，应使熔体的额定电流等于或稍大于电路的工作电流 I_N：

$$I_{NF} \geqslant I_N$$

式中，I_{NF} 为熔体的额定电流（A）；I_N 为电路的工作电流（A）。

② 对于单台电动机：

$$I_{NF} = （1.5\sim2.5）I_{NM}$$

式中，I_{NF} 为熔体的额定电流（A）；I_{NM} 为电动机的额定电流（A）。轻载启动或启动时间较短时，式中的系数取 1.5；重载启动或启动次数较多，启动时间较长时，系数取 2.5。

③ 对于多台电动机：

$$I_{NF} = （1.5\sim2.5）I_{NMmax} + \sum I_M$$

式中，I_{NMmax} 为容量最大电动机的额定电流（A）；$\sum I_M$ 为其余各台电动机额定电流之和，若有照明电路也应计入。

④ 对于输配电电路，熔体的额定电流应小于电路的安全电流。

熔体的额定电流确定以后，就可确定熔断器的额定电流，应使熔断器的额定电流大于或等于熔体的额定电流。

熔断器种类很多，有插入式、填料封团管螺旋式及快速熔断器等，有 RL1 系列、RC1 系列、RTO 系列、RSO 系列等。

（5）控制变压器容量的选择。

控制变压器一般用于降低控制电路或辅助电路电压，以保证控制电路安全可靠。选择控制变压器有以下原则。

① 控制变压器一、二次电压应与交流电源电压、控制电路电压及辅助电路电压要求相符。

② 应保证变压器二次侧的交流电磁器件在启动时可靠地吸合。

③ 电路正常运行时，变压器温升不应超过允许温升。

④ 控制变压器若按长期运行的温升来考虑，这时变压器容量应大于或等于最大工作负荷的功率。控制变压器容量的近似计算公式为：

$$S \geqslant K_L \sum S_i$$

式中，S 为控制变压器容量；$\sum S_i$ 为电磁器件吸持总功率（VA）；K_L 为变压器容量的储备系数，一般 K_L 取 1.1～1.25。

常用交流电器的启动与吸持功率如表 10-2 所示。

表 10-2　常用交流电器的启动与吸持功率

电器型号	启动功率 S_{qd}（V·A）	吸持功率 S_{xc}（V·A）	S_{qd}/S_{xc}
JZ7	75	12	6.3
CJ10-5	35	6	5.8
CJ10-10	65	11	5.9
CJ10-20	140	22	6.4
CJ10-40	230	32	7.2
CJ0-10	77	14	5.5

电器型号	启动功率 S_{qd}（V·A）	吸持功率 S_{xc}（V·A）	S_{qd}/S_{xc}
CJ0-20	156	33	4.75
CJ0-40	280	33	8.5
MQ1-5101	≈450	50	9
MQ1-5111	≈1000	80	12.5
MQ1-5121	≈1700	95	18
MQ1-5131	≈2200	130	17
MQ1-5141	≈10000	480	21

2. 自动控制电器的选择

（1）接触器的选择。

接触器用于带有负载主电路的自动接通或切断。它分为直流、交流接触器两类，机床中应用最多的是交流接触器。

选择接触器主要依据以下技术数据。

➢ 电源种类：交流或直流。

➢ 主触点额定电压、额定电流。

➢ 辅助触点种类、数量及触点额定电流。

➢ 电磁线圈的电源种类、频率和额定电压。

➢ 额定操作频率（次/h），即允许的每小时接通的最多次数。

交流接触器的选择主要考虑主触点的额定电流、额定电压、线圈电压等。

① 主触点的额定电流 I_N 可根据下面经验公式进行选择

$$I_N \geqslant P_N \times 103/KU_N$$

式中，I_N 为接触器主触点的额定电流（A）；K 为比例系数，一般取 1～1.4；P_N 为被控电动机的额定功率（kW）；U_N 为被控电动机的额定线电压（V）。

② 交流接触器主触点的额定电压一般按高于线路的额定电压来确定。

③ 控制电路的电压决定接触器的线圈电压。为了保证安全，一般接触器吸引线圈选择较低的电压。但如果在控制电路比较简单的情况下，为了省去变压器，可选用 380V 电压。值得注意的是，接触器产品系列是按使用类别设计的，所以要根据接触器负担的工作任务来选用相应的产品系列。

④ 接触器辅助触点的数量、种类应满足线路的需要。

机床常用的接触器有 CJ10、CJ12、CJ20 系列等交流接触器和 CZ0 系列直流接触器。

（2）中间继电器的选择。

中间继电器主要在电路中起信号传递与转换作用，用它可实现多路控制，并可将小功率的控制信号转换为大容量的触点动作，以驱动电气执行元件工作，中间继电器触点多，可以扩充对其他电器的控制作用。

选用中间继电器主要依据控制电路的电压等级，同时还要考虑触点的数量、种类及容量，满足控制电路的要求。

在机床上常用的中间继电器型号有 JZ7 系列、JZ8 系列两种。JZ8 为交直流两用的继电器。

（3）热继电器的选择。

热继电器用于电动机的过载保护，热继电器的选择应考虑电动机的工作环境、启动情况和负载性质等因素，主要是根据电动机的额定电流确定其型号与规格。

① 热继电器的热元件额定电流选择。一般可按下式选取：

$$I_R=（0.95～1.05）I_N$$

式中，I_R 为热元件的额定电流；I_N 为电动机的额定电流。

对于如下情况：电动机负载惯性转矩非常大，启动时间长；电动机所带动的设备不允许任意停电；电动机拖动的为冲击性负载，如冲床、剪床等设备。则按下式选取：

$$I_R=（1.15～1.5）I_N$$

② 热继电器结构形式的选择。在一般情况下，可选用两相结构的热继电器；对在电网电压严重不平衡、工作环境恶劣条件下工作的电动机，可选用三相结构的热继电器；对于三角形接线的电动机，为了实现断相保护，则可选用带断相保护装置的热继电器。

热继电器的整定电流值是指热元件通过的电流超过其值的 20% 时，热继电器应当在 20min 内动作，选用时，整定电流应与电动机的额定电流一致。热继电器选好后，还需根据电动机的额定电流来调整它的整定值。

常用的热继电器有 JR1、JR2、JR16 等系列。JR16B 系列是双金属片式热继电器，它的电流整定范围广，并有温度补偿装置，适用于长期工作或间歇工作的交流电动机的过载保护，而且具有断相运转保护装置。

（4）时间继电器的选择。

时间继电器的形式多样，各具特点，选择时应从以下几方面考虑。

① 根据控制电路所要求的延时触点延时方式来选择，即通电延时型或断电延时型。

② 根据延时准确度要求和延时长短要求来选择。

③ 根据使用场合、工作环境选择合适的时间继电器。

（5）低压主令电器的选择。

① 控制按钮的选择。

➢ 根据用途，选用合适的形式，如普通式、手把旋钮式、钥匙式和紧急式等。

➢ 根据控制回路的需要，确定不同的按钮数，如单钮、双钮、三钮和多钮等。

➢ 根据使用场合所需要的触点数、触点形式及作用，选择控制按钮的种类和颜色，如开启式、保护式、防水式和防腐式等。

➢ 按工作状态指示和工作情况的要求，选择按钮及指示灯的颜色。

机床常用的按钮为 LA 系列。

② 行程开关的选择。

行程开关可按下列要求进行选择。

➢ 根据应用场合及控制对象选择，有一般用途行程开关和起重设备用行程开关。

➢ 根据安装环境选择防护形式，如开启式或保护式。

➢ 根据控制回路的电压和电流选择行程开关系列。

➢ 根据机械与行程开关的传动与位移关系选择合适的头部形式。

③ 万能转换开关的选择。

万能转换开关可按下列要求进行选择。

➢ 根据额定电压和工作电流选择合适的万能转换开关系列。

➢ 根据操作需要选定手柄形式和定位特征。

➢ 根据控制要求参照转换开关样本确定触点数量和接线图编号。

➢ 选择面板形式及标志。

④ 接近开关的选择。

接近开关可按下列要求进行选择。

➢ 接近开关价格较高，用于工作频率高、可靠性及精度要求均较高的场合。

➢ 按应答距离要求选择型号、规格。

➢ 按输出要求有无触点以及触点数量，选择合适的输出形式。

10.5 电气控制设计案例

10.5.1 设计要求

设计一个厂房的通风排烟设备的控制系统，要求如下。

（1）厂房正常使用情况下，通风设备处于低速运转，实现通风的目的。

（2）厂房出现异常时，通风设备高速运行，排风量大大增加，实现排烟功能。

（3）能够就地手动控制通风设备速度的切换且能手动启停电动机。

（4）具备必要的电路保护和运行指示。

10.5.2 设计步骤

（1）制定设计任务。

根据设计要求，设计的任务是实现通风设备两个速度状态下正常运行，可手动启停，具有过载保护功能，具有运行停止的电源指示。

（2）根据任务设计主电路。

1）本任务的控制设备为厂房通风设备，电动机容量不大，所带负载是旋转叶轮，因此根据电动机的容量及拖动负载性质，选择电动机直接启动的方式。

2）根据设计任务的运动要求，电动机需要双速运行，因此可以选择三相异步双速电动机来实现。双速电动机内部有两套绕组，通过外部端子接线实现不同的连接方式改变定子绕组的磁极对数实现不同转速的。

3）根据设计要求和负载情况，电气保护设计需要进行过载保护、短路保护、低电压保护，因此选择热继电器对负荷进行过载保护，利用主电路的供电空气开关进行短路和低电压保护。

（3）根据主电路的控制要求设计控制回路。

1）主电路的电动机采用三相异步双速电动机，根据电源的供给情况，确定控制电路电压为交流380V。

2）双速电动机低速时电动机绕组是三角形（△）接法，高速时，电动机绕组是双 YY 接法，如图 10-6 所示。

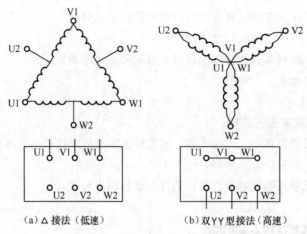

（a）△接法（低速）　　　　　　　　（b）双YY型接法（高速）

图 10-6　双速电动机绕组接线图

从接线图看出，可以通过三个接触器的切换实现高低速运转。低速时，一个接触器吸合，电动机绕组是三角形接法；高速时，两个接触器吸合，电动机绕组是双 YY 型接法。

3）联锁设计。

① 低、高速运行分别通过接触器的常开触头实现自锁功能。

需要注意的是，高速运行时，两个接触器处于吸合状态，为保证动作后的状态保持不变，自锁支路需要把两个接触器的常开触头同时串联使用。

② 电动机低、高速运行不能同时动作，需要互相制约。因此，通过接触器的常闭触头实现互锁，防止同时吸合通电造成电动机故障。

4）保护电路设计。过载保护电路通过热继电器实现。将热继电器的常闭触头串联在交流接触器的电磁线圈的控制支路中，并调节整定电流，当出现过电流时，使触头断开进而断开交流接触器，切断电动机的电源，使电动机及时停车，得到保护。

5）特殊要求和应急操作等设计。

（4）其他辅助电路设计，如报警功能、指示功能等要求的设计。

（5）审核和完善。检查动作是否满足要求，接触器、继电器等的触点使用是否合理，各种功能能否实现。出现问题应及时补充、修改和完善。

（6）经过电路参数的计算，合理选择开关、元器件、导线等，编制材料目录表。

（7）按国家标准绘制电气原理图。

10.5.3　电气原理图

电气原理图如图 10-7 所示，通风电动机的高低速运转采取两种接线方式，低速时，电动机是三角形接法，高速时电动机是双 YY 接法，可以通过设置三个接触器实现电动机高低速切换。控制回路采取 380V 的控制电压，既能起到控制作用，同时也能实现断相保护。

（1）厂房正常使用时。

按下启动按钮 SB1，接触器 KM1 得电，主触头吸合，辅助常开触点闭合并自锁，通风电动机绕组为三角形接法，双速电动机在低速状态下运行。

（2）厂房出现异常时。

当厂房出现异常现象需要加速排风时，按下按钮 SB2，此时接触器 KM1 失电断开，接触器 KM2 和 KM3 线圈得电，主触头吸合，辅助常开触点闭合并自锁，通风电动机绕组为双 YY 接法，通风电动机高速运行。KM1 和 KM2、KM3 实现互锁，保证电动机安全运行。

（3）保护电路。

热继电器 FR 对负荷进行过载保护，主电路的供电空气开关 QS 进行短路和低电压保护，同时熔断器 FU1～FU5 也分别对主回路和控制回路进行过流保护。

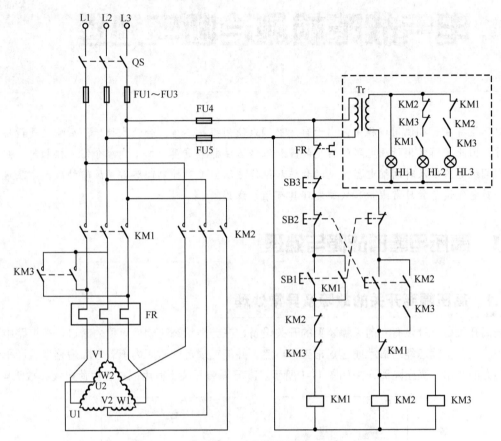

图 10-7　电气原理图

（4）指示电路。

电路的指示回路分三路，如图 10-7 中虚线框所示。HL1 为电源指示，如果控制回路电源正常，HL1 亮；如果熔断器熔断或者电源开关在断开位置，HL1 不能点亮。当电动机低速运转时，KM1 吸合，其辅助常开触点闭合，HL2 低速运行，指示灯点亮。当电动机高速运行时，接触器 KM2、KM3 吸合，其辅助常开触点闭合，HL3 高速运行，指示灯点亮。

第11章

电气故障检测诊断与处理

电气设备在长期使用过程中，由于自然磨损或使用维护不当，会产生故障，影响电气设备的正常工作，因此了解常用低压电器的常见故障和维修方法非常重要。本章内容介绍了接触器、热继电器、中间继电器以及时间继电器常见的故障和维修方法，并对控制回路常见故障的检测方法进行了讲解，对电气设备的日常维护和故障处理具有指导意义。

11.1 高压电器的故障与处理

11.1.1 高压隔离开关的故障及异常处理

隔离开关是一种没有专门灭弧装置的开关设备，在分闸状态有明显可见的断口，在电路中起隔离作用。在合闸状态能可靠地通过正常工作电流，并能在规定的时间内承载故障短路电流和承受相应电动力的冲击。高压隔离开关如图 11-1 所示。高压隔离开关不得用以拉合负荷电流和故障电流。

户内高压隔离开关　　　　　　　　　户外高压隔离开关

图 11-1　高压隔离开关

1. 绝缘子断裂

（1）故障现象。

① 绝缘子断裂引起保护动作跳闸时：保护动作，相应断路器在分位。

② 绝缘子断裂引起小电流接地系统单相接地时：接地故障相母线电压降低，其他两相母线电压升高。

③ 通过现场检查发现绝缘子断裂。

（2）处理原则。

① 绝缘子断裂引起保护动作跳闸。

检查监控系统断路器跳闸情况及光字牌、告警等信息；

结合保护装置动作情况，核对跳闸断路器的实际位置，确定故障区域，查找故障点。

② 绝缘子断裂引起小电流接地系统单相接地。

依据监控系统母线电压显示和试拉结果，确定接地故障相别及故障范围；

对故障范围内设备进行详细检查，查找故障点。查找时，室内不准接近故障点 4m 以内，室外不准接近故障点 8m 以内，进入上述范围人员应穿绝缘靴，接触设备的外壳和构架时，应戴绝缘手套。

③ 找出故障点后，对故障间隔及关联设备进行全面检查，重点检查故障绝缘子相邻设备有无受损，引线有无受力拉伤、损坏的现象。

④ 汇报值班调控人员一、二次设备检查结果。

⑤ 若相邻设备受损，无法继续安全运行时，应立即向值班调控人员申请停运。

⑥ 对故障点进行隔离，按照值班调控人员指令将无故障设备恢复运行。

2. 拒分、拒合

（1）故障现象。

远方或就地操作隔离开关时，隔离开关不动作。

（2）处理原则。

隔离开关拒分或拒合时不得强行操作，应核对操作设备、操作顺序是否正确，与之相关回路的断路器、隔离开关及接地开关的实际位置是否符合操作程序。运维人员应从电气和机械两个方面进行检查。

① 电气方面。

a. 隔离开关遥控压板是否投入，测控装置有无异常，遥控命令是否发出，"远方/就地"切换把手位置是否正确；

b. 检查接触器是否励磁；

c. 若接触器励磁，应立即断开控制电源和电动机电源，检查电动机回路电源是否正常，接触器接点是否损坏或接触不良；

d. 若接触器未励磁，应检查控制回路是否完好；

e. 若接触器短时励磁无法自保持，应检查控制回路的自保持部分；

f. 若空开跳闸或热继电器动作，应检查控制回路或电动机回路有无短路接地，电气元件是否烧损，热继电器性能是否正常。

② 机械方面。

a. 检查操动机构位置指示是否与隔离开关实际位置一致；

b. 检查绝缘子、机械联锁、传动连杆、导电臂（管）是否存在断裂、脱落、松动、变形等异常问题；

c. 操动机构蜗轮、蜗杆是否断裂、卡滞。

若电气回路有问题，无法及时处理，应断开控制电源和电动机电源，手动进行操作。手动操作时，若卡滞、无法操作到位或观察到绝缘子晃动等异常现象时，应停止操作，汇报值班调控人员并联系检修人员处理。

3. 合闸不到位

（1）故障现象。

隔离开关合闸操作后，现场检查发现隔离开关合闸不到位。

（2）处理原则。

可以按照以下内容从电气和机械两方面进行初步检查。

① 电气方面。

a. 检查接触器是否励磁、限位开关是否提前切换，机构是否动作到位；

b. 若接触器励磁，应立即断开控制电源和电动机电源，检查电动机回路电源是否正常，接触器接点是否损坏或接触不良，电动机是否损坏；

c. 若接触器未励磁，应检查控制回路是否完好；

d. 若空开跳闸或热继电器动作，应检查控制回路或电动机回路有无短路接地，电气元件是否烧损，热继电器性能是否正常。

② 机械方面。

a. 检查驱动拐臂、机械联锁装置是否已达到限位位置；

b. 检查触头部位是否有异物（覆冰），绝缘子、机械联锁、传动连杆、导电臂（管）是否存在断裂、脱落、松动、变形等异常问题。

若电气回路有问题，无法及时处理，应断开控制电源和电动机电源，手动进行操作。手动操作时，若卡滞、无法操作到位或观察到绝缘子晃动等异常现象时，应停止操作，汇报值班调控人员并联系检修人员处理。

4. 导电回路异常发热

（1）故障现象。

① 红外测温时，发现隔离开关导电回路异常发热。

② 冰雪天气时，隔离开关导电回路有冰雪立即融化现象。

（2）处理原则。

① 导电回路温差达到一般缺陷时，应对发热部位增加测温次数，进行缺陷跟踪。

② 发热部分最高温度或相对温差达到严重缺陷时，应增加测温次数并加强监视，向值班调控人员申请倒换运行方式或转移负荷。

③ 发热部分最高温度或相对温差达到危急缺陷且无法倒换运行方式或转移负荷时，应立即向值班调控人员申请停运。

5. 绝缘子有破损或裂纹

（1）故障现象。

隔离开关绝缘子有破损或裂纹。

（2）处理原则。

① 若绝缘子有破损，应联系检修人员到现场进行分析，加强监视，并增加红外测温次数。

② 若绝缘子严重破损且伴有放电声或严重电晕，立即向值班调控人员申请停运。

③ 若绝缘子有裂纹，该隔离开关禁止操作，立即向值班调控人员申请停运。

6. 隔离开关位置信号不正确

（1）故障现象。

① 监控系统、保护装置显示的隔离开关位置和隔离开关实际位置不一致。

② 保护装置发出相关告警信号。

（2）处理原则。

① 现场确认隔离开关实际位置。

② 检查隔离开关辅助开关切换是否到位、辅助接点是否接触良好。如现场无法处理，应立即汇

报值班调控人员并联系检修人员处理。

对于双母线接线方式，应将母差保护相应隔离开关位置强制对位至正确位置。对于 3/2 接线方式，若隔离开关的位置影响到短引线保护的正确投入，应强制投入短引线保护。

11.1.2 高压断路器的故障及异常处理

高压断路器（或称高压开关，见图 11-2）可以切断或闭合高压电路中的空载电流和负荷电流，而且当系统发生故障时，通过继电器保护装置的作用切断过负荷电流和短路电流。它具有相当完善的灭弧结构和足够的断流能力。

图 11-2　高压断路器

按其灭弧介质，高压断路器可分为真空断路器、六氟化硫（SF_6）断路器；按其操作机构，可分为液压式断路器、弹簧式断路器和气动式断路器。

1. 断路器灭弧室爆炸

（1）故障现象。

保护动作，相应断路器在分位，故障断路器电流、功率显示为零；现场检查发现断路器灭弧室炸裂，绝缘介质溢出。

（2）处理原则。

① 检查监控系统断路器跳闸情况及光字牌、告警等信息。

② 结合保护装置动作情况，核对断路器的实际位置，确定故障区域，查找故障点；找出故障点后，对故障间隔及关联设备进行全面检查，重点检查爆炸断路器相邻设备有无受损，引线有无受力拉伤、损坏的现象，若相邻设备受损，无法继续安全运行时，应立即向值班调控人员申请停运；现场检查时，检查人员应按规定使用安全防护用品；检查时，如需进入室内，应开启所有排风机进行强制排风 15min，并用检漏仪测量 SF_6 气体合格，用仪器检测含氧量合格；室外对 SF_6 断路器进行检查时，应从上风侧接近断路器进行检查；若爆炸现场引起火灾，应立即对火灾点进行隔离，然后进行扑救，必要时联系消防部门。

2. 保护动作断路器拒分

（1）故障现象。

故障间隔保护动作，断路器拒分；后备保护动作切除故障，相应断路器跳闸；拒分断路器在合位，电流、功率显示为零。

（2）处理原则。

① 检查监控系统断路器跳闸情况及光字牌、告警等信息，合保护装置动作情况，核对断路器的实际位置，确定拒动断路器。

② 检查断路器保护出口压板是否按规定投入，控制电源是否正常，控制回路接线有无松动，直流回路绝缘是否良好，气动、液压操动机构压力是否正常，弹簧操动机构储能是否正常，SF_6 气体

压力是否在合格范围内，汇控柜或机构箱内"远方/就地"把手是否在"远方"位置，分闸线圈是否有烧损痕迹。

3. 断路器误跳

（1）故障现象。

无系统故障特征；无保护动作信号，监控系统有断路器变位信息。

（2）处理原则。

① 检查监控系统断路器跳闸情况及光字牌、告警等信息，结合现场工作情况及天气状况分析判断。

② 对由于人员误碰、断路器受机械外力振动、保护屏受外力振动、二次回路故障等原因引起的偷跳（误跳），应查明原因，排除故障后，汇报值班调控人员，恢复送电。

③ 对由于其他电气或机械部分故障，无法立即恢复送电的，应汇报值班调控人员，将偷跳（误跳）断路器隔离，联系检修人员处理。

④ 恢复送电时，应根据调令及现场运行方式使用同期装置，防止非同期合闸。

4. 控制回路断线

（1）故障现象。

① 监控系统及保护装置发出控制回路断线告警信号。

② 监视断路器控制回路完整性的信号灯熄灭。

（2）处理原则。

① 应对断路器进行以下内容的检查：断路器控制电源空开有无跳闸；分、合闸线圈是否断线、烧损；控制回路是否存在接线松动或接触不良；上一级直流电源是否消失；液压、气动操动机构是否压力降低至闭锁值。

② 若控制电源空开跳闸或上一级直流电源跳闸，检查无明显异常，可试送一次。无法合上或再次跳开，未查明原因前不得再次送电。

③ 若断路器 SF_6 气体压力或储能操动机构压力降低至闭锁值、弹簧机构未储能、控制回路接线松动、断线或分合闸线圈烧损，无法及时处理时，汇报值班调控人员，按照值班调控人员指令隔离该断路器。

④ 若断路器为两套控制回路时，其中一套控制回路断线时，在不影响保护可靠跳闸的情况下，该断路器可以继续运行。

5. SF_6 气体压力降低

（1）故障现象。

监控系统或保护装置发出 SF_6 气体压力低告警、压力低闭锁信号，压力低闭锁同时伴随控制回路断线信号；现场检查发现 SF_6 密度继电器（压力表）指示异常。

（2）处理原则。

① 检查 SF_6 密度继电器（压力表）指示是否正常，气体管路阀门是否正确开启。

② 若 SF_6 气体压力降至告警值，但未降至压力闭锁值，联系检修人员，在保证安全的前提下进行补气，必要时对断路器本体及管路进行检漏。

③ 若运行中 SF_6 气体压力降至闭锁值以下，立即汇报值班调控人员，断开断路器操作电源，按照值班调控人员指令隔离该断路器。

6. 操动机构压力低闭锁分合闸

（1）故障现象。

监控系统或保护装置发出操动机构油（气）压力低告警、闭锁重合闸、闭锁合闸、闭锁分闸、控制回路断线等告警信息，并可能伴随油泵运转超时等告警信息；现场检查发现油（气）压力表指示异常。

（2）处理原则。

① 现场检查设备压力表指示是否正常。

② 检查断路器储能操动机构电源是否正常、机构箱内二次元件有无过热烧损现象、油泵（空压机）运转是否正常。

③ 检查储能操动机构手动释压阀是否关闭到位，液压操动机构油位是否正常，有无严重漏油，气动操动机构有无漏气现象，排水阀、气水分离器电磁排污阀是否关闭严密。

④ 运行中，储能操动机构压力值降至闭锁值以下时，应立即断开储能操动电动机电源，汇报值班调控人员，断开断路器操作电源，按照值班调控人员指令隔离该断路器。

7. 操动机构频繁打压

（1）故障现象。

监控系统频繁发出油泵（空压机）运转动作、复归告警信息；现场检查油泵（空压机）运转频次超出厂家规定值。

（2）处理原则。

① 现场检查油泵（空压机）运转情况。

② 检查液压操动机构油位是否正常，有无渗漏油，手动释压阀是否关闭到位；气动操动机构有无漏气现象，排水阀、气水分离器电磁排污阀是否关闭严密。

③ 现场检查油泵（空压机）启、停值设定是否符合厂家规定。

8. 液压机构油泵打压超时

（1）故障现象。

监控系统发出液压机构油泵打压超时告警信息。

（2）处理原则。

① 检查压力是否正常，检查油位是否正常，有无渗漏油现象，手动释压阀是否关闭到位。

② 检查油泵电源是否正常，如空开跳闸可试送一次，再次跳闸应查明原因。

③ 如热继电器动作，可手动复归，并检查打压回路是否存在接触不良、元器件损坏及过热现象等。

④ 检查延时继电器整定值是否正常。

9. 油断路器油位异常

（1）故障现象。

断路器油位高于油位计上限或低于油位计下限，与同类设备比对发现油位异常。

（2）处理原则。

① 如果出现油位过高时，应进行红外测温，如有异常，联系检修人员现场检查、分析，必要时向值班调控人员申请停运；如测温结果正常，则可能由于气温过高、检修后补油过多或假油位造成，应联系检修人员处理，并加强监视。

② 如果出现油位过低时，应检查断路器有无渗漏油现象，若无渗漏点可能由于气温过低或油量不足造成，应加强监视，联系检修人员处理，必要时做好停电准备。

10. 操作失灵

（1）故障现象。

分闸操作时发生拒分，断路器无变位，电流、功率指示无变化；合闸操作时发生拒合，断路器无变位，电流、功率显示为零。

（2）处理原则。

① 检查有无控制回路断线信息，控制电源是否正常、接线有无松动、各电气元件有无接触不良，分、合闸线圈是否有烧损痕迹。

② 气动、液压操动机构压力是否正常，弹簧操动机构储能是否正常，SF_6 气体压力是否在合格范围内。

③ 对于电磁操动机构，应检查直流母线电压是否达到规定值。

④ 遥控操作时，远方/就地把手位置是否正确，遥控压板是否投入。

⑤ 核对操作设备是否与操作票相符，断路器状态是否正确，五防闭锁是否正常。

11.1.3 电压互感器的故障及异常处理

电压互感器是一种将交流电压转换成可供控制、测量、保护等使用的二次侧标准电压的变压设备。

220kV 变电站电压互感器按绝缘方式可分为浇注式电压互感器、油浸式电压互感器和 SF_6 充气式电压互感器，如图 11-3 所示。

浇注式电压互感器　　　　油浸式电压互感器　　　SF_6 充气式电压互感器

图 11-3　电压互感器按绝缘方式分类

浇注式电压互感器结构紧凑、维护方便，用于户内式配电装置；油浸式电压互感器绝缘性能较好，可用于户外式配电装置；充气式电压互感器主要用于 SF_6 全封闭电器中。

电压互感器按工作原理划分，还可分为电磁式（PT）电压互感器和电容式（CVT）电压互感器，如图 11-4 所示。3/2 主接线的线路/主变电压互感器为三相式 CVT，主要用于线路/主变保护，母线电压互感器为单相式 CVT，主要用于同期及测量。母线电压互感器为三相式（PT 或者 CVT），主要用于线路/主变保护及母差保护的复压闭锁，线路有的为单相式 CVT（作为同期及线路有无电压的判断），有的为三相式 CVT（此类的线路保护就不用母线电压互感器的电压而用线路电压互感器的电压）。

电磁式电压互感器　　　　　　　电容式电压互感器

图 11-4　电压互感器按工作原理分类

电压互感器按工作绕组数目可分为双绕组和三绕组电压互感器，三绕组电压互感器除一次侧和基本二次侧外，还有一组辅助二次侧，供接地保护用。

1. 电压互感器本体渗漏油

（1）故障现象。

本体外部有油污痕迹或油珠滴落现象；器身下部地面有油渍或者油位下降。

（2）处理原则。

① 检查本体套管、放（注）油阀、法兰、金属膨胀器、引线接头等部位，确定渗漏油部位。

② 根据渗漏油速度结合油位情况，判断缺陷的严重程度。

油浸式电压互感器电磁单元油位不可见，且无明显渗漏点，应加强监视，按缺陷流程上报；电磁单元漏油速度每滴时间不快于 5s，且油位正常，应加强监视，按缺陷处理流程上报，如果油位低于下限的，立即汇报值班调控人员申请停运处理；电磁单元漏油速度每滴时间快于 5s，立即汇报值班调控人员申请停运处理。

③ 电容式电压互感器电容单元渗漏油，应立即汇报值班调控人员申请停运处理。

2. SF₆ 气体压力降低报警

（1）故障现象。

监控系统发出 SF₆ 气体压力低的告警信息；SF₆ 密度继电器气体压力指示低于报警值。

（2）处理原则。

① 检查表计外观是否完好，指针是否正常，记录 SF₆ 气体压力值。

② 检查表计压力是否降低至报警值，若为误报警，应查找原因，必要时联系检修人员处理；若确系 SF₆ 气体压力异常，应检查各密封部件有无明显漏气现象并联系检修人员处理。

3. 本体发热

（1）故障现象。

红外检测：整体温升偏高，油浸式电压互感器中上部温度高。

（2）处理原则。

① 对电压互感器进行全面检查，检查有无其他异常情况，查看二次电压是否正常。

② 油浸式电压互感器整体温升偏高，且中上部温度高，温差超过 2K，可判断为内部绝缘降低，应立即汇报值班调控人员申请停运处理。

4. 二次电压异常

（1）故障现象。

监控系统发出电压异常越限告警信息，相关电压指示降低、波动或升高；变电站现场相关电压表指示降低、波动或升高，或者相关继电保护及自动装置发出"TV 断线"告警信息。

（2）处理原则。

① 测量空气开关（二次熔断器）进线侧电压，如电压正常，检查二次空气开关及二次回路；如电压异常，检查设备本体及高压熔断器。

② 中性点非有效接地系统，应检查现场有无接地现象、互感器有无异常声响，并汇报值班调控人员，采取措施将其消除或隔离故障点。

③ 处理过程中，应注意二次电压异常对继电保护、自动装置的影响，采取相应的措施，防止误动、拒动。

④ 二次熔断器熔断或二次空气开关跳开，应试送二次空气开关（更换二次熔断器），试送不成功汇报值班调控人员申请停运处理。

⑤ 二次电压波动、二次电压低，应检查二次回路有无松动及设备本体有无异常，电压无法恢复

时，联系检修人员处理。

⑥ 二次电压高、开口三角电压高，应检查设备本体有无异常，联系检修人员处理。

5. 异常声响

（1）故障现象。

电压互感器声响与正常运行时对比明显增大且伴有各种噪声。

（2）处理原则。

① 内部伴有"嗡嗡"较大噪声时，检查二次电压是否正常。若二次电压异常，可按照二次电压异常处理。

② 声响比平常增大而且均匀时，检查是否为过电压、铁磁谐振、谐波作用引起的，汇报值班调控人员并联系检修人员进一步检查。

③ 内部伴有"噼啪"放电声响时，可判断为本体内部故障，应立即汇报值班调控人员申请停运处理。

④ 外部伴有"噼啪"放电声响时，应检查外绝缘表面是否有局部放电或电晕，若因外绝缘损坏造成放电，应立即汇报值班调控人员申请停运处理。

6. 外绝缘放电

（1）故障现象。

外部有放电声响；夜间熄灯可见放电火花、电晕。

（2）处理原则。

① 发现外绝缘放电时，应检查外绝缘表面有无破损、裂纹、严重污秽情况。

② 外绝缘表面损坏的，应立即汇报值班调控人员申请停运处理；外绝缘未见明显损坏，放电未超过第二伞裙的，应加强监视，按缺陷处理流程上报。超过第二伞裙的，应立即汇报调控人员申请停电处理。

7. 冒烟着火

（1）故障现象。

监控系统相关继电保护动作信号发出，断路器跳闸信号发出，相关电流、电压、功率无指示。如为室内设备，则监控系统有火灾报警信号发出；变电站现场相关继电保护装置动作，相关断路器跳闸；设备本体冒烟着火。

（2）处理原则。

① 检查当地监控系统告警及动作信息，相关电流、电压数据。

② 检查记录继电保护及自动装置动作信息，核对设备动作情况，查找故障点。

③ 处理过程中，应注意二次电压消失对继电保护、自动装置的影响，采取相应的措施，防止误动、拒动。

④ 按照设备火灾应急预案展开灭火。

11.2 低压电器的故障与维修

11.2.1 接触器的常见故障与维修

接触器在长期使用过程中，由于自然磨损或使用维护不当，会产生故障，影响电气设备的正常工作，因此了解接触器的常见故障并掌握处理的方法非常重要。交流接触器和直流接触器除了在电磁机构、工作电压有所不同外，其基本构成和工作原理相同，因此本节内容主要以交流接触器的常见故障为例进行讲解。

1. 电磁系统的故障及维修

电磁系统常见故障有线圈故障、铁芯噪声大、衔铁吸不上或不释放等故障。

（1）线圈故障。

线圈的主要故障现象是过热甚至烧毁，线圈烧毁是由于所通过的电流过大导致，常见原因主要有以下几个方面。

① 电源电压过低或过高。如果电源的电压偏低，导致线圈接线端子上的控制电压偏低。当电压低到一定程度，铁芯就不能吸合，此时线圈中的电流是正常维持电流的几倍（电流大小取决于电压的大小），时间一长，线圈就会因过度发热而烧坏。如果线圈接线端子上的控制电压偏高（$>1.1 \times Us$），也会导致线圈过度发热而烧坏。

② 操作频率过高。

③ 线圈匝间短路。线圈制造不良或由于机械损伤、绝缘损坏等形成匝间短路或局部对地短路，在线圈中会产生很大的短路电流，产生大量的热量将线圈烧毁。

④ 使用环境条件原因。如果空气潮湿，含有腐蚀性气体或环境温度过高，可能导致绝缘损坏，使线圈烧毁。

⑤ 线圈接头焊接不良，以致因接触电阻过大而烧断。

⑥ 运动部分卡住或者交流铁芯极面不平或去磁气隙过大，造成接触器线圈磁路不闭合，线圈发热烧毁。

⑦ 双线圈结构因自锁触头焊住以致启动绕组长期通电，而使线圈过热。

可利用万用表的欧姆挡来测量线圈的电阻，判断线圈是否烧毁。以 MF47 系列万用表为例说明详细的操作步骤。

① 万用表调至 R×100 挡，进行调零。将两表笔短接，调节万用表的调零电位器，使万用表的指针指向欧姆挡的零位，如图 11-5 所示。

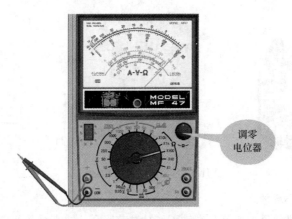

图 11-5　万用表调零

② 将表笔连接到接触器线圈的螺钉 A1、A2 处，测量电磁线圈的电阻，如果测量值为 0，说明线圈短路；如果测量值为无穷大，说明开路；如果电阻值为几百欧姆，说明线圈正常。万用表测量接触器线圈如图 11-6 所示。

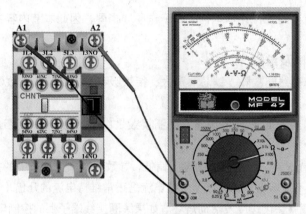

图 11-6　万用表测量接触器线圈

如果判定线圈烧毁应及时查找线圈烧毁的原因，是否存在电压异常或运动部位卡阻现象，排除故障后及时更换线圈。

（2）铁芯噪声大。

接触器的电磁系统在运行中会发出轻微的嗡嗡声，如果声音过大或出现尖叫声等异常情况，说明存在故障。接触器的电磁系统如图 11-7 所示，常见故障原因如下。

① 衔铁与铁芯的接触不良或衔铁歪斜。衔铁与铁芯的接触经多次碰撞后，使接触面磨损或变形，或接触面上有锈垢、油污、灰尘等，都会造成接触面接触不良，导致吸合时产生振动和噪声，加速铁芯损坏，同时会使线圈过热。

② 短路环损坏。交流接触器在运行过程中，铁芯经多次碰撞后，嵌装在铁芯端面内的短路环有可能断裂或脱落，此时铁芯产生强烈的振动，发出较大噪声。短路环断裂多发生在槽外的转角和槽口部分，维修时可将断裂处焊牢或照原样更换一个，并用环氧树脂加固。

③ 机械方面的原因。如果触头压力过大或因为活动部分受到卡阻，使衔铁和铁芯不能完全吸合，也会产生较强的震动和噪声。

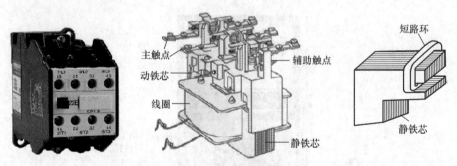

图 11-7　接触器的电磁系统构成

（3）衔铁吸不上或不释放。

当交流接触器的线圈接通电流后，衔铁不能被铁芯吸合，或当线圈断电后衔铁不释放，应立即断开电源，以免线圈被烧毁或发生意外事故。

衔铁吸不上的主要原因如下：

① 线圈引出线的连接处脱落，线圈断线或烧毁；

② 电源电压过低或活动部分卡阻；

③ 触点弹簧压力与超程过大。

若线圈通电后衔铁没有振动和发出噪声，一般是线圈出现故障；若衔铁有振动和发出噪声，可能是电源电压问题或有卡阻现象。用万用表测量电源电压，检查测试值是否与线圈额定电压相符，若触点弹簧压力与超程过大，可按要求调整触点参数。

接触器衔铁不能释放的故障原因及处理方法如表 11-1 所示。

表 11-1　接触器衔铁不释放的故障原因及处理方法

序号	故障原因	处理方法
1	触头熔焊	排除熔焊故障，修理或更换触点
2	触点弹簧压力过小	调整触点参数
3	机械部分卡阻，转轴生锈或歪斜	排除卡阻现象，修理受损零件
4	反作用弹簧损坏	更换弹簧
5	铁芯端面有油垢	清理铁芯极面
6	E 型铁芯的剩磁间隙过小导致剩磁增大	更换铁芯

2. 触头的故障及维修

交流接触器在运行中流过的电流通常都比较大，很容易导致交流接触器的主触头的相关部件出现损坏的现象。交流接触器触头常见的故障有触头过热或灼伤、磨损和熔焊等现象。接触器的触头如图 11-8 所示。

接触器触头的故障原因及处理方法如表 11-2 所示。

表 11-2　接触器触头的故障原因及处理方法

序号	故障现象	故障原因	处理方法
1	触点过热或灼伤	触点弹簧压力过小	调高触点弹簧压力
2		触点上有油污，或表面高低不平，有凸起	清理触点表面
3		环境温度过高或使用在密闭的控制箱中	接触器降容使用
4		铜质触头表面氧化	处理氧化表面或更换
5		环境温度过高，或工作电流过大，触电的断开容量不够	调换容量较大的接触器
6		触点的超程量太小	调整触点超程量或更换触点
7	触头磨损	三相触点动作不同步，产生电火花磨损	调整至同步
8		触头位移、撞击、摩擦产生机械磨损	调整或更换触点
9	触头熔焊	操作频率过高或接触器容量选择不当	更换合适的接触器
10		线路过载使触头闭合时通过的电流过大	选用容量较大的接触器
11		触点弹簧压力过小	调整触点弹簧压力
12		触点表面有金属颗粒凸起或异物	清理触点表面
13		操作回路电压过低	提高操作电源电压
14		机械卡住，使吸合过程中有停滞现象，触点停顿在刚接触的位置上	排除机械卡住故障，使接触器可靠吸合

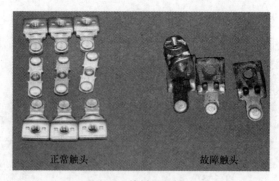

正常触头　　　　　　　　　故障触头

图 11-8　接触器的触头

11.2.2　热继电器的常见故障与维修

热继电器主要用于电动机或其他电气设备、电气线路的过载保护的保护电器。比如，在出现电动机不能承受的过载电流时快速切断电动机电路，避免电动机损坏，所以热继电器的正常运行非常重要。热继电器常见的故障现象和维修方法如下。

1. 用电设备正常，由于热继电器误动作或电气设备烧毁，热继电器不动作

（1）热继电器整定电流与被保护设备额定电流值不符，整定值偏小易发生误动作，整定值偏大易不动作。维修方法是合理调整整定值，一般热继电器的整定电流值为电动机额定电流的 1.05～1.2 倍，如果电动机不是全负荷运行，整定值可以设定适当小些。图 11-9 所示圆圈内为热继电器的电流整定盘，调整到对应位置即可。

图 11-9　热继电器的电流整定盘

（2）热继电器可调整部件固定螺钉松动，不在原整定点上，或者可调整部件损坏或未对准刻度。维修方法是：修好损坏部件，并对准刻度，重新调整固定。

（3）热元件变形、烧断或脱焊。更换部件或热继电器后重新进行调整试验。

（4）热继电器久未校验，出现灰尘聚积，生锈或动作机构卡住、磨损，胶木零件变形等情况。清除灰尘污垢后，重新进行校验，如果机构不能恢复正常，应进行更换。一般一年进行一次校验。

（5）热继电器外接线螺钉未拧紧或连接线不符合规定，维修方法是将螺钉拧紧或换上合适的连接线。

（6）热继电器盖子未盖上或未盖好，或者安装方式不符合规定或安装环境温度与被保护的电气设备的环境温度相差太大。维修方法是：盖好热继电器的盖子，将热继电器按规定方向安装并按两地温度相差的情况配置适当的热继电器。

2. 热继电器动作时快时慢

热继电器电路不通的故障原因及维修方法如表 11-3 所示。

表 11-3　热继电器电路不通的故障原因及维修方法

序号	故障原因	维修方法
1	内部机构有某些部件松动	将机构部件加固拧紧
2	双金属片弯曲异常	用高倍电流试验几次或将双金属片拆下进行热处理，以去除热应力
3	外接螺钉未拧紧	拧紧外接螺钉

3. 热继电器接入正常，但是电路不通

热继电器电路不通的故障现象、原因及维修方法如表 11-4 所示。

表 11-4　热继电器电路不通的故障现象、原因及维修方法

序号	故障现象	故障原因	维修方法
1	主回路不通	热元件烧毁	更换热元件或热继电器
2		外接线螺钉未拧紧	拧紧外接螺钉
3	控制回路不通	触头烧毁或动片弹性消失，动静触头不能接触	修理触头和触片
4		刻度盘或调整螺钉转不到合适位置将触头顶开	调整刻度盘或调整螺钉

4. 热元件烧断

热元件烧断，热继电器不能正常工作。热继电器热元件烧断的故障原因及维修方法如表 11-5 所示。

表 11-5　热继电器热元件烧断的故障原因及维修方法

序号	故障原因	维修方法
1	电流过大	检查电路，排除故障或更换元件
2	反复短时工作或操作次数过高	合理选用热继电器
3	机构故障	进行维修或更换

热元件由电热丝或电热片组成，其电阻很小（接近于 0），热元件好坏的测试方法如图 11-10 所示，利用万用表的欧姆挡进行测试，三组发热元件的正常电阻应接近于 0，如果电阻无穷大，则为发热元件开路。

图 11-10　发热元件好坏的测试方法

11.2.3　中间继电器的常见故障与维修

中间继电器是控制电器的一种，一般作为辅助用途，可增加接点数量、增加接点容量、转换接点类型，还可以用作开关，消除干扰等。

中间继电器的结构和接触器基本相同，其触头部分和电磁系统的常见故障类似。中间继电器常见的故障原因及维修方法如表 11-6 所示。

表 11-6　中间继电器常见的故障原因及维修方法

序号	故障现象	故障原因	维修方法
1	触点松动或开裂	簧片与触点的配合部分出现问题或生产时铆装压力调节不当	更换部件或继电器
2	触头虚接	控制回路的接触电阻变化，使得电磁式继电器线圈两端电压低于额定电压	采用并联型触头，避免采用 12V 及以下的低电压作为控制电压
3	线圈故障	电磁系统铆装时，压力太大会造成线圈断线或线圈架开裂、变形，绕组击穿	更换线圈
4	继电器参数混乱	零部件铆装处松动或结合强度差	调整机构，视情况进行更换
5	动作机构卡阻	缺少保养，操动时动作不灵，有卡阻的地方，不能正常跳闸	调整机构，视情况进行更换

11.2.4　时间继电器的常见故障与维修

时间继电器按其工作原理的不同，可分为空气阻尼式时间继电器、电子式时间继电器、电磁式时间继电器等。

空气阻尼式时间继电器如图 11-11 所示，它是利用空气通过小孔时产生阻尼的原理获得延时。其结构由电磁系统、延时机构和触头三部分组成。电磁机构为双口直动式，触头系统为微动开关，延时机构采用气囊式阻尼器。

空气阻尼式时间继电器常见的故障原因及维修方法如表 11-7 所示。

表 11-7　空气阻尼式时间继电器常见的故障原因及维修方法

序号	故障现象	故障原因	维修方法
1	线圈损坏或烧毁	线圈内部断线	重绕或更换线圈
		线圈匝间短路	更换线圈
		因环境等原因导致绝缘损坏	涂覆绝缘漆等方法
		线圈的额定电压与电源电压不匹配	更换线圈
		线圈在超压和欠压运行致电流过大	检查并调整线圈电源电压
2	衔铁噪声大	衔铁与铁芯接触面有油污等接触不良	清理接触面
		衔铁歪斜	调整衔铁接触面
		弹簧压力过大	调整弹簧，消除机械卡阻
		短路环损坏	更换新短路环
3	延时时间错误	空气密封不严	密封处理或重新装配
4	动作时间延长	进气通道堵塞	清理进气通道

电子式时间继电器如图 11-12 所示。电子式时间继电器是利用 RC 电路中电容电压不能跃变，只能按指数规律逐渐变化的原理，即电阻尼特性获得延时的。电子式时间继电器常见的故障原因及维修方法如表 11-8 所示。

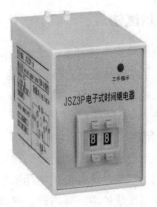

图 11-11　空气阻尼式时间继电器　　　　图 11-12　电子式时间继电器

表 11-8　电子式时间继电器常见的故障原因及维修方法

序号	故障现象	故障原因	维修方法
1	继电器不动作	继电器开关触点接触不良	检查触点，视情况更换
		继电器内部线圈接触不良	重新焊接或更换
		继电器插脚接触不良	更换底座
2	继电器动作后不能复位	调节电位器接触不良	检查是否虚焊，视情况更换
3	数字显示不正常	内部元件损坏	更换元器件

11.3 排除控制回路电气故障的常用方法

电气设备在长期使用过程中不可避免地产生电气故障，掌握电气基本故障的排除方法，恢复电气设备的正常使用，是从事电气工作人员的基本技能。电气故障有电源故障、电路连接故障、设备和元件故障等，相应的故障排除方法有很多，每一次故障的排除可能采用一种方法，也可能是多种方法的结合使用，需根据故障的具体情况采取合理的诊断方法。

常用故障排除的方法有以下几种。

11.3.1　观察法

观察法就是产生电气故障后，通过目测观察故障部位的外部表现来判断故障的方法。

检查故障区域有无异常气体、有无漏水、是否有热源靠近故障部位等，然后检查连线有无断路、松动，有无烧焦，元件有无虚焊现象，螺旋熔断器的熔断指示器是否跳出，电器有无进水、油垢，开关位置是否正确等。

根据观察故障部位的外观表现确认故障原因后，进行处理，在确认不会使故障进一步扩大和造成人身、设备事故后，可进一步试车检查。试车时，要注意有无严重跳火、异常气味、异常声音等现象，一经发现应立即停车，切断电源。

观察法是故障产生后方便采用的方法，但是一般必须配合其他检测方法，方能准确定位故障部位，排除故障。

11.3.2　电阻测试法

电阻测试法是一种常用的测量方法，通常利用万用表的电阻挡，判断电路的通断以及测量电动机、线路、触头、元件等是否符合标称阻值。电阻测试法对确定开关、线圈的断路、接插件、导线、印制板导电性以及电阻器的好坏非常有效而且快捷，可将检测风险降到最低。故障排除时，一般首先选用电阻测试法。

1. 指针式万用表

使用指针式万用表测量电路的通断时通常选用低挡位，并严禁带电测量。测量之前先进行调零。测量电动机、线路、触头、元件等的电阻值时，注意选择所使用的量程与被测量的阻值的匹配度，一般使指针停留在刻度线的中部或右部，这样读数比较清楚准确。

2. 数字式万用表

使用数字式万用表测量电路的通断时通常选用蜂鸣挡，如图 11-13 所示。

如果数字式万用表发出蜂鸣声，说明电路是通的；如果没有蜂鸣声，说明电路是断的。使用蜂鸣挡测量时，严禁在带电的情况下进行。

测量线圈、元件电阻值时，要选择合适的量程。根据阻值选择合适的量程进行测量时仍显示"1"，说明线圈、电阻等形成断路。

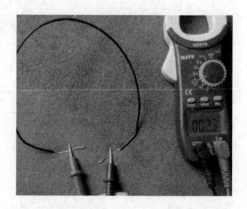

图 11-13　数字式万用表测量线路的通断

11.3.3　电压测试法

电路正常工作时，电路中各点都有一个确定的工作电压，通过测量电压来判断故障的方法称为电压法。电压测试法是通电检测手段中最基本、最常用的方法。电压测试法排除故障主要是利用万用表相应的电压挡，测量电路中电压值来排除电气回路故障，测量时应注意万用表的挡位，选择合适的量程，测量直流时，要注意万用表表棒的正负极性。

电压测试法排除故障的步骤如下。

（1）根据电路原理图和实际接线确定电压的种类（直流还是交流，幅值的大小和频率）。

（2）根据电压的种类选择合适的测量仪表。

（3）合理安排测试电路的关键"点"，判断电压是否正常。

（4）根据电压的异常值找出故障部位。

（5）处理故障，更换损坏的器件，然后进行电压测量，正常后方可送电运行。

11.3.4　电流测试法

电路正常工作时，各部分工作电流是稳定的，偏离正常值较大的部位往往是故障所在。电流测试法是测量线路中的电流是否符合正常值，以判断故障部位原因的一种方法。对弱电回路，常采用将电流表或万用表电流挡串联接在电路中进行测量；对于强电回路，常采用钳形电流表进行检测。

1. 万用表检测电流

万用表检测电流需要把电流表串联接在被测电路中。首先根据被测量电流是交流还是直流以及大小来选择合适的挡位及量程。选择完毕后串联接在被测电路中，然后通电进行测量。如果测量是直流电流，一定注意极性，红表笔接正极，黑表笔接负极。

2. 钳形表测电流

钳形表测电流的步骤如下。

（1）正确选择钳位仪表的挡位，交流电流测量选择交流（AC）电流挡，如图 11-14 所示。如果测量直流电流，按下 AC/DC 切换按钮，如图 11-15 所示的圆圈位置。

（2）打开钳形表钳口，将钳形表连接到被测电路上，如图 11-16 所示。

（3）为方便观察电流的示值，可按下 HOLD 键，如图 11-17 所示的圆圈位置，钳形表脱离被测量电路时示值依然显示。

如果万用表示值为 0 或者示值超过正常的运行值，说明电路存在故障。用钳形电流表检测电流时，一定要夹住一根被测导线（电线），夹住两根（平行线）则不能正确测量电流。

图 11-14　钳形表量程选择

图 11-15　钳形表 AC/DC 选择按键

图 11-16　钳形表测量电流

图 11-17　钳形表 HOLD 保持按键

11.3.5　波形测试法

波形测试法是采用示波器观察信号回路中各点的波形来判断故障的方法。对交变信号产生和处理电路来说，采用波形测试法是最直观、最有效的故障检测方法。波形测试法应用于以下三种情况。

1. 波形的有无和形状

在电路中，电路各点的波形有无和形状一般是确定的。如果测得该点波形没有或形状相差较大，则故障发生于该电路的可能性较大。比如，三相桥式整流电路可采用波形测试法检测输出波形判断电路的故障。

2. 波形失真

当电路的参数失配或元器件出现损坏时，会产生波形失真现象。比如，在放大电路和缓冲电路中，可通过观测波形和分析电路找出故障原因。

3. 波形参数

利用示波器测量波形的各种参数，如幅值、周期、前后沿相位等，与正常工作时的波形参数对照，找出故障原因。

用示波器测量波形时，一定要注意电路高电压和大幅度脉冲不能超过示波器的允许范围，必要时可采用高压探头或者对电路观测点采取分压或取样等措施；其次可以合理地运用探头（比如探头的衰减比为 12:1），起到补偿和衰减的作用。

第 12 章

可编程逻辑控制器（PLC）系统

可编程逻辑控制器（Programmable Logic Controller，PLC）是一个以微处理器为核心的数字运算操作的电子系统装置，专为在工业现场应用而设计。它采用了可编程序的存储器，用来在其内部存储执行逻辑运算、顺序控制、定时、计数和算术运算等操作的指令，并通过数字的、模拟的输入和输出，控制各种类型的机械或生产过程。可编程序控制器系统及其有关的外围设备的设计，以易于与工业控制系统形成一个整体、易于扩充其功能为原则。本章介绍了可编程逻辑控制器的组成和原理，并通过具体案例讲解了可编程逻辑控制系统的设计步骤和原则。

12.1 可编程逻辑控制器的基础知识

12.1.1 可编程逻辑控制器的组成

可编程逻辑控制器主要组成包括中央处理单元（CPU）、存储器、输入/输出接口（I/O）、通信接口、电源。PLC 的组成框图如图 12-1 所示。

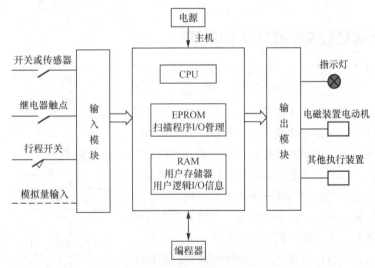

图 12-1　PLC 的组成框图

1. 中央处理器单元

中央处理器由控制器、运算器和寄存器组成并集成在一块芯片内。CPU 通过数据总线、地址总线、控制总线和电源总线与存储器、输入/输出接口、编程器和电源相连接。它是 PLC 的控制中枢，是 PLC 的核心，起神经中枢的作用，每套 PLC 至少有一个 CPU。中央处理器能按照 PLC 系统程序赋予的功能接收并存储从编程器键入的用户程序和数据；检查电源、存储器、I/O 以及警戒定时器的状态，并能诊断用户程序中的语法错误。

小型 PLC 的 CPU 采用价格很低的 8 位或 16 位微处理器或单片机，例如 8031、M6800 等；中型 PLC 的 CPU 采用 16 位或 32 位微处理器或单片机，例如 8086、8096 系列单片机等，这类芯片集成度一般比较高、运算速度快且可靠性高；而大型 PLC 则需采用高速位片式微处理器。CPU 运行速度和内存容量是 PLC 的重要参数，它们决定 PLC 的工作速度、输入/输出接口（I/O）数量及软件容量等，因此限制着控制规模。

2. 存储器

PLC 内的存储器主要用于存放系统程序、用户程序和数据等。系统程序存储器用于存放系统软件；用户程序存储器是存放 PLC 用户程序应用的存储器；数据存储器是存储 PLC 程序执行时的中间状态与信息的存储器，相当于计算机的内存。

3. 输入/输出接口（I/O 模块）

输入/输出接口是 PLC 与工业现场控制或检测元件和执行元件连接的接口。I/O 模块集成 PLC 的 I/O 电路，其输入暂存器反映输入信号状态，输出点反映输出锁存器状态。输入模块将电信号转换成数字信号进入 PLC 系统，输出模块与输入模块相反。I/O 分为开关量输入（DI）、开关量输出（DO）、模拟量输入（AI）以及模拟量输出（AO）等模块。

4. 编程器

编程器将用户编写的程序下载至 PLC 的用户程序存储器，检查、修改和调试用户程序，监视用户程序的执行过程，显示 PLC 状态、内部器件及系统的参数等。

5. 电源

PLC 的电源为 PLC 电路提供工作电源，将外部供给的交流电转换成供 CPU、存储器等所需的直流电，是整个 PLC 的能源供给中心，在整个系统中起着十分重要的作用。电源系统保障了 PLC 的基本运行。

12.1.2 可编程逻辑控制器的工作原理

PLC 有两种基本的工作状态，即运行（RUN）状态与停止（STOP）状态。PLC 是采用"顺序扫描，不断循环"的方式进行工作的，即当 PLC 运行（RUN）时，通过执行反应控制要求的用户程序来实现控制功能，按指令步序号（或地址号）做周期性循环扫描，如无跳转指令，则从第一条指令开始逐条顺序执行用户程序，直至可编程逻辑控制器停机或切换到 STOP 工作状态。然后返回第一条指令，开始下一轮新的扫描。在每次扫描过程中，还要完成对输入信号的采样和对输出状态的刷新等工作。除了执行用户程序之外，在每次循环过程中，可编程逻辑控制器还要完成内部处理、通信处理等工作，一次循环可分为 5 个阶段，如图 12-2 所示。

PLC 的一个扫描周期经过输入采样、程序执行和输出刷新 3 个阶段，如图 12-3 所示。

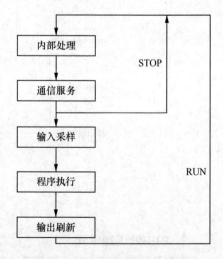

图 12-2　PLC 的循环扫描工作过程

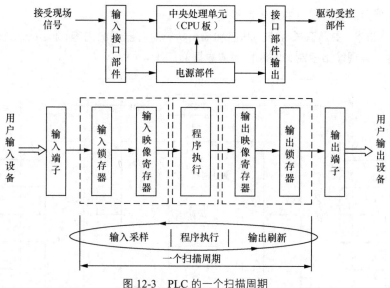

图 12-3　PLC 的一个扫描周期

输入采样阶段：首先以扫描方式按顺序将所有暂存在输入锁存器中的输入端子的通断状态或输入数据读入，并将其写入各对应的输入状态寄存器中，即输入采样。随即关闭输入端口，进入程序执行阶段。

程序执行阶段：按用户程序指令存放的先后顺序扫描执行每条指令，经相应的运算和处理后，将其结果再写入输出状态寄存器中，输出状态寄存器中所有的内容随着程序的执行而改变。

输出刷新阶段：当所有指令执行完毕，输出状态寄存器的通断状态在输出刷新阶段送至输出锁存器中，并通过一定的方式（继电器、晶体管或晶闸管）输出，驱动相应输出设备工作。

12.1.3　可编程逻辑控制器的软硬件基础

1. PLC 的硬件系统

PLC 的硬件系统是指构成 PLC 的物理实体或物理装置，也就是它的各个结构部件。图 12-4 所示为 PLC 的硬件系统简化框图。

PLC 的硬件系统由主机、I/O 扩展机及外围设备组成。主机和扩展机采用微型计算机的结构形式，其内部由运算器、控制器、存储器、输入单元、输出单元以及接口等部分组成。

运算器和控制器集成在一片或几片大规模集成电路中，称之为微处理器（或微处理机、中央处理器），简称 CPU。

主机内各部分之间均通过总线连接。总线分为电源总线、控制总线、地址总线和数据总线。以下介绍各部件的作用。

（1）CPU

CPU 在 PLC 控制系统中的作用类似于人体的神经中枢。它是 PLC 的运算、控制中心，用来实现逻辑运算、算术运算，并对全机进行控制。它按 PLC 中系统程序所赋予的功能，完成以下任务：

① 接收并存储从编程器键入的用户程序和数据；

② 用扫描的方式接收现场输入设备的状态或数据，并存入输入状态表或数据寄存器中；

③ 诊断电源、PLC 内部电路工作状态和编程过程中的语法错误；

④ PLC 进入运行状态后，从存储器中逐条读取用户程序，经过指令解释后，按照指令规定任务产生相应的控制信号，去控制相关的电路，分时、分渠道地执行数据的存取、传送、组合、比较和

变换等动作，完成用户程序规定的逻辑运算或算术等任务；

⑤ 根据运算结果，更新有关标志的状态和输出状态寄存器表的内容，再由输出状态表或数据寄存器的有关内容，实现输出控制、制表打印或数据通信等。

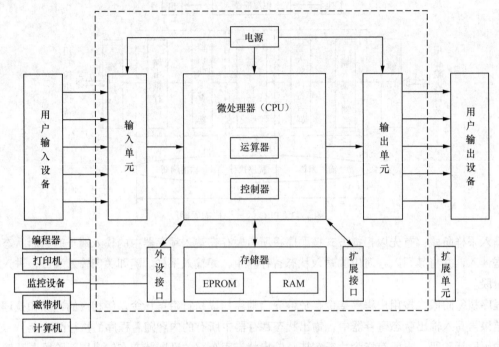

图 12-4　PLC 硬件系统简化框图

（2）存储器。

存储器（简称内存）用来存储数据或程序。它包括可以随机存取的随机存储器（RAM）和在工作过程中只能读出，不能写入的只读存储器（ROM）。

PLC 配有系统程序存储器和用户程序存储器，分别用以存储系统程序和用户程序。关于系统程序和用户程序的解释将在 PLC 的软件中进行介绍。

ROM 配有系统程序可以用 EPROM 写入器写入到主机的 EPROM 芯片中。写入了用户程序的 EPROM 又可以通过外围设备接口与主机连接，然后主机按照 EPROM 中的程序进行运行。EPROM 是可擦可编程的只读存储器，它存储的内容如果不需要时，可以用紫外线擦除器擦除，再写入新的程序。

（3）输入/输出（I/O）模块。

I/O 模块是 CPU 与现场 I/O 设备或其他外围设备之间的连接部件。PLC 提供了各种操作电平和输出驱动能力的 I/O 模块和各种用途的 I/O 功能模块供用户选用。

一般 PLC 均配置 I/O 电平转换模块及电气隔离模块。

输入电平转换是用来将输入端不同电压或电流的信号源转换成微处理器所能接收的低电平信号。

电气隔离是指 PLC 在微处理器部分与 I/O 回路之间采用光电隔离措施，这样能有效地隔离微处理器与 I/O 回路之间的联系，而不会引起 PLC 故障或误动作。

此外，某些 PLC 还具有其他功能的 I/O 模块，如串/并行变换、数据传送、误传检验、A/D 或 D/A 变换以及其他功能控制等。

I/O 模块既可以与 CPU 放置在一起，也可以远程放置。通常，I/O 模块还具有 I/O 状态显示和 I/O 接线端子排。

（4）电源。

PLC 配有开关稳压电源为 PLC 的内部电路供电。

（5）编程器。

编程器用作程序编制、编辑、调试和监视，还可以通过键盘调用和显示 PLC 的一些内部状态和系统参数。它经过接口与 CPU 联系，完成人机对话连接。

编程器可分为简易型和智能型两类。

简易型编程器只能联机编程，而且不能直接输入和编辑梯形图程序，需将梯形图程序转化为指令表程序才能输入。简易编程器体积小、价格便宜，它可以直接插在 PLC 的编程插座上，或者用专用电缆与 PLC 相连，以方便编程和调试，有些简易编程器带有存储盒，可用来储存用户程序，如三菱的 FX-20P-E 简易编程器。

智能编程器又称图形编程器，本质上它是一台专用便携式计算机，如三菱的 GP-80FX-E 智能型编程器。它既可联机编程，又可脱机编程。可直接输入和编辑梯形图程序，使用更加直观、方便，但价格较高，操作也比较复杂。大多数智能编程器带有磁盘驱动器，提供录音机接口和打印机接口。

（6）I/O 扩展机。

I/O 扩展机用来扩展输入、输出点数。当用户所需的输入、输出点数超过主机的输入、输出点数时，就要添加 I/O 扩展机来扩展输入、输出点数。

2. PLC 的软件系统

PLC 的软件系统指 PLC 所使用的各种程序的集合。它包括系统程序（又称为系统软件）和用户程序（又称为应用程序或工应用软件）。

硬件系统和软件系统是相辅相成的，它们共同构成 PLC 系统，缺一不可。没有软件的 PLC 系统，称为裸机系统，是没有什么用途的。同样，没有硬件系统，软件系统也就无立足之地。

（1）系统程序。

系统程序包括监控程序、编译程序及诊断程序等。

监控程序又称为管理程序。它主要用于管理全机；编译程序是把程序语言翻译成机器语言；诊断程序用于诊断机器故障。

系统程序由 PLC 生产厂家提供，并固化在 EPROM 中，用户不能直接存取，也就是不需要用户干预。

（2）用户程序。

用户程序是用户根据现场控制的需要，用 PLC 的程序语言编制的应用程序来实现各种控制要求。

小型 PLC 的用户程序比较简单，不需要分段，而是顺序编制的。大中型 PLC 的应用程序很长，也比较复杂，为使用户程序编程简单清晰，可按功能、结构或使用目的将用户程序划分各个程序模块（又称软件模块），犹如将控制电路总图划分成一页一页的电路分图一样。

用户程序是按模块结构由各自独立的程序段组成的，每个程序用于实现一个确定的技术功能。因此，即使在复杂的应用场下，很长的程序编制也能使用户易于理解，并且程序之间的链接也很简单。用户程序分段的设计，还使得程序的调试、修改和查错都变得很容易。

12.2 可编程逻辑控制系统设计

12.2.1 可编程逻辑控制器的指令和编程方法

1. 三菱 FX$_{0N}$-40MR 指令系统

（1）基本元素种类及其编号。

① 输入继电器（X）。输入继电器是 PLC 与外部用户输入设备连接的接口单元，用以接收用户输入设备发来的输入信号。

输入继电器的线圈与 PLC 的输入端子相连。它具有多对常开接点和常闭接点，供 PLC 编程时使用。

输入继电器的编号为：

基本单元　X000～X007　　　　X010～X017　　　　X020～X027

② 输出继电器（Y）。输出继电器是 PLC 与外部用户输出设备连接的接口单元，用以将输出信号传送给负载（即用户输出设备），输出继电器有一对输出接点与 PLC 的输出端子相连。它还具有无数对常开接点和常闭接点。

输出继电器的编号为：

基本单元　Y000～Y007　　　　Y010～Y017

③ 中间继电器（M）。中间继电器是逻辑运算的辅助继电器，与输入/输出继电器一样，具有无数对常开接点和常闭接点。其编号为如下：

M0～M383　　　　（384 点）——通用；

M384～M511　　　（128 点）——保持用。

④ 定时器（T）。FX$_{0N}$-40MR 型 PLC 共有 64 个定时器，其分类及相应说明如表 12-1 所示。

表 12-1　FX$_{0N}$-40MR 型 PLC 的定时器分类及相应说明

100ms	T0～T62，共 63 点	
10ms	T32～T62，共 31 点	若某一特殊辅助继电器置 1 时改为 10ms
1ms	T63，1 点	

⑤ 计数器（C）。FX$_{0N}$-40MR 型 PLC 共有 29 个计数器，以十进制进行编号，每个计数器均为断电保护，其分类及相应说明如表 12-2 所示。

表 12-2　FX$_{0N}$-40MR 型 PLC 的计数器分类及相应说明

通用	C0～C15	共 16 点，16 位增计数器
保持用	C16～C31	共 16 点，16 位增计数器
高速计数器	C235～C238、C241～C244、C246～C249	共 13 点，单相 5kHz 4 点、双相 2kHz 1 点合计≤5kHz

⑥ 状态寄存器（S）。状态寄存器是 PLC 中的一个基本元素，通常与步进指令一起使用。FX$_{0N}$-40MR 型 PLC 共有 128 个状态寄存器，以十进制进行编号，其分类及相应说明如表 12-3 所示。

表 12-3　FX$_{0N}$-40MR 型 PLC 的状态寄存器分类及相应说明

初始化用	S0～S9，共 10 点	
通用	S10～S127，共 118 点	
保持用	所有点都均有掉电保持（S0～S127）	用 ZRST 批指令可复位

⑦ 数据寄存器。PLC 内提供许多数据寄存器，供数据传送、数据比较、算术运算等操作时使用。其分类及相应说明如表 12-4 所示。

表 12-4　数据寄存器分类及相应说明

通用	D0～D127，共 128 点	
保持用	D128～D255，共 128 点	
特殊用	D8000～D8255，共 256 点	
文件寄存器	D1000～D2499，最多 1500 点	取决于存储器容量
变址用	V、Z，共 2 点	

（2）可编程逻辑控制器的常用指令。

可编程逻辑控制器的常用指令分为原型指令、脉冲型指令、输出型指令，各类型指令的功能、实例以及指令表达如表 12-5 至表 12-7 所示。

表 12-5　原型指令的功能、实例以及指令表达

基本指令	功能	实例（梯形图表示）	指令表达
LD（取）	接左母线的常开触点	X0	LD X0
LDI（取反）	接左母线的常闭触点	X0	LDI X0
AND（与）	串联触点（常开触点）	X0　X1	LD X0 AND X1
ANI（与反）	串联触点（常闭触点）	X0　X1	LD X0 ANI X1
OR（或）	并联触点（常开触点）	X0 X1	LD X0 OR X1
ORI（或反）	并联触点（常闭触点）	X0 X1	LD X0 ORI X1
END（结束）	程序结束并返回 0 步	X0　Y0 END	0　LD X0 1　OUT Y0 2　END

表 12-6　脉冲型指令的功能、实例及指令表达

基本指令	功能	实例（梯形图表示）	指令表达
LDP（取脉冲）	左母线开始，上升沿检测	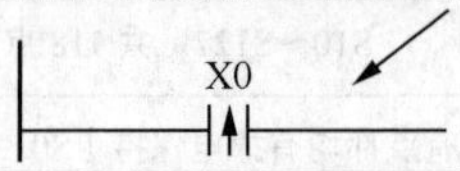 X0	LDP X0
ANDP（与脉冲）	串联触点，上升沿检测	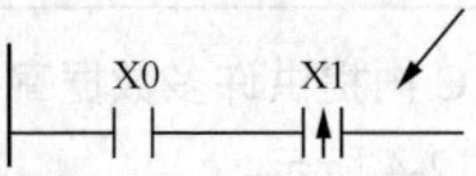 X0　X1	LD X0 ANDP X1
ORP（或脉冲）	并联触点，上升沿检测	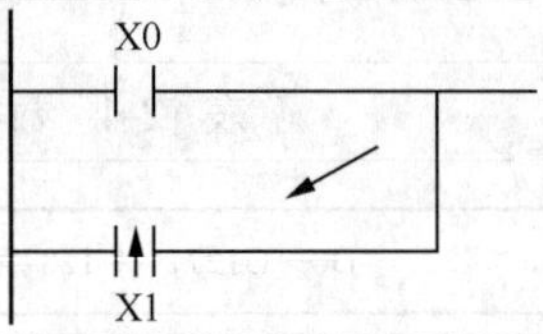 X0 X1	LD X0 ORP X1
LDF（取脉冲）	左母线开始，下降沿检测	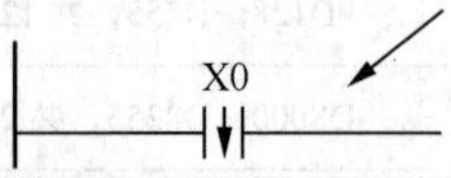 X0	LDF X0
ANDF（与脉冲）	串联触点，下降沿检测	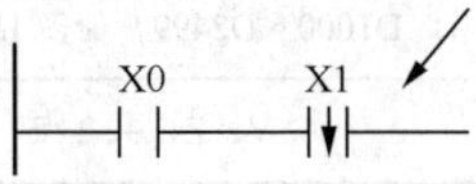 X0　X1	LD X0 ANDF X1
ORF（或脉冲）	并联触点，下降沿检测	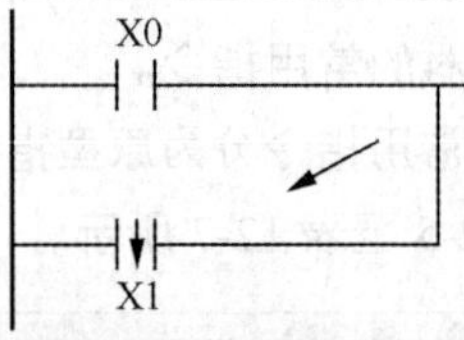 X0 X1	LD X0 ORF X1

表 12-7　输出型指令的功能、实例及指令表达

基本指令	功能	实例（梯形图表示）	指令表达
OUT（输出）	驱动执行元件	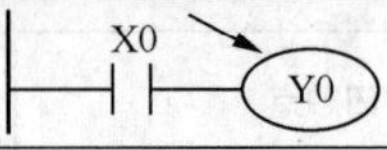 X0　Y0	LD X0 OUT Y0
INV（取反）	运算结果反转	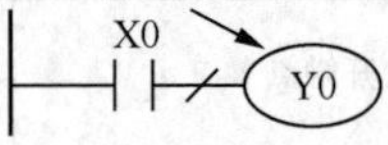 X0　Y0	LD X0 INV OUT Y0
SET（置位）	接通执行元件并保持	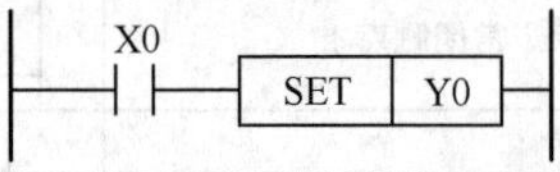 X0　SET　Y0	LD X0 SET Y0
RST（复位）	消除元件的置位	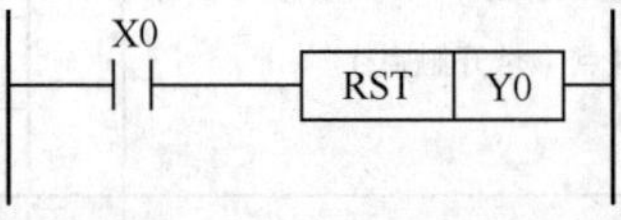 X0　RST　Y0	LD X0 RST Y0
PLS（输出脉冲）	上升沿输出（只接通一个扫描周期）	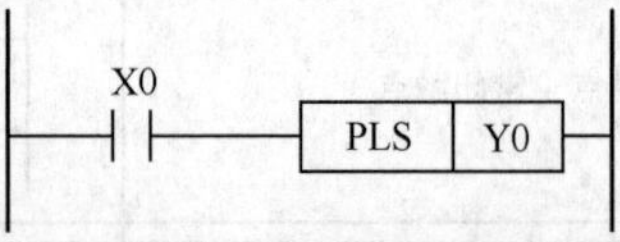 X0　PLS　Y0	LD X0 PLS Y0
PLF（输出脉冲）	下降沿输出（只接通一个扫描周期）	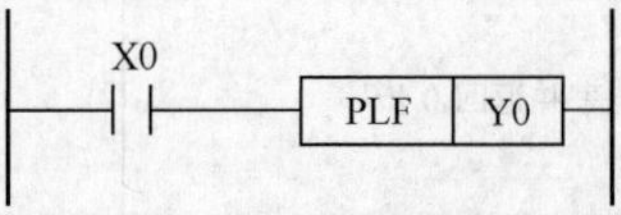 X0　PLF　Y0	LD X0 PLF Y0

（3）在 FX$_{2N}$ 中，产生时钟脉冲功能的特殊继电器。

在 FX$_{2N}$ 中，产生时钟脉冲功能的特殊继电器有 4 个。

M8011：触点以 10ms 的频率作周期性振荡，产生 10ms 的时钟脉冲。

M8012：触点以 100ms 的频率作周期性振荡，产生 100ms 的时钟脉冲。

M8013：触点以 1s 的频率作周期性振荡，产生 1s 的时钟脉冲。

M8014：触点以 1min 的频率作周期性振荡，产生 1min 的时钟脉冲。

普通型定时器（FX$_{2N}$）的地址、计时单位和时间设定值范围如表 12-8 所示。

表 12-8　普通型定时器（FX$_{2N}$）的地址号、计时单位和时间设定值范围

地址号	数量	计时单位	时间设定值范围
T0～T199	200 个	100ms（0.1s）	0.1～3276.7s
T200～T245	46 个	10ms（0.01s）	0.01～327.67s

2. PLC 编程方法

常用的 PLC 编程方法有经验法、解析法、图解法。

（1）经验法。

经验法是运用自己的或别人的经验进行设计，设计前选择与设计要求相类似的成功的案例，并进行修改，增删部分功能或运用其中部分程序，直至适合自己设计的情况。在工作过程中，可收集与积累这样成功的案例，从而可不断丰富自己的经验。

（2）解析法。

可利用组合逻辑或时序逻辑的理论，并运用相应的解析方法，对其进行逻辑关系的求解，然后再根据求解的结果，画成梯形图或直接写出程序。解析法比较严密，可以运用一定的标准，使程序优化，可避免编程的盲目性，是较有效的方法。

（3）图解法。

图解法是靠画图进行设计。常用的方法有梯形图法、波形图法及流程法。梯形图法是基本方法，无论是经验法还是解析法，要将 PLC 程序转化成梯形图，就要用到梯形图法。波形图法适合于时间控制电路，将对应信号的波形画出后，再依时间逻辑关系去组合，就可很容易设计出电路。流程法是用框图表示 PLC 程序执行过程及输入条件与输出关系，在使用步进指令的情况下，用它设计是很方便的。

最常用的两种编程语言，一是梯形图，二是助记符语言表。采用梯形图编程直观易懂，但需要一台个人计算机及相应的编程软件；采用助记符语言表便于试验，因为它只需要一台简易编程器，而不必用昂贵的图形编程器或计算机来编程。下面以梯形图为例，了解 PLC 编程过程。

梯形图是通过连线把 PLC 指令的梯形图符号连接在一起的连通图，用以表达所使用的 PLC 指令及其前后顺序，它与电气原理图很相似。它的连线有两种：母线和内部横竖线。内部横竖线把一个个梯形图符号指令连成一个指令组，这个指令组一般都是从装载（LD）指令开始；必要时再继以若干个输入指令（含 LD 指令），以建立逻辑条件；最后为输出类指令，实现输出控制，或为数据控制、流程控制、通信处理、监控工作等指令，以进行相应的工作。母线是用来连接指令组的。这种程序设计语言采用因果关系来描述事件发生的条件和结果，每个梯级是一个因果关系。在梯级中，描述事件发生的条件表示在左面，事件发生的结果表示在后面。梯形图程序设计语言是最常用的一种程序设计语言。它来源于继电器逻辑控制系统的描述。三菱公司的 FX$_{2N}$ 系列产品的最简单的梯形图示例如图 12-5 所示。

图 12-5 中的梯形图有两组,第一组用以实现启动、停止控制。第二组仅有一个 END 指令,用来结束程序。

梯形图与助记符的对应关系:助记符指令与梯形图指令有严格的对应关系,而梯形图的连线又可把指令的顺序予以体现。顺序一般为:先输入,后输出(含其他处理);先上后下,先左后右。有了梯形图就可将其翻译成助记符程序。图 12-5 的助记符程序为:

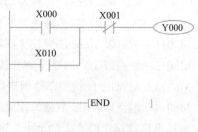

图 12-5　梯形图示例

地址指令变量

0000	LD	X000
0001	OR	X010
0002	ANI	X001
0003	OUT	Y000
0004	END	

反之,根据助记符程序,也可画出与其对应的梯形图。

梯形图与电气原理图的关系:如果仅考虑逻辑控制,梯形图与电气原理图也可建立起一定的对应关系。如梯形图的输出(OUT)指令,对应于继电器的线圈,而输入指令(如 LD、AND、OR)对应于接点,等等。这样,原有的继电器控制逻辑经转换即可变成梯形图,再进一步转换,即可变成语句表程序。

12.2.2　可编程逻辑控制器设计的原则和内容

1. 系统设计的基本原则

在进行 PLC 控制系统设计时,应遵循以下几个原则。

(1)尽量发挥 PLC 控制系统功能,满足被控对象的工艺要求。

(2)在满足控制要求和技术指标的前提下,使控制系统简单、经济、可靠。

(3)设计完成的控制系统保证安全可靠。

(4)设计时,保证控制系统的容量和功能预留一定的余量,便于以后的调整和扩充。

2. 设计内容

(1)根据被控对象的特性和提出的要求,制定 PLC 控制系统的使用技术和设计要求,并编写设计任务书,完成整个控制系统的设计。

(2)参考相关产品的资料,选择开关种类、传感器类型、电气传动形式、继电器/接触器的容量以及电磁阀等执行机构,选择 PLC 的型号及程序存储器的容量,确定各种模块的数量。

(3)绘制 PLC 控制系统接线图。

(4)设计 PLC 应用程序。

(5)输入程序并进行调试,根据设计任务书进行测试,完成测试报告。

(6)根据工艺要求设计电气柜、模拟显示盘和非标准电气部件。

(7)编写设计说明书和使用说明书等设计文档。

12.2.3　可编程逻辑控制器设计的步骤

可编程逻辑控制器设计的步骤流程如图 12-6 所示。

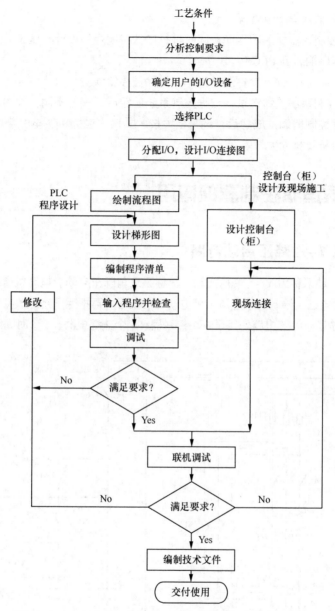

图 12-6　PLC 设计的步骤流程

（1）了解分析被控对象的工艺条件，通过分析控制要求，确定被控对象的机构和运行过程，明确动作的逻辑关系（动作顺序、动作条件）和必须要加入的联锁保护及系统的操作方式（手动、自动）等。

在进行 PLC 控制设计之前，首先要详细了解其工艺过程和控制要求，应采取什么控制方式，需要哪些输入信号，选用什么输入元件，哪些信号需输出到 PLC 外部，通过什么元件执行驱动负载；弄清整个工艺过程中各个环节的相互联系；了解机械运动部件的驱动方式，是液压、气动还是电动，运动部件与各电气执行元件之间的联系；了解系统的控制方式是全自动还是半自动的，控制过程是连续运行还是单周期运行，是否有手动调整要求等。另外，还要注意哪些量需要监控、报警、显示，是否需要故障诊断，以及需要哪些保护措施等。

（2）根据被控对象对 PLC 控制系统的技术指标要求确定所需输入/输出信号的点数，选择配置适当的 PLC 型号。

（3）设计 PLC 的输入/输出分配表。

（4）设计 PLC 控制系统梯形图程序，同时进行电气控制柜的设计和施工。

（5）将梯形图程序输入到 PLC 中。

（6）程序输入 PLC 后，进行软件测试工作，排除程序错误。

（7）进行 PLC 控制系统整体调试，根据控制系统的组成，进行不同方案的联机调试。

（8）整个可编程控制器调试成功后，编写相关技术文档（包括 I/O 电气接口图、流程图、程序及注释文件、故障分析及排除方法等）。

12.3 可编程逻辑控制器的应用

12.3.1 电动机 Y-△ 降压启动电路

星-三角形降压启动又称为 Y-△ 降压启动，简称星三角降压启动。电动机启动时，把定子绕组接成星形，以降低启动电压，限制启动电流；等电动机启动后，再把定子绕组改接成三角形，使电动机全压运行。如图 12-7 所示，该电路使用了 3 个接触器、1 个热继电器、1 个时间继电器和 2 个按钮。

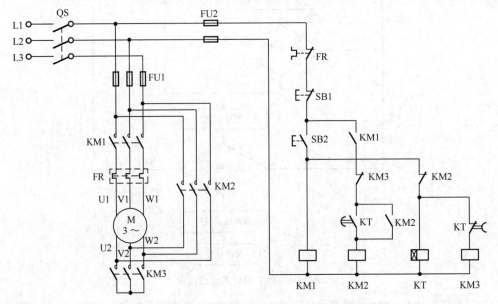

图 12-7　继电器-接触器星三角降压启动控制线路原理图

合上电源开关 QS，按下启动按钮 SB2 时，KM1 线圈得电，KM1 常开辅助触头闭合形成自锁，KM1 主触头闭合；KM2 线圈未得电，其 KM2 主触头闭点不动作，则 KM3 线圈得电，同时时间继电器 KT 得电，并开始计时，这时电动机 M 定子绕组先接成星形启动。

待电动机转速上升到接近额定转速时，时间继电器 KT 整定时间到，时间继电器 KT 的常开触点瞬时闭合，KM2 线圈得电，KM2 常开辅助触头闭合形成自锁，时间继电器 KT 的常闭触点断开，KM3 线圈失电，切断星形启动回路，KM2 的常闭触点使得时间继电器 KT 回路断开，KT 线圈失电，常闭触头瞬时复归，常开触头也复归，电动机此时已经处于正常运行状态，实现了降压启动。

采用 PLC 电动机 Y-△ 降压启动，需要 2 个输入点和 3 个输出点，其输入/输出分配表如表 12-9 所示，I/O 接线图如图 12-8 所示。

表 12-9　采用 PLC 实现电动机 Y-△降压启动控制的 I/O 分配表

输入			输出		
功能	元件	PLC 地址	功能	元件	PLC 地址
停止按钮	SB1	X000	接触器	KM1	Y000
启动按钮	SB2	X001	接触器	KM2	Y001
			接触器	KM3	Y002

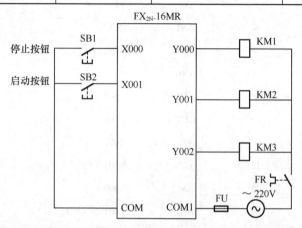

图 12-8　使用 PLC 实现电动机 Y-△降压启动控制的 I/O 接线图

采用 PLC 实现电动机 Y-△降压启动控制的梯形图如图 12-9 所示。

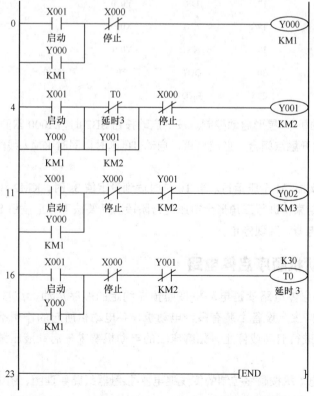

图 12-9　PLC 实现电动机 Y-△降压启动控制的梯形图

采用 PLC 实现电动机 Y-△ 降压启动控制的指令语句表如下：

0	LD	X001	
1	OR	Y000	
2	ANI	X000	
3	OUT	Y000	
4	LD	X001	
5	OR	Y000	
6	ANI	T0	
7	OR	Y001	
8	ANB		
9	ANI	X000	
10	OUT	Y001	
11	LD	X001	
12	OR	Y000	
13	ANI	X000	
14	ANI	Y001	
15	OUT	Y002	
16	LD	X001	
17	OR	Y000	
18	ANI	X000	
19	ANI	Y001	
20	OUT	T0	K30
23	END		

步 0～步 3 为电动机 M 星形启动控制。按下启动按钮 SB2 时，X000 常开触点闭合，Y000 输出线圈有效，Y000 的常开触点闭合，形成自锁，启动 T0 延时，同时 KM2 线圈得电，表示电动机星形启动。

步 4～步 16 为电动机 M 全压运行。当 T0 延时达到设定值 3s 时，KM2 线圈得电，KM3 线圈失电，表示电动机启动结束，进行三角形全电压运行阶段。只要按下停止按钮 SB1，X000 常闭触点打开，切断电动机的电源，实现停止。

12.3.2　多台电动机顺序启停电路

所谓电动机顺序启停电路就是电动机按照预先约定的顺序启动，或按照预先约定的顺序停止。实际生产中，有些生产设备上装有多台电动机，各电动机所起的作用不同，有时需要将多台电动机按一定的顺序进行启动或停止，如磨床上的电动机要求先启动液压泵电动机，再启动主轴电动机。

图 12-10 为两台电动机按顺序控制的传统继电器-接触器线路原理图，图中左侧为两台电动机顺序控制主电路，右侧为辅助控制电路。

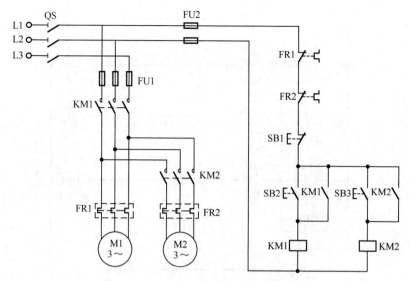

图 12-10   传统继电器-接触器顺序控制线路原理图

合上电源开关 QS，按下启动按钮 SB2 时，KM1 线圈得电，KM1 常开辅助触头闭合形成自锁，KM1 主触头闭合，使电动机 M1 启动，并为电动机 M2 启动做好准备。KM1 主触头闭合后，按下 SB3 按钮时，KM2 线圈得电，才使 M2 启动。按下停止按钮 SB1 时，两台电动机同时停止运行。从图中可以看出，若 KM1 线圈没有得电，即使按下启动按钮 SB3，KM2 线圈得电，但电动机 M2 仍不能启动，必须待 M1 先启动后 M2 才能启动，因此 M2 与 M1 工作存在顺序关系。

采用 PLC 实现两台电动机的顺序控制，需要 3 个输入点和 2 个输出点，其输入/输出分配表如表 12-10 所示，I/O 接线图如图 12-11 所示。

表 12-10   采用 PLC 实现两台电动机顺序控制的 I/O 分配表

输入			输出		
功能	元件	PLC 地址	功能	元件	PLC 地址
停止按钮	SB1	X000	电动机 M1 控制接触器	KM1	Y000
M1 启动按钮	SB2	X001	电动机 M2 控制接触器	KM2	Y001
M2 启动按钮	SB3	X002			

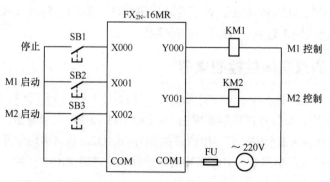

图 12-11   使用 PLC 实现两台电动机顺序控制的 I/O 接线图

采用 PLC 实现两台电动机顺序控制的梯形图如图 12-12 所示。

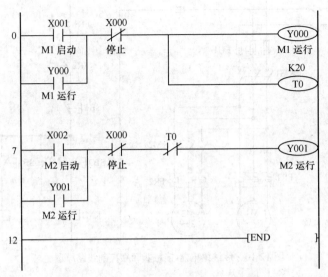

图 12-12　PLC 实现两台电动机顺序控制的梯形图

采用 PLC 实现两台电动机顺序控制的指令语句表如下：

0	LD	X001	
1	OR	Y000	
2	ANI	X000	
3	OUT	Y000	
4	OUT	T0	K20
7	LD	X002	
8	OR	Y001	
9	ANI	X000	
10	AND	T0	
11	OUT	Y001	
12	END		

步 0～步 3 为电动机 M1 启动控制。按下启动按钮 SB2 时，X001 常开触点闭合，Y000 输出线圈有效，KM1 主触头闭合，M1 启动运行，同时 T0 进行延时。

步 4～步 8 为电动机 M2 启动控制。按下启动按钮 SB3，且只有当 T0 有效时（即必须先启动电动机 M1），Y001 输出线圈才有效，M2 才能启动运行。

12.3.3　电动机的双向限位控制电路

图 12-13 所示为电动机的双向限位控制原理图，图 12-13（a）是行车运行示意图，图 12-13（b）是传统继电器-接触器双向限位控制线路原理图。从图 12-13（a）中可以看出，行车的前后安装了挡铁 1 和挡铁 2，工作台的两端分别安装了限位开关 SQ1 和 SQ2。通常将限位开关的常闭触头分别串联接在正转控制和反转控制电路中，当行车在运行过程中，若碰撞限位开关，行车停止运行，达到控制的目的。

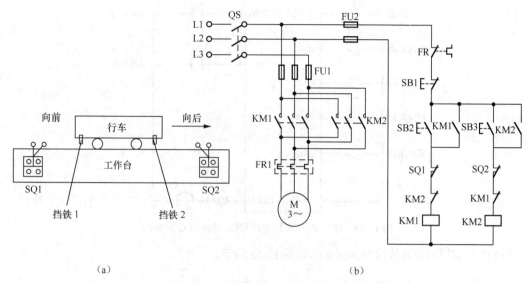

图 12-13　电动机的双向限位控制原理图

合上电源刀开关 QS，按下正转启动按钮 SB2，KM1 线圈得电，KM1 常开辅助触头闭合，形成自锁；KM1 常闭辅助触头打开，对 KM2 进行联锁；KM1 主触头闭合，电动机启动，行车向前运行。当行车向前运行到限定位置时，挡铁 1 碰撞限位开关 SQ1，SQ1 常闭触头打开，切断 KM1 线圈电源，KM1 线圈失电，使常闭触头闭合，常开触头释放，电动机停止向前运行。此时再按下正转启动按钮 SB2，由于 SQ1 触头断开，KM1 线圈仍然不会得电，从而保证行车不会超过 SQ1 所在的位置。

按下反转启动按钮 SB3 时，行车向后运行，SQ1 常闭触头复位闭合。行车向后运行中，各器件的工作状况与正转类似。当挡铁 2 碰撞限位开关 SQ2 时，行车停止向后运行。行车在向前或向后运行过程中，只要按下停止按钮 SB1，行车将会停止。

采用 PLC 实现双向限位控制，需要 5 个输入点和 2 个输出点，其输入/输出分配表如表 12-11 所示，I/O 接线图如图 12-14 所示。

表 12-11　采用 PLC 实现双限位控制的 I/O 分配表					
输入			输出		
功能	元件	PLC 地址	功能	元件	PLC 地址
停止按钮	SB1	X000	正向控制接触器	KM1	Y000
正向启动按钮	SB2	X001	反向控制接触器	KM2	Y001
反向启动按钮	SB3	X002			
正向限位开关	SQ1	X003			
反向限位开关	SQ2	X004			

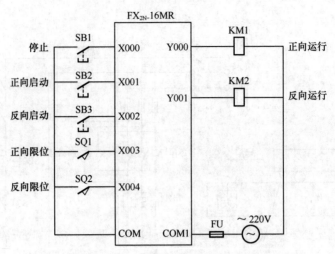

图 12-14 使用 PLC 实现双向限位控制的 I/O 接线图

采用 PLC 实现双向限位控制的梯形图如图 12-15 所示。

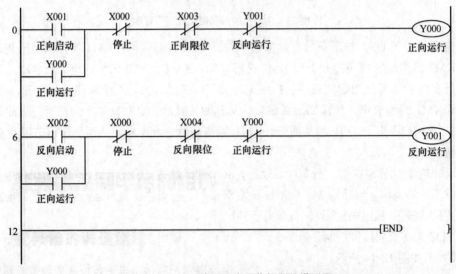

图 12-15 PLC 实现双向限位控制的梯形图

采用 PLC 实现双向限位控制的指令语句表如下：

0	LD	X001
1	OR	Y000
2	ANI	X000
3	ANI	X003
4	ANI	Y001
5	OUT	Y000
6	LD	X002
7	OR	Y000
8	ANI	X000
9	ANI	X004
10	ANI	Y000
11	OUT	Y001
12	END	

步 0～步 5 为正向运行控制，按下正向启动按钮 SB2 时，X001 常开触点闭合，Y000 输出线圈有效，控制 KM1 主触头闭合，行车正向前进。当行车行进中碰到正向限位开关 SQ1 时，X003 常闭触点打开，Y000 输出线圈无效，KM1 主触头断开，从而使行车停止前进。

步 6～步 11 为反向运行控制，按下反向启动按钮 SB3 时，X002 常开触点闭合，Y001 输出线圈有效，控制 KM2 主触头闭合，行车反向后退。当行车行进中碰到反向限位开关 SQ2 时，X004 常闭触点打开，Y001 输出线圈无效，KM2 主触头断开，从而使行车停止后退。

行车在行进过程中，按下停止按钮 SB1 时，X000 常闭触头断开，从而控制行车停止运行。

12.3.4　电动机的正转控制电路

1. 电动机控制原理

电动机控制原理图如图 12-16 所示。

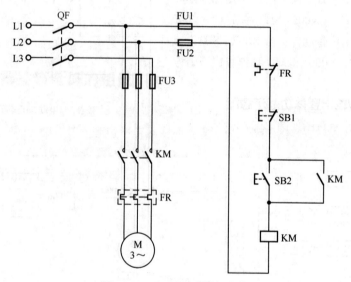

图 12-16　电动机正转控制电路

电气控制的工作原理如下。

（1）电动机启动。

合上三相断路器 QF，按下控制回路启动按钮 SB2，接触器 KM 的吸引线圈得电，三对常开主触点闭合，将电动机 M 接入电源，电动机开始启动。同时，与 SB2 并联的 KM 的常开辅助触点闭合，这样即使松手断开 SB2，吸引线圈 KM 通过其辅助触点也可以继续保持通电，维持吸合状态。

（2）电动机停止。

按下停止按钮 SB1，接触器 KM 的线圈失电，其主触点和辅助触点均断开，电动机脱离电源，停止运转。这时，即使松开停止按钮，由于自锁触点断开，接触器 KM 线圈不会再通电，电动机不会自行启动。只有再次按下启动按钮 SB2 时，电动机才能再次启动运转。

2. I/O 点分配

根据确定的输入/输出设备及输入/输出点数，I/O 点的分配如表 12-12 所示。

表 12-12　输入/输出设备及 I/O 点分配表

输入			输出		
元件代号	功能	输入点	元件代号	功能	输出点
SB1	停止	X002			
SB2	启动	X001	KM	控制电机运转	Y000
FR	过载保护	X003			

3. 电动机单向运转梯形图

电动机正转运行梯形图如图 12-17 所示。

不同的生产厂家所提供的 PLC 编程语言不同，但程序的表达方式却大致相同。一般常用梯形图和指令表。如当图 12-17 中 X001（SB2）接通时，Y000（KM）动作驱动输出设备动作；当 X002（SB1）或 X003（FR）动作时，Y000（KM）动作输出设备停止工作。

4. PLC 输入/输出整体功能示意图

电动机正转运行示意图如图 12-18 所示。

图 12-17　电动机正转运行梯形图

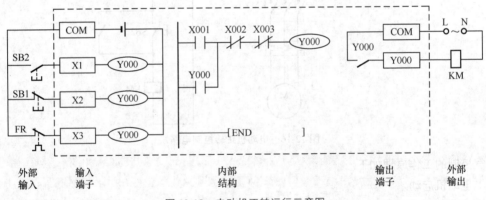

图 12-18　电动机正转运行示意图

12.3.5　电动机的正反转控制电路

电动机正反转电路图如图 12-19 所示，电气控制的工作原理如下。

（1）正转控制：合上断路器 QF，按下正转启动按钮 SB2，接触器 KM1 线圈通电并吸合，其主触点闭合、常开辅助触点闭合并自锁，电动机正转。这时电动机所接电源相序为 L1-L2-L3。

（2）反转控制：按下反向启动按钮 SB3，此时 SB3 的常闭触点先断开正转接触器 KM1 的线圈电源，按钮 SB3 的常开触点才闭合，接通反转接触器 KM2 线圈的电源，使 KM2 吸合，辅助常开触点闭合并自锁，主触点闭合，电动机反转。这时电动机所接电源相序为 L3-L2-L1。

（3）如需要电动机停止，按下停止按钮 SB1 即可。

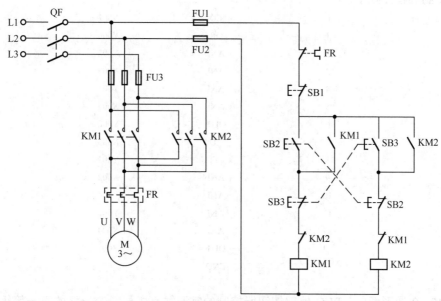

图 12-19　电动机正反转电路图

由图 12-19 可知，PLC 程序在使用中软件互锁功能并不可靠。因此，需在硬件中添加互锁，地址分配表如表 12-13 所示，除了在硬件中添加互锁外，还需要添加一个热保护装置。

表 12-13　地址分配表

输入			输出		
元件代号	功能	输入点	元件代号	功能	输出点
SB1	停止	X002			
SB2	正向启动	X001	KM1	控制电机正转	Y000
SB3	反向启动	X003	KM2	控制电机反转	Y001
FR	过载保护	X004			

根据所设计的设备具体功能与需求画出 PLC 梯形图，如图 12-20 所示。然后对其进行解析，即可得到编程程序代码。

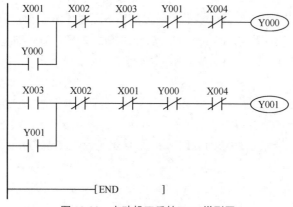

图 12-20　电动机正反转 PLC 梯形图

设计得到的指令如下：

0	LD	X001
1	OR	Y000
2	ANI	X002
3	ANI	X003
4	ANI	Y001
5	ANI	X004
6	OUT	Y000
7	LD	X003
8	OR	Y001
9	ANI	X002
10	ANI	X001
11	ANI	Y000
12	ANI	X004
13	OUT	Y001
14	END	

在图 12-20 梯形图中，PLC 外部按钮所控制的常开触点主要是左母线的第一等级以及第二等级的 X001 触点和 X003 触点，只需按钮便可使得 X001 或 X003 任意一个常开触点闭合，输出继电器 Y000 或继电器 Y001 就能通过相应线路形成闭合回路，进而使常开接触点 Y000 或 Y001 实现自锁功能，同时实现电动机的正反转。停止通过 PLC 外部的按钮来实现，按钮通过释放 X002 常闭接触点，使得继电器断电引发电动机停止运转。

第 13 章

变频器控制电路

三相交流异步电机的结构简单、坚固、运行可靠、价格低廉，在冶金、建材、矿山、化工等重工业领域发挥着巨大作用。人们希望在许多场合下能够用可调速的交流电机来代替直流电机，从而降低成本，提高运行的可靠性。如果实现交流调速，每台电机可节能 20%以上，而且在恒转矩条件下，能降低轴输出功率，既提高了电机效率，又可获得节能效果。

交流变频调速已成为电气调速传动的主流，目前变频器不但在传统的电力拖动系统中得到了广泛的应用，而且已扩展到了工业生产的所有领域，以及空调、洗衣机、电冰箱灯等家电产品中。

本章介绍了变频器控制电路的种类、特点和组成，并通过具体的案例说明了变频器控制电路的典型应用。

13.1 变频器控制电路的特点

13.1.1 变频器的种类

变频器（Variable-frequency Drive，VFD）是一种利用逆变电路方式将恒压恒频电源变成频率和电压可变的电源，进而对电动机进行调速控制的装置，其实物如图 13-1 所示。

图 13-1 变频器

市场上变频器的类型多种多样，可从结构形式、用途、控制方式、电源性质等几个方面进行分类。

1. 根据主电路结构形式分类

依据主电路结构形式可将变频器分为交-直-交变频器和交-交变频器两大类。

交-直-交变频器是变频器的主要形式，又称为间接式变频器，如图 13-2 所示，是指变频器工作时，首先将工频交流电通过整流和滤波电路转换成平稳的直流电，在控制系统的控制下，逆变电路再将直流电源转换成频率和电压可调的交流电提供给负载（电动机）进行变速控制。

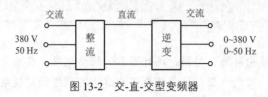

图 13-2　交-直-交型变频器

交-交变频器是直接变频的，是指变频器工作时，将工频交流电直接转换成频率和电压可调的交流电提供给负载（电动机）进行变速控制，如图 13-3 所示。

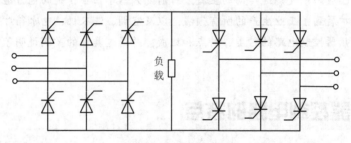

图 13-3　交-交型变频器

2. 根据电源性质分类

在交-直-交变频器中，根据中间电路部分电源性质的不同，又可将变频器分为两大类：电压型变频器和电流型变频器。

电压型变频器的特点是将直流电压源转换成交流电压源，故电压型变频器常用于负载电压变化较大的场合，其原理框图如图 13-4 所示。而电流型变频器的特点则是将直流电流源转换成交流电流源，故电流型变频器常用于负载电流变化较大的场合，适用于需要回馈制动和经常正、反转的生产机械，其原理框图如图 13-5 所示。

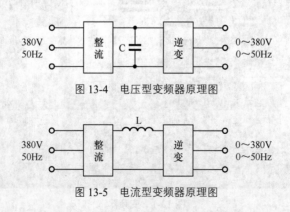

图 13-4　电压型变频器原理图

图 13-5　电流型变频器原理图

3. 根据用途分类

变频器按用途可分为通用变频器、专用变频器、高频变频器、高压变频器和单相变频器。通用变频器是指在很多方面具有很强通用性的变频器，简化了一些系统功能，并以节能为主要目的，多为中、小容量变频器，是目前工业领域中应用数量最多、最普遍的一种变频器，适用于工业通用电动机和一般变频电动机，一般由交流低压 220V/380V（50Hz）供电，对使用的环境没有严格的要求，以简便的控制方式为主，其实物如图 13-6（a）所示。专用变频器是指专门针对某一方面或某一领域而设计研发的变频器，针对性较强，具有适用于所针对领域独有的功能和优势，能够更好地发挥变频调速的作用，目前较常见的专用变频器主要有风机专用变频器、电梯专用变频器、恒压供水（水泵）专用变频器、卷绕专用变频器、线切割专用变频器等。高频变频器指输出频率超过 400Hz 的变频器，其实物如图 13-6（b）所示，主要采用 PAM 控制方式，其作用对象主要为高速电动机。高压变频器是指电动机电压达到 3kV 及以上时所采用的变频器，其实物如图 13-6（c）所示，采用 PWM 控制方式，主要应用于电力、冶金、石化、水泥等行业。单相变频器的输入端为单相交流，输出端为三相交流，适用于现场只有单相电源，而只有三相交流电动机的场所。

（a）通用变频器　　　　　　　（b）高频变频器　　　　　　　（c）高压变频器

图 13-6　变频器的种类

4. 其他分类

变频器还可根据控制方式分为压/频（U/f）控制变频器、转差频率控制变频器、矢量控制变频器、直接转矩控制变频器等。

变频器按调压方法可分为 PAM 变频器、PWM 变频器、高频载波 PWM 变频器。PAM（Pulse Amplitude Modulation，脉冲幅度调制）变频器是按照一定规律对脉冲序列的脉冲幅度进行调制，控制输出的量值和波形，实际上就是能量的大小用脉冲的幅度来表示，整流输出电路中增加绝缘栅双极型晶体管（IGBT），通过对 IGBT 的控制改变整流电路输出的直流电压幅度（140～390V），使变频电路输出的脉冲电压不但宽度可变，而且幅度也可变。

PWM（Pulse Width Modulation，脉冲宽度调制）变频器同样是按照一定规律对脉冲序列的脉冲宽度进行调制，控制输出量和波形，实际上就是能量的大小用脉冲的宽度来表示，整流电路输出的直流供电电压基本不变，变频器功率模块的输出电压幅度恒定，控制脉冲的宽度受微处理器控制，其调压原理如图 13-7 所示。

变频器按输入电流的相数分为三进三出、单进三出。其中，三进三出是指变频器的输入侧和输出侧都是三相交流电，大多数变频器属于该类。单进三出是指变频器的输入侧为单相交流电，输出侧是三相交流电，一般家用电器设备中的变频器属于该类。

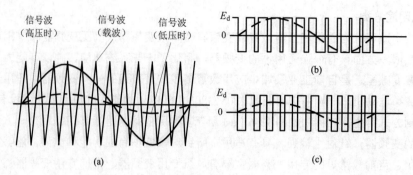

图 13-7　PWM 调压原理

13.1.2　变频器的应用

1. 主要应用行业

由于变频器体积小、重量轻、精度高、功能丰富、保护齐全、可靠性高、操作简便、通用性强等优点，因而在各行各业得到了广泛的应用，主要应用在钢铁、有色、石化、石油、化工、纺织、建材、电力、煤炭、医药、城市供水等行业。

2. 节能方面的应用

变频器节能表现在风机和水泵的应用上。风机和水泵类负载采用变频调速之后，节电率为 20%～60%，这是因为风机和水泵类负载的实际消耗功率基本与转速的三次方成比例。当用户需要的平均流量较小时，风机和水泵类负载采用变频调速使其转速降低，节能效果很明显。而传统的风机和水泵类负载采用挡板和阀门进行流量调节，电动机转速基本不变，耗电功率变化不大。

（1）风机的节能。

在风扇、鼓风机类的负载中，常见调节风量和压力的方法有两种：一种是控制输出或输入端的风门，另一种是控制旋转速度。前者基本上不采用。图 13-8 所示为两种控制方式下风机运行的特性。其中 r 表示原有的管道阻抗 R 加上调节风门后新增的节流阻抗，图中的（pu）均表示标幺值。

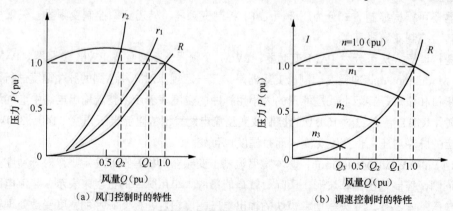

（a）风门控制时的特性　　　　（b）调速控制时的特性

图 13-8　调节风机工作点的方法

图 13-9 所示为采用不同的调节方法时电动机的输入功率、轴输出功率（即风机轴功率）与风量的关系曲线。曲线 1 为输出端风门控制时电动机的输入功率，曲线 2 为输入端风门控制时电动机的输入功率，曲线 3 为转差功率调速控制时电动机的输入功率，曲线 4 为变频器调速控制时的输入功率。采用不同的调节方法时，电动机的输入功率也不同。

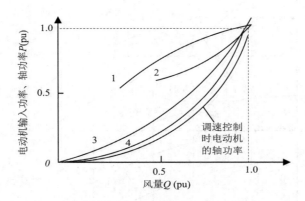

图 13-9　电动机的输入功率、轴输出功率与风量的关系曲线

（2）水泵的节能。

水泵装置中存在一个由吸入侧和排出侧之间液位差所造成的固定的管路阻抗分量，即实际扬程，如图 13-10 所示。

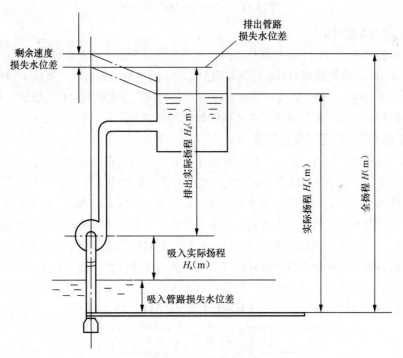

图 13-10　水泵装置模型

全扬程 H 表示为 $H=H_a+H_L$，其中 H_a 为实际扬程（m），H_L 为损失扬程（m）。

损失扬程中包括吸入管路损失水位差、排出管路损失水位差和剩余速度损失水位差。图 13-11 所示为 50%流量情况下的运行特性。在排出管路闸门控制的情况下工作点为 A，转速控制情况下工作点为 B（采用管端压一定的控制方式）。与全流量（工作点 C）相比，在 50%流量时，工作点 A 与 B 所需轴功率都减小了，但工作点 B（调速控制）所需轴功率更小。可见，采用调速方式节能效果更大。

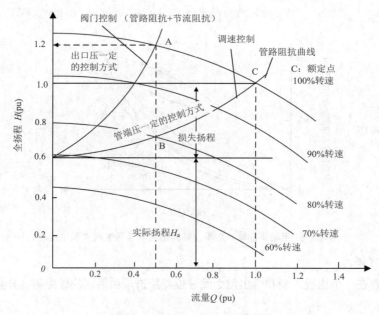

图 13-11　水泵的全扬程流量特性

3. 自动化系统中的应用

因变频器内置有 32 位或 16 位的微处理器,具备多种算术逻辑运算和智能控制功能,输出频率精度为 0.1%~0.01%,且设置有完善的检测、保护环节,故变频器在自动化系统中得到了广泛应用。比如化纤工业中的卷绕、拉伸、计量、导丝,玻璃工业中的平板玻璃退火炉、玻璃窑搅拌、拉边机、制瓶机,电弧炉自动加料、配料系统以及电梯的智能控制等。

4. 提高工艺水平和产品质量的应用

变频器还广泛应用于传送、起重、挤压和机床等各种机械设备的控制领域,它可以提高工艺水平和产品质量,减少设备冲击和噪声,延长设备使用寿命。采用变频控制后,可以使机械设备简化,操作和控制更具人性化,有的甚至可以改变原有的工艺规范,从而提高整个设备的功能。

比如,纺织行业印染设备为几十米到一百多米的长车,多台电机同时带动各个轧辊、导带、烘缸和各种摆布架转动,各单元的布速必须一致,产生的绝对误差必须能很快自动纠正过来。将各单元的电机用变频器控制,再配上性能良好的同步板、张力同步装置、松式同步装置、非接触式越位保护装置和导带纠偏装置等,其同步性、可靠性可大大提高,升降速平稳,故障大大降低,产品质量提高,很少因电气故障而停车。长车变频系统控制框图如图 13-12 所示。

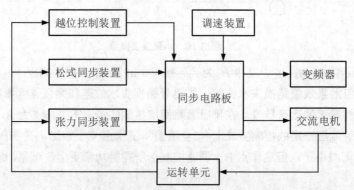

图 13-12　纺织行业长车变频系统控制框图

13.1.3 技术优势

1. 原有恒速运行的异步电动机的调速控制

应用变频器可方便地改变异步电动机的频率和电压,实现调速运行。对标准型电动机,低速时散热能力变差,这是因为电动机轴上起冷却作用的风扇转速变慢所致,这就需要应用变频器所具有的电子热保护功能,对电动机进行保护。

2. 实现软启动、软停机及频繁启停

笼型异步电动机在工频条件下,启动电流是额定电流的 5~7 倍,电动机的容量越大,启动时对电网的影响越大。利用变频器采用变频启动或停车,可以预先设定加、减速时间(0.1~6000s),并可在较小的电流条件下实现软启动,从而减小对电网的影响并降低电动机发热。加、减速时的动态转矩不足,而变频器具有自动转矩提升功能和加、减速过程中的防失速功能。

3. 不用接触器就可实现正、反转控制

在变频器中利用逆变电路中电力电子器件(IGBT)的开关功能,实现电动机正、反转的切换控制是很容易的,避免了使用主电路中接触器进行机械切换的弊端,且能可靠地实现正、反转之间的连锁。

4. 可方便地实现电气制动

变频器传动时很容易实现电动机的电气制动。在很多情况下,如水平传送带、风机、起重机和斜面传送带的应用中,为产生静止时的保持转矩,应与机械式制动器配合使用。

电气制动包括动力制动、电源再生制动和直流制动 3 种制动方式。当变频器的输出频率为零时,电动机就处于直流能耗制动状态。一般情况下,某些机床、大型起重机、高速电梯等为了有效地利用再生电能,常采用电源再生制动方式。小型升降机等则采用电路结构相对简单的动力制动(采用制动电阻)方式。制动频度很低的一类生产机械,当仅要求停车时,也可采用全范围直流制动方式。

5. 可实现恶劣环境下电动机的调速运行

电磁转差调速电动机和直流电动机一般难以用到环境恶劣的场合。变频器使得防爆电动机在技术上的复杂性大大降低。一般情况下,可采用通用笼型异步电动机,特殊情况下可选用防爆型、防水型、户外型等特殊类型电动机。防爆型电动机与变频器配合时,可以采用专门的防爆变频器,如图 13-13 所示。

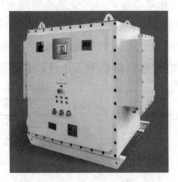

图 13-13 防爆变频器

6. 实现高频电动机的高速运行

在超精密加工和高性能机械领域中常用到高速电动机,为满足这些高速电动机驱动的需要,出现了采用 PAM 控制方式的高速电动机驱动用变频器。这类变频器的输出频率可达到 3kHz,驱动两极异步电动机时,电动机的最高速度可以达到 180000r/min。高速电动机由高频变频器驱动,变频器

的压频关系应该按高速电动机固有的 U/f 关系来决定。如果将通用异步电动机升速运行，应校核电动机的机械强度。

7. 单台变频器的多电动机调速运行

变频器的多电动机传动方式是用一台变频器同时为多台电动机供电，多用于轧钢的辊道和纤维机械中的卷筒等的传动。电动机可采用异步电动机，也可采用同步电动机。各台电动机的容量不必相同，但电动机的容量之和不得超过变频器的额定容量。如果采用异步电动机，各电动机的转速可能因为转差率的不同而略有差异；而采用同步电动机时，各电动机的转速则完全相同。多台同步电动机传动方式中，如果在运行中有一台电动机突然接入，则必须考虑新接入的电动机启动时和接近同步时的过大电流对运行中的其他电动机的冲击。图13-14 为变频器一拖三的电路图。

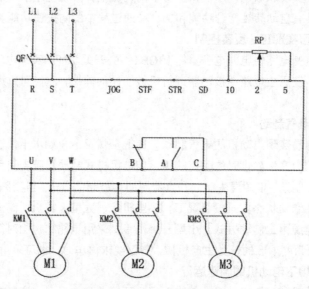

图 13-14　变频器一拖三电路图

8. 电网的功率因数可以保持较高的值

变频器中的整流电路采用三相全波整流将交流电变换成直流电，电流的相位基本没有滞后，较之电动机直接接到电网上，电网的功率因数要高得多，基本上接近 1。变频器的电源侧功率因数在低速时有所减小。图 13-15（a）所示为采用二极管整流的 PWM 变频器的功率因数特性，图 13-15（b）所示为采用晶闸管整流的 PWM 变频器的功率因数特性。电动机的输入侧（变频器的输出端）不能接改善功率因数用的电容器，因为电容器可流入过大的高次谐波电流，并因此而损坏。

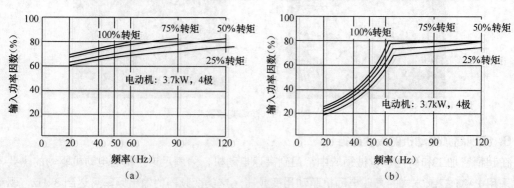

图 13-15　PWM 变频器的输入特性

13.1.4　通用变频器的常用功能

1. *U/f*控制功能

*U/f*控制功能是最早的变频器控制方式。保持电压 *U* 和频率 *f* 的比值一定，使得变频器将固定的电压、频率转化为电压、频率都可调节，从而得到所需的转矩特性。*U/f*控制功能广泛应用在风机、水泵调速等场合。

（1）*U/f*控制基本原理。

变频器的负载是异步电动机，其定子绕组含电感元件。当频率降低时，绕组的感抗降低，如果还是全压供电，就会造成定子过电流烧坏绕组。因此，定子电压必须随频率的升高而升高，频率降低时供电电压降低，并基本保持 *U/f* 恒定。

由于电动机的磁通为

$$\varPhi_m = \frac{E}{4.44 f N_s k_{ns}} \approx \frac{U}{4.44 f N_s k_{ns}} \qquad (13\text{-}1)$$

式中　*f*——异步电动机的定子频率；

　　　N_s——定子绕组的匝数；

　　　k_{ns}——定子基波绕组系数；

　　　U——定子电压。

通过式 13-1 可知，主磁通 $\varPhi_m$ 增大，会使已接近饱和的电动机磁路饱和，导致励磁电流急剧增加。因此，在变频器调速过程中为了保持主磁通的恒定，在改变 *f* 的同时，改变电子电压 *U*，可以维持 *U/f* 基本不变。*U/f* 的值不同时，调速方式也不同。*U/f* 控制曲线如图 13-16 所示，真实的曲线与这条曲线有区别。

（2）转矩补偿功能。

在基频以下调速时，须保持主磁通 $\varPhi_m$ 恒定。频率 *f* 较高时，保持 *U/f* 恒定，即可近似地保持主磁通 $\varPhi_m$ 恒定。频率 *f* 较低时，由于接线及电动机绕组的电压降引起的有效电压衰减，电动机扭矩不足，因此，可预估电压降并增加电压，以补偿低速时扭矩的不足，变频器的这个功能叫作"转矩提升"，如图 13-17 所示。

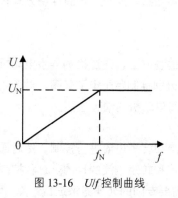

图 13-16　*U/f*控制曲线

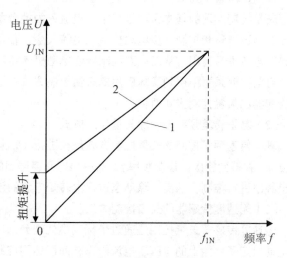

图 13-17　端电压补偿特性

应用变频器可方便地改变异步电动机的频率和电压，实现调速运行。对标准型电动机，低速时散热能力变差，这是因为电动机轴上起冷却作用的风扇转速变慢所致，这就需要应用变频器所具有的电子热保护功能，对电动机实行保护。

2. 矢量控制

矢量控制是 20 世纪 70 年代初由德国 F.Blsachke 等人首先提出的，采用直流电动机和交流电动机分析比较的方法，开创了交流电动机等效直流电动机控制的先河。典型应用场合：行车、皮带运输机、挤出机、空气压缩机和电梯等。

（1）矢量控制原理。

异步电动机是一个多变量、强耦合、非线性的时变参数系统，其物理模型如图 13-18 所示，很难直接通过外加信号准确控制电磁转矩。但若以转子磁通这一旋转的空间矢量作为参考坐标，利用从静止坐标系到旋转坐标系之间的变化，则可以把定子电流中的励磁电流分量和转矩电流分量变成标量独立开来，分别进行控制。这样，通过坐标系重建的电动机模型就可等效为一台直流电动机，从而可像直流电动机那样进行快速的转矩和磁通控制，即矢量控制。

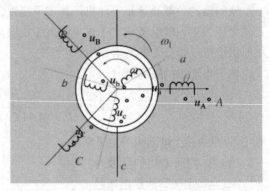

图 13-18　三相异步电动机的物理模型

三相异步电动机的转矩表达式

$$T = C_T \Phi_m I \cos\varphi \tag{13-2}$$

式中　T——电磁转矩；

C_T——与电机结构有关的常数；

Φ_m——定子气隙磁通；

I——转子电流；

$\cos\varphi$——转子回路功率因数。

三相异步电动机转矩控制的难点是：式 13-2 中的 Φ_m、I、$\cos\varphi$ 都影响转矩 T；Φ_m 与 I 都由定子电流控制，两者不独立；难以直接实现转矩控制。

矢量控制实现的基本原理是将定子电流人为地分解成两个相互垂直的矢量，即励磁电流和转子电流，通过测量和控制异步电动机定子电流矢量，根据磁场定向原理分别对异步电动机的励磁电流和转矩电流进行控制，从而达到控制异步电动机转矩的目的。

目前在变频器中得到实际应用的矢量控制方式主要有基于转差频率控制的矢量控制方式和无速度检测器的矢量控制方式两种。

（2）基于转差频率控制的矢量控制方式。

基于转差频率控制的矢量控制方式是在进行 U/f 恒定控制的基础上，通过检测异步电动机实际速度 n，并得到相应的控制频率 f，然后根据希望得到的转矩，分别控制定子电流矢量，对变频器的输出频率进行控制，从而消除动态过程中转矩电流的波动，提高电动机的动态性能。

（3）无速度传感器的矢量控制方式。

无速度传感器矢量控制是通过坐标变换处理分别对励磁电流和转矩电流进行控制，然后通过控制电动机定子绕组上的电压、电流辨识转速以达到控制励磁电流和转矩电流的目的。这种控制方式调速范围宽，启动转矩大，工作可靠，但计算比较复杂，一般需要专门的处理器来进行计算，因此，实时性不太理想，控制精度受到计算精度的影响。

无速度传感器控制技术的发展始于常规带速度传感器的传动控制系统，解决问题的出发点是利用检测的定子电压、电流等容易检测到的物理量进行速度估计以取代速度传感器。通过异步电动机矢量控制理论来解决交流电动机转矩控制问题。矢量控制实现的基本原理是通过测量和控制异步电动机定子电流矢量，根据磁场定向原理分别对异步电动机的励磁电流和转矩电流进行控制，从而达到控制异步电动机转矩的目的。

3. 直接转矩控制

直接转矩控制技术是近年来继矢量控制技术之后发展起来的一种新型的高性能交流变频调速技术。1985 年由德国鲁尔大学的 DePenbrock 教授首次提出了直接转矩控制的理论，接着 1987 年把它推广到弱磁调速范围。

（1）直接转矩控制基本原理。

直接转矩控制的基本原理是把电动机和逆变器看作一个整体，将矢量坐标定向在定子磁链上，采用空间矢量分析方法在定子坐标系上进行磁链、转矩计算，通过选择逆变器不同的开关状态直接对转矩进行控制。图 13-19 所示为按定子磁场控制的直接转矩控制系统原理框图。

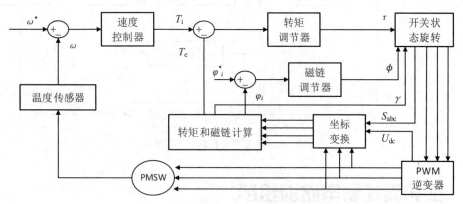

图 13-19　按定子磁场控制的直接转矩控制系统原理框图

在直接转矩控制中，电机定子磁链的幅值通过上述电压的矢量控制而保持为额定值，要改变转矩大小，可以通过控制定、转子磁链之间的夹角来实现。而夹角可以通过电压空间矢量的控制来调节。由于转子磁链的转动速度保持不变，因此夹角的调节可以通过调节定子磁链的瞬时转动速度来实现。

假定电机转子逆时针方向旋转，如果实际转矩小于给定值，则选择使定子磁链逆时针方向旋转的电压矢量，这样角度增加，实际转矩增加，一旦实际转矩高于给定值，则选择电压矢量使定子磁链反方向旋转，从而导致角度降低。通过这种方式选择电压矢量，定子磁链一直旋转，且其旋转方向由转矩滞环控制器决定。

直接转矩控制对转矩和磁链的控制要通过滞环比较器来实现。

滞环比较器的运行原理为：当前值与给定值的误差在滞环比较器的容差范围内时，比较器的输出保持不变，一旦超过这个范围，滞环比较器便给出相应的值。

（2）直接转矩控制的特点。

直接转矩控制技术是用空间矢量分析的方法，直接在定子坐标系下计算和控制交流电动机的转矩，采用磁场定向，借助于离散的两点式调节产生 PWM 信号，直接对逆变器的开关状态进行最佳控制，以获得具有高动态性能的转矩。直接转矩控制有以下几个主要特点。

1）定子坐标系下分析电动机的数学模型直接控制磁链和转矩，不需要和直流机比较、等效、转化，省去复杂的计算。因此，它所需的信号处理工作特点简单。

2）由于采用了直接转矩控制，在加减速或负载变化的动态过程中，可以获得快速的转矩响应，但必须注意限制过大的冲击电流，以免损坏功率开关器件，因此实际的转矩响应的快速性也是有限的。

3）直接转矩控制技术对转矩实行直接控制，控制既直接又简化。

4）直接转矩控制不需要专门的 PWM 波形发生器，从而避开了将定子电流分解成转矩和磁链分量，省去了旋转变换和电流控制，简化了控制器的结构。

4. 转差频率控制

转差频率控制是一种直接控制转矩的控制方式，它是在 U/f 控制的基础上，按照异步电动机的实际转速对应的电源频率，并根据希望得到的转矩来调节变频器的输出频率，就可以使电动机具有对应的输出转矩。这种控制方式，在控制系统中需要安装速度传感器，有时还加有电流反馈对频率和电流进行控制，因此，这是一种闭环控制方式，可以使变频器具有良好的稳定性，并对急速的加减速和负载变动有良好的响应特性。图 13-20 所示为转差频率控制的原理框图。

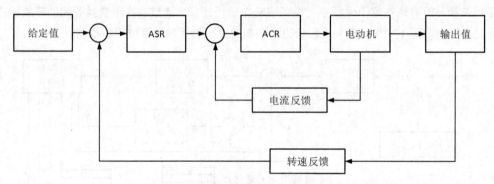

图 13-20　转差频率控制的原理框图

13.2　变频器控制电路的组成

13.2.1　变频器的调速原理

变频器调速就是通过改变电动机定子供电频率，以平滑改变电动机转速。当频率 f 在 $0\sim50\text{Hz}$ 变化时，电动机转速调节范围非常宽。在整个调速过程中，都可以保持有限的转差功率，具有高精度、高效率的调速性能。

当三相异步电动机定子绕组通入三相交流电后，定子绕组会产生旋转磁场，旋转磁场的转速 n_0 与交流电源的频率 f 和电动机的磁极对数 p 有如下关系：

$$n_0 = \frac{60f}{p} \tag{13-3}$$

电动机转子的旋转速度 n（即电动机的转速）略低于旋转磁场的旋转速度 n_0（又称同步转速），两者的转速差称为转差率 s，电动机的转速为：

$$n = \frac{60f(1-s)}{p} \tag{13-4}$$

由于转差率 s 很小，一般为 $0.01\sim0.05$，为了计算方便，可认为电动机的转速近似为：

$$n = \frac{60f}{p} \qquad\qquad (13\text{-}5)$$

由式 13-5 可知，转速 n 与频率 f 成正比，只要改变频率 f 即可改变三相异步电动机的转速。但是由异步电动机电动势公式：

$$E = 4.44fN\Phi \approx U \qquad\qquad (13\text{-}6)$$

式中　E——定子每相绕组感应电动势的有效值；

　　　f——异步电动机的定子频率；

　　　N——定子每相绕组的有效匝数；

　　　Φ——每极磁通量；

　　　U——定子电压。

从式 13-6 可知，定子电压与磁通和频率成正比，当 U 不变时，f 和 Φ 成反比，f 的升高会导致磁通量的降低。通常异步电动机是按 50Hz 的频率设计制造的，其额定转矩也是在这个频率范围内给出的。当变频器频率调到大于 50Hz 时，电动机产生的转矩要以和频率成反比的线性关系下降。为了有效维持磁通的恒定，我们必须在改变频率时同步改变电动机电压 U，即保持 U 与 f 成比例变化。

13.2.2　变频器控制电路的组成

交-交变频器可将工频交流电直接变换成频率、电压均可控制的交流电，又称直接式变频器。交-直-交变频器则是先把工频交流电通过整流器变换成直流电，然后再把直流电变换成频率、电压均可控制的交流电，又称间接式变频器。

1. 交-交型变频器控制电路的组成

交-交型变频器控制电路的结构如图 13-21 所示，它只用一个变换环节就可以把恒压恒频（CVCF）的交流电源变换成 VVVF 电源。

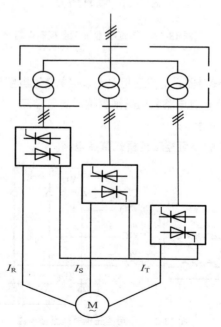

图 13-21　交-交型变频器控制电路

交-交型变频器控制电路特点如下。

（1）可逆整流，工作可靠，可直接套用成熟的直流可逆调速技术、经验及装置。

（2）流过电动机的电流近似于三相正弦，附加损耗小，脉动转矩小，电动机属普通交流电动机类。

（3）当电源为50Hz时，最大输出频率超过20Hz，电动机最高转速小于600r/min（对应于4极电动机）。

（4）主回路较复杂，器件多（桥式线路需36个晶闸管），小容量时不合算；一般只用于低转速、大容量的调速系统，如轧钢机、球磨机、水泥回转窑等。

故交-交型变频器的使用远没有交-直-交型变频器广泛，因此本书主要介绍交-直-交型变频器控制电路。

2. 交-直-交型变频器控制电路的组成

交-直-交型变频器控制电路的结构如图13-22所示，它由主电路（包括整流器、中间直流环节和逆变器）和控制电路组成。

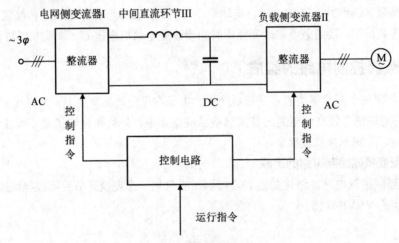

图13-22　交-直-交型变频器控制电路

（1）主电路。

1）整流器，又称电网侧变流器，是把三相（或单相）交流电整流成直流电。常见的整流器有用二极管构成的不可控三相桥式整流电路和用晶闸管构成的可控三相桥式整流电路。

2）不可控三相桥式整流电路。

图13-23所示为一种典型的不可控三相桥式整流电路。

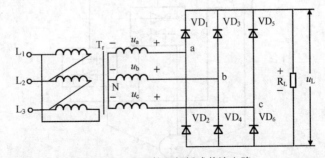

图13-23　不可控三相桥式整流电路

在图 13-23 中，L_1、L_2、L_3 三相交流电压经三相变压器 T_r 的一次侧绕组降压感应到二次侧绕组 u_a、u_b、u_c 上。6 个二极管 $VD_1 \sim VD_6$ 构成三相桥式整流电路，VD_1、VD_3、VD_5 的阴极连接在一起，称为共阴极组二极管，VD_2、VD_4、VD_6 的阳极连接在一起，称为共阳极组二极管。

电路工作过程说明如下（见图 13-24）。

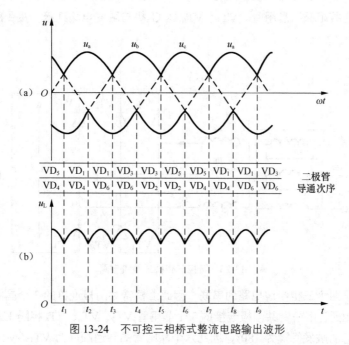

图 13-24　不可控三相桥式整流电路输出波形

在 $0 \sim t_1$ 期间，相电压 u_c 为正，相电压 u_b 为负，相电压 u_a 虽然也为正，但低于相电压 u_c。因此，这段时间内，c 点电位最高，b 点电位最低，于是二极管 VD_4、VD_5 导通，由于 VD_5 导通，二极管 VD_1、VD_3 的阴极电位基本上等于 c 点电位，因此两管截止，而 VD_4 导通，又使 VD_2、VD_6 的阳极电位接近于 b 点，故 VD_2、VD_6 也截止。电流的途径是：c 点 → VD_5 → R_L → VD_4 → b 点，忽略二极管正向导通压降，则 c、b 两点电压分别加到 R_L 两端，R_L 上电压 U_L 的大小为 U_{cb}（$U_{cb}=U_c-U_b$）。

在 $t_1 \sim t_2$ 期间，相电压 u_a 为正，相电压 u_b 为负，相电压 u_c 虽然也为正，但低于相电压 u_a。因此，这段时间内，a 点电位最高，b 点电位最低，于是二极管 VD_1、VD_4 导通，由于 VD_1 导通，二极管 VD_3、VD_5 的阴极电位基本上等于 a 点电位，因此两管截止，而 VD_4 导通，又使 VD_2、VD_6 的阳极电位接近于 b 点，故 VD_2、VD_6 也截止。电流的途径是：a 点 → VD_1 → R_L → VD_4 → b 点，忽略二极管正向导通压降，则 a、b 两点电压分别加到 R_L 两端，R_L 上电压 U_L 的大小为 U_{ab}（$U_{ab}=U_a-U_b$）。

在 $t_2 \sim t_3$ 期间，相电压 u_a 为正，相电压 u_c 为负，相电压 u_b 虽然也为正，但低于相电压 u_a。因此，这段时间内，a 点电位最高，c 点电位最低，于是二极管 VD_1、VD_6 导通，由于 VD_1 导通，二极管 VD_3、VD_5 的阴极电位基本上等于 b 点电位，因此两管截止，而 VD_6 导通，又使 VD_2、VD_4 的阳极电位接近于 c 点，故 VD_2、VD_4 也截止。电流的途径是：a 点 → VD_1 → R_L → VD_6 → c 点，忽略二极管正向导通压降，则 a、c 两点电压分别加到 R_L 两端，R_L 上电压 U_L 的大小为 U_{ac}（$U_{ac}=U_a-U_c$）。

电路后面的工作与上述过程基本相同，在 $0\sim t_9$ 期间，负载 R_L 上可以得到图 13-24 所示的脉动直流电压 U_L（实线波形表示）。

3）可控三相桥式整流电路。

图 13-25 所示为一种常见的可控三相桥式整流电路，6 个晶闸管 $VT_1\sim VT_6$ 构成三相全控桥式整流电路，VT_1、VT_3、VT_5 的 3 个阴极连接在一起，称为共阴极组晶闸管，VT_2、VT_4、VT_6 的 3 个阳极连接在一起，称为共阳极组晶闸管。$VT_1\sim VT_6$ 的 G 极与触发电路连接，接受触发电路送来的触发脉冲的控制。

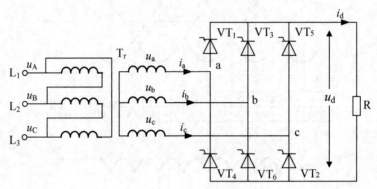

图 13-25　可控三相桥式整流电路

三相桥式相当于两个三相半波电路的串联，因此上桥臂共阴极连接的 3 个晶闸管 VT_1、VT_3、VT_5 相隔 120° 依次相通，下桥臂共阳极连接的 3 个晶闸管 VT_2、VT_4、VT_6 相隔 120° 依次相通。因为同相上下两个晶闸管的触发间隔为 180°，因此六个晶闸管的导通顺序为 $VT_1\rightarrow VT_2\rightarrow VT_3\rightarrow VT_4\rightarrow VT_5\rightarrow VT_6\rightarrow VT_1$，这称为顺相序触发，并两次触发脉冲的间隔为 60°。

图 13-26（a）是电阻负载 $\alpha=0°$ 时，在三相相电压基础上的整流输出电压波形。在 $\alpha=0°$ 时触发脉冲送到 VT_1、VT_6 的 G 极，VT_1、VT_6 导通，有电流流过负载 R，电流的途径是：a 点$\rightarrow VT_1\rightarrow R\rightarrow VT_6\rightarrow b$ 点，因 VT_1、VT_6 导通，a、b 两点电压分别加到 R 两端，R 上电压的大小为 $u_d=u_a-u_b=u_{ab}$。

60° 后触发脉冲送到 VT_1、VT_2 的 G 极，VT_1、VT_2 导通，有电流流过负载 R，电流的途径是：a 点$\rightarrow VT_1\rightarrow R\rightarrow VT_2\rightarrow c$ 点，因 VT_1、VT_2 导通，a、c 两点电压分别加到 R 两端，R 上电压的大小为 $u_d=u_a-u_c=u_{ac}$。

120° 后触发脉冲送到 VT_3、VT_2 的 G 极，VT_3、VT_2 导通，有电流流过负载 R，电流的途径是：b 点$\rightarrow VT_3\rightarrow R\rightarrow VT_2\rightarrow c$ 点，因 VT_3、VT_2 导通，b、c 两点电压分别加到 R 两端，R 上电压的大小为 $u_d=u_b-u_c=u_{bc}$。

依此类推，可以画出以相电压表示的整流输出电压波形，如图 13-26（b）所示，u_d 波形是三相相电压上下包络线中间的距离。

$\alpha=30°$ 的 u_d 的波形如图 13-26（c）所示，图中标出了线电压的相序，六相线电压在正半周的交点是 $\alpha=0°$ 的位置。从波形可以看到，随着控制角增大，波形的锯齿形缺口越来越大，整流平均电压 U_d 将减小。

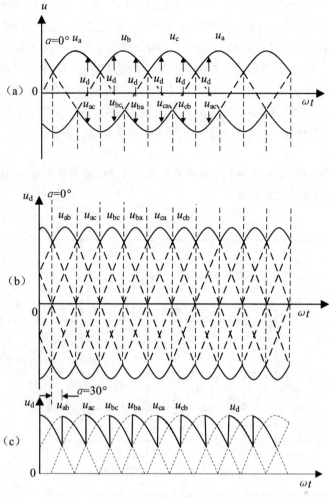

图 13-26 可控三相桥式整流电路电压波形

（2）逆变器（又称负载侧变流器）。

1）逆变的基本原理。

以图 13-27（a）的单相桥式逆变电路为例说明其最基本的工作原理。图中 $S_1 \sim S_4$ 是桥式电路的 4 个臂，它们由电力电子器件及其辅助电路组成。当开关 S_1、S_4 闭合，S_2、S_3 断开时，负载电压 u_o 为正；当开关 S_1、S_4 断开，S_2、S_3 闭合时，u_o 为负，其波形如图 13-27（b）所示。这样，就把直流电变成了交流电，改变两组开关的切换频率，即可改变输出交流电的频率。这就是逆变电路最基本的工作原理。

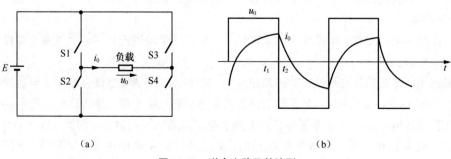

（a）   （b）

图 13-27 逆变电路及其波形

当负载为电阻时，负载电流 i_o 和电压 u_o 的波形形状相同，相位也相同。当负载为阻感时，i_o 的基波相位滞后于 u_o 的基波相位，两者波形的形状也不同，图 13-27（b）给出的就是阻感负载时的 i_o 波形。设 t_1 时刻以前 S_1、S_4 导通，u_o 和 i_o 均为正。在 t_1 时刻断开 S_1、S_4，同时合上 S_2、S_3，则 u_o 的极性立刻变为负。但是，因为负载中有电感，其电流极性不能立刻改变而维持原方向。这时负载电流从直流电源负极流出，经 S_2、负载和 S_3 流回正极，负载电感中储存的能量向直流电源反馈，负载电流逐渐减小，到 t_2 时刻降为零，之后 i_o 才反向并逐渐增大。S_2、S_3 断开，S_1、S_4 闭合时的情况类似。上面是 $S_1 \sim S_4$ 均为理想开关时的分析，实际电路的工作过程要复杂一些。

2）三相逆变电路。

图 13-27 所示的单相电压逆变电路只能接一相负载，而变频器需要为电动机提供三相交流电压，图 13-28 所示是电压型三相桥式逆变电路。

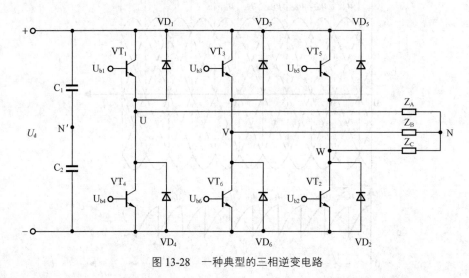

图 13-28　一种典型的三相逆变电路

电压型三相桥式逆变电路的基本工作方式为 180° 导电型，即每个桥臂的导电角为 180°，同一上、下桥臂交替导电，各相开始导电的时间依次相差 120°。因此每次换流都在同一相上、下桥臂之间进行，因此成为纵向换流。在一个周期内，6 个开关触发导通的次序为 $VT_1 \rightarrow VT_2 \rightarrow VT_3 \rightarrow VT_4 \rightarrow VT_5 \rightarrow VT_6$，依次间隔 60°，任一时刻均有三个管子同时导通，导通的组合顺序为 VT_1、VT_2、VT_3，VT_2、VT_3、VT_4，VT_3、VT_4、VT_5，VT_4、VT_5、VT_6，VT_5、VT_6、VT_1，VT_6、VT_1、VT_2。

（3）中间直流环节。

由于逆变器的负载为异步电动机，属于感性负载，因此在中间直流环节和电动机之间总会有无功功率的交换。这种无功能量要靠中间直流环节的储能元件（电容或电抗）来缓冲，所以又常称中间直流环节为中间直流储能环节，它主要有滤波电路和控制电路等组成。

1）滤波电路。

滤波电路的功能是对整流电路输出的波动较大的电压或电流进行平滑，为逆变电路提供波动小的直流电压或电流。

电容滤波电路是最常见也是最简单的滤波电路，在整流电路的输出端并联一个电容即构成电容滤波电路，如图 13-29（a）所示，其原理就是利用电容的充放电作用，使输出电压趋于平滑。

当变压器副边电压 u_2 处于正半周并且数值大于电容两端电压 u_c 时，二极管 VD_1、VD_3 导通，电流一路流经负载电阻 R_L，另一路对电容 C 充电，u_c 上升到 u_2 的峰值后又开始下降；下降到一定数

值时 VD_1、VD_3 变为截止，C 对 R_L 放电，u_c 按指数规律下降；放电到一定数值时，VD_2、VD_4 变为导通。这样的充、放电会不断重复，在充电时电容上的电压会上升，放电时电压会下降，电容上的电压有一些波动，电容容量越大，u_o 电压波动越小，即滤波效果越好。

从图 13-29（b）所示波形可以看出，经滤波后的输出电压不仅变得平滑，而且平均值也得到了提高。

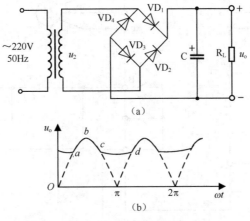

图 13-29　电容滤波电路

2）控制电路。

控制电路由运算电路、检测电路、控制信号的输入/输出电路和驱动电路等构成，其主要任务是完成对逆变器的开关控制、对整流器的电压控制以及各种保护功能等，可采用模拟控制或数字控制。控制电路的优劣决定了变频器性能的优劣。控制电路的主要作用是将检测电路得到的各种信号送至运算电路进行比较运算，使运算电路能够根据要求为变频器主电路提供必要的门极驱动信号，并防止变频器及异步电动机在过载或过电压等异常情况下损坏。

13.3　变频器控制电路的应用

13.3.1　变频器控制电路在电磁制动电动机中的应用

电磁制动电动机由普通电动机和电磁制动器 NB 组成。电动机工作时，市电加于电磁制动器的励磁绕组上，电磁铁的衔铁即被吸上，使电动机转子上的制动盘与后端盖的制动面脱开，转子可自由转动。停机时，切断电源，电磁制动器失电，衔铁复位，使转子的制动盘与后端盖的制动面贴合，电动机迅速停转。

电磁制动电动机在变频调速运行时，应将电磁制动器 NB 通过接触器的触点接市电（变频器的输入侧）。如果 NB 接在电动机侧，当电动机在低频下运行时，由于电动机的电压较低，制动器的励磁电流太小，衔铁吸不起来，将导致转子的制动盘与后端盖的制动面接触，使转子转不动而产生过电流。如图 13-30 所示，STF 为正转运行、停止指令；中间继电器 K_1 是用来控制电动机启动的。

工作原理：调节电位器 RP，设定电动机的运行速度。运行时，按下按钮 SB_1，中间继电器 K_1 得电吸合并自锁，这时中间继电器 K_1 的另一对常开触点闭合，接触器 KM 得电吸合，制动器 NB 得电吸合，制动面脱开，变频器端子 STF 与 SD 连通，电动机运行。停机时，按下按钮 SB_2，中间继电器 K_1、接触器 KM 均失电释放，制动器 NB 失电释放，电动机被迅速制动停转。

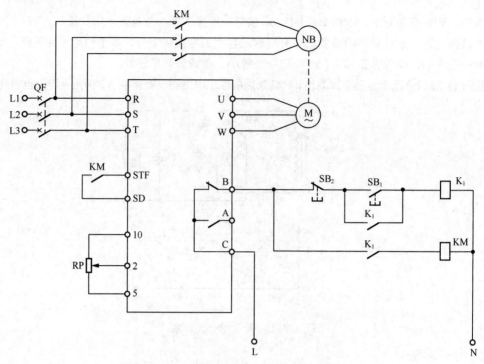

图 13-30　电磁制动电动机变频器控制电路

13.3.2　基于变频器的电动机点动控制

在实际应用中，变频器经常用于各类机械的定位点动控制。例如，机械设备的试车或刀锯的调整等，都需要电动机的点动控制，所以，变频器的点动控制运行方法是变频器的基本应用之一。

所谓点动控制就是变频器在停机状态时，接到点动控制指令后按点动频率和点动加减速时间运行。

点动控制的参数包括点动操作频率、点动间隔时间、点动加速时间和点动减速时间，如图 13-31 所示，t_1、t_3 为实际运行的加速时间，t_2 为微动时间，t_4 为微动间隔时间，f_1 为微动运行频率。点动间隔时间是从上一个点动命令取消到下一个点动命令有效的时间间隔。在间隔时间内点动指令不能使变频器运行。变频器在零频状态下运行，无输出。如果一直存在微动命令，则在间隔时间之后执行微动命令。如无特殊指示，应根据启动频率和减速停止方式启动和停止微动操作。

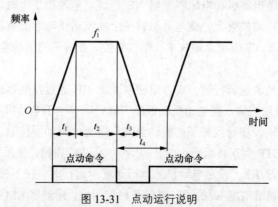

图 13-31　点动运行说明

基于变频器的电动机点动控制可分为内部点动控制和外部点动控制。其中，内部点动控制是通过变频器的操作面板进行控制，外部点动控制是通过变频器外部接线端子进行控制。基于变频器的电动机外部点动控制如图 13-32 所示。

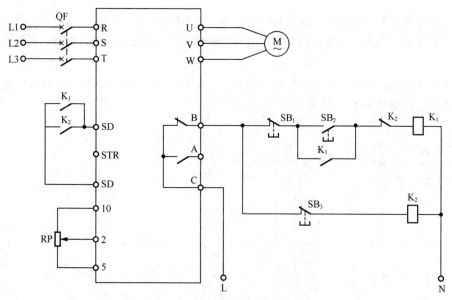

图 13-32 基于变频器的外部点动控制电路（1）

变频器正常运行时由接触器 K_1 控制，微动运行时由接触器 K_2 控制。将 Pr.79 设定为"2"，即变频器工作于外部微动状态。微动频率由 Pr.15 设定，加/减速时间由 Pr.16 设定，在此前提下，当 K_2 闭合时，电动机微动运行。

微动时，微动的频率设定器发出低速频率指令，而不是正常运行时的频率设定器，因为微动时的频率不能太高，否则电动机会产生太大的启动冲击电流，另外，微动操作的控制电路也单独设置，启动指令分别输入到变频器信号中。

不要在变频器负载侧另加接触器进行微动运行，否则很容易损坏变频器。

基于变频器的电动机点动控制电路也可采用图 13-33 所示电路，工作原理请读者参照图 13-32 自行分析。

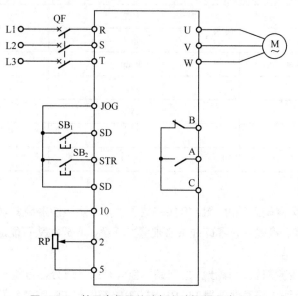

图 13-33 基于变频器的外部点动控制电路（2）

13.3.3　变频器控制电路在正反转电机中的典型应用

实际生产中大量存在频繁正、反转运行的设备，如龙门刨、电动推杆、磨床等。驱动这些设备的异步电动机本身可以正、反转运行。变频器不但轻易就能实现电动机正转控制，控制电动机反转也很方便。

基于变频器的电动机正、反转控制电路如图 13-34 所示。控制电动机正反转时要给变频器设置一些基本参数，具体如表 13-1 所示。

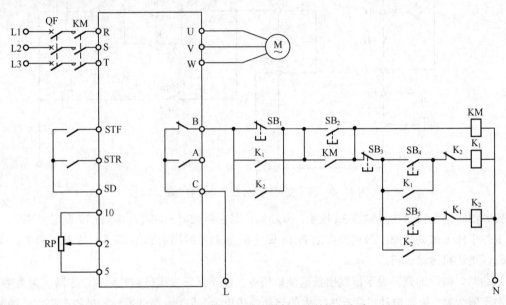

图 13-34　基于变频器的电动机正反转控制电路

表 13-1　电动机正反转时变频器基本参数设置

参数名称	参数号	设置值
加速时间	Pr.7	5s
减速时间	Pr.8	3s
加减速基准频率	Pr.20	50Hz
工频频率	Pr.3	50Hz
上限频率	Pr.1	50Hz
下限频率	Pr.2	0Hz
运行模式	Pr.79	2

1. 主电路的接线

1）电源应接到变频器输入端 R、S、T 接线端子上，一定不能接到变频器输出端（U、V、W）上，否则将损坏变频器。接线后，零碎线头必须清除干净，零碎线头可能造成异常、失灵和故障，必须始终保持变频器清洁。

2）电磁波干扰。变频器输入/输出（主回路）包含有谐波成分，可能干扰变频器附近的通信设备。因此，选择安装无线电噪声滤波器 FR-BIF 或 FRBSF01 或 FR-BLF 线路噪声滤波器，使干扰降到最小。

3）长距离布线时，由于受到布线的寄生电容充电电流的影响，会使快速响应电流限制功能降低，接于二次侧的仪器误动作而产生故障，因此最大布线长度要小于规定值。若布线长度超过规定值，要把 Pr.156 设为 "1"。

4）在变频器输出侧不要安装电力电容器、浪涌抑制器和无线电噪声滤波器，否则将导致变频器故障或电容和浪涌抑制器的损坏。

5）为使电压降在 2% 以内，应使用适当型号的导线接线。变频器和电动机间的接线距离较长时，特别是低频率输出情况下，会由于主电路电缆的电压下降而导致电动机的转矩下降。

6）运行后，改变接线的操作必须在电源切断 10min 以上，用万用表检查电压后进行。断电后一段时间内，电容上仍然有危险的高压电。

2. 控制电路的接线

1）由于在变频器内有漏电流，为了防止触电，变频器和电动机必须接地。

2）变频器接地用专用接地端子。接地线的连接，要使用镀锡处理的压接端子。拧紧螺钉时，注意不要将螺丝扣弄坏。

3）接地电缆尽量用粗的线径，必须等于或大于规定标准，接地点尽量靠近变频器，接地线越短越好。

4）控制电路端子的接线应使用屏蔽线或双绞线，而且必须与主回路、强电回路（含 AC200V 继电器程序回路）分开布线。

5）由于控制电路的频率输入信号是微小电流，所以在接点输入的场合，为了防止接触不良，微小信号接点应使用两个并联的节点或使用双生接点。

6）控制回路的接线一般选用 $0.75mm^2$ 的电缆。

3. 地线的接线

1）变频器可以调整电动机的功率，实现电动机的变速运行，以此来达到省电的目的。例如，当离心风机和水泵使用了变频器后，操作人员变频调速，可根据需要轻松控制流量，从而节省了能源。

2）变频器可以降低电力线路中电压的波动，避免了一旦电压发生异常而导致设备的跳闸或者出现异常运行的现象。

3）变频器可以减少对电网的冲击，从而有效地减少了无功损耗，增加了电网的有效功率。

4）变频器还可以减少机械中传动部件之间的磨损，因此，在一定程度上也降低了成本，提高了系统的稳定性。

5）此外，变压器的控制功能非常齐全，可以很好地配合其他的控制设备，从而实现集中监视和实时控制，为用户解决了很多系统兼容性等问题。

4. 电路工作原理说明如下

1）启动准备。先按下按钮 SB2，接触器 KM 得电并自锁，其主触头闭合，主电路进入热备用状态。

2）正转控制。按下按钮 SB4→继电器 K1 线圈得电→继电器 K1 的 1 个常闭触点断开，3 个常开触点闭合→K1 的常闭触点断开使 K2 线圈无法得电，K1 的 3 个常开触点闭合分别锁定 K1 线圈得电、短接按钮 SB1 和接通 STF、SD 端子→STF、SD 端子接通，相当于 STF 端子输入正转控制信号，变频器 U、V、W 端子输出正转电源电压，驱动电动机正向运转。调节端子 10、2、5 外接电位器 RP，变频器输出电源频率会发生改变，电动机转速也随之变化。

3）停转控制。按下按钮 SB3→继电器 K1 线圈失电→3 个 K1 常开触点均断开，其中 1 个常开触切断 STF、SD 端子的连接，变频器 U、V、W 端子停止输出电源电压，电动机停转。

4）反转控制。按下按钮 SB$_5$→继电器 K$_2$ 线圈得电→继电器 K$_2$ 的 1 个常闭触点断开，3 个常开触点闭合→K$_2$ 的常闭触点断开使 K$_1$ 线圈无法得电，K$_2$ 的 3 个常开触点闭合分别锁定 K$_2$ 线圈得电、短接按钮 SB$_1$ 和接通 STR、SD 端子→STR、SD 端子接通，相当于 STR 端子输入反转控制号，变频器 U、V、W 端子输出反转电源电压，驱动电动机反向运转。

5）变频器发生故障时，端子 C-B 断开，KM 失电释放，使变频器停止工作，电动机停止运行。